BRIAN COX
JEFF FORSHAW

WAS WIEGT DAS UNIVERSUM?

BRIAN COX
JEFF FORSHAW

WAS WIEGT DAS UNIVERSUM?

EINE WISSENSREISE VOM ALLTAG ZUM URKNALL

KOSMOS

IMPRESSUM

Im Original veröffentlicht von Allen Lane – Penguin Random House, UK, in Kooperation mit Apollo's Children Ltd. & Professor Jeff Forshaw unter dem Titel Universal: A Guide To The Cosmos (2016).
ISBN der Originalausgabe: 978-1-846-14436-3.

Aus dem Englischen übersetzt von Michael Vogel.
Umschlaggestaltung von Büro Jorge Schmidt, München unter Verwendung einer Illustration von Science Photo Library/Detlev van Ravenswaay.

Mit 94 Farbabbildungen.

Gedruckt auf chlorfrei gebleichtem Papier

FSC www.fsc.org MIX Papier aus verantwortungsvollen Quellen FSC® C004592

Für die deutschsprachige Ausgabe:

ISBN: 978-3-440-15802-9
Redaktion: Susanne Richter
Gestaltungskonzept: Büro Jorge Schmidt, München.
Satz: Text & Bild | Michael Grätzbach, Franz Stange
Produktion: Ralf Paucke
Druck und Bindung: Firmengruppe APPL, aprinta druck, Wemding
Printed in Germany/Imprime en Allemagne

Für Brians Papa, David

DANKSAGUNG

Für ihre Hilfe bei verschiedenen Teilen des Buchs bedanken wir uns bei Richard Battye, Sarah Bridle, Mike Bowman, Bill und Pauline Chamberlain, Ed Copeland, Mrinal Dasgupta, Neal Jackson, Scott Kay, Kevin Kilburn, Peter Millington, Tim O'Brien, Michael Oates, Subir Sarkar, Bob Seymour und Martin Yates. Besonderer Dank geht an Mike Seymour, mit dem wir viele unterhaltsame und hilfreiche Diskussionen führten.

Besonderer Dank geht außerdem an das Team bei Penguin, vor allem an Tom Penn, unseren Lektor, und Tom Etherington, der die Abbildungen erstellte.

Wir haben an diesem Buch lange gearbeitet und sind unseren Familien sehr dankbar für deren Unterstützung und Ermutigung.

Inhalt

DIE GESCHICHTE DES UNIVERSUMS

Wir trauen uns was. Wir stellen uns eine Zeit vor, in der das gesamte beobachtbare Universum auf einen Raumbereich komprimiert war, der kleiner als ein Atom ist. Wir können sogar mehr, als uns das nur vorzustellen. Wir können es berechnen. Wir können berechnen, wie sich hunderte Milliarden Galaxien aus einem einzigen Fleckchen Raum entwickelten, einem Raum von subatomarer Größe, dem gegenüber ein Staubkorn riesig erscheint. Diese Berechnungen und unsere Beobachtungen des Kosmos stimmen genau überein. Es sieht also so aus, als ob Menschen über den Ursprung des Universums Bescheid wissen können.

Die Kosmologie ist gewiss das kühnste wissenschaftliche Teilgebiet. Es ist bereits eine seltsame Vorstellung, dass die Milchstraße, unsere Heimatgalaxie mit 400 Milliarden Sternen, einst auf einen so verschwindend kleinen Bereich zusammengedrängt war. Dass aber sogar die gesamte sichtbare Ansammlung aus Milliarden Galaxien einst nur so einen subatomaren Fleck beanspruchte, klingt verrückt. Dabei ist diese Behauptung für viele Kosmologen kein bisschen strittig.

Dies ist kein Buch, das unser Wissen von oben verkündet. Vielmehr handelt es davon, wie wir alle lernen können das Universum dank der Wissenschaft zu verstehen. Womöglich glauben Sie, dass es für einen Durchschnittsmenschen unmöglich ist, das Universum genau zu erforschen. Müssten wir dafür nicht Zugang zum Hubble-Weltraumteleskop und dem Large Hadron Collider haben? Die Antwort lautet nein, nicht immer. Einige grundlegende Fragen über unsere Erde, unsere Sonne, unser Sonnensystem, selbst über das weitere Universum lassen sich sogar in Ihrem Garten beantworten. Wie alt sind die Objekte? Wie groß sind sie? Wie viel wiegen sie? Wir werden diese Fragen mit Hilfe der Wissenschaft beantworten. Wir werden beobachten, messen und nachdenken. Einer der besten Momente in der Wissenschaft tritt ein, wenn man etwas zum ersten Mal versteht – wirklich versteht, was ganz anders ist, und viel befriedigender, als Fakten zu kennen. Wir werden die Neptunbewegung selbst messen. Wir werden in die Fußstapfen des ersten Kosmologen Edwin Hubble treten und entdecken, dass sich unser Universum ausdehnt. Und wir werden an einem Strand im Süden von Wales etwas vermeintlich Triviales beobachten.

Im Verlauf des Buches richtet sich unser Blick zwangsläufig auf die sternreichen Galaxien. Um sie zu verstehen, werden wir uns auf Beobachtungen und Messungen stützen, die wir nicht selbst durchführen können. Aber wir können uns vorstellen, dass wir Teil der Teams aus Astronomen sind, die so etwas können. Wie weit weg sind die Sterne und Galaxien? Wie groß ist das Universum? Aus was besteht es? Wie sah es in ferner Vergangenheit aus? Die Antworten auf diese Fragen lösen eine Kaskade neuer Vorstellungen aus und noch vor dem Ende des Buches werden wir so gerüstet sein, dass wir den Anfang des Universums untersuchen können. Die Wissenschaft ist eine betörende Forschungsreise. Sie ist ein aufregender, lohnenswerter Prozess, einer der Wissenschaftlern das Gefühl vermittelt, dass sie besser mit der Welt um sich herum verbunden sind. Die Wissenschaft erzeugt auch ein Gefühl der Ehrfurcht und Demut; ein Gefühl für die unvorstellbare Schönheit der Welt und dass wir privilegiert sind, sie zu erleben.

Bevor wir jedoch unsere Reise antreten, erlauben wir uns einen kurzen Blick auf das Ziel. Was nun folgt, ist die Geschichte, wie sich unser Universum von einem subatomaren Fleck Raum zu dem Meer aus Galaxien entwickelte, das wir heute sehen. Vielleicht kommen Sie am Ende des Buches zu dem Schluss, dass diese Geschichte tatsächlich stimmen könnte.

Denken Sie an das Universum vor dem Urknall. Mit „Urknall" meinen wir einen Zeitpunkt vor 13,8 Milliarden Jahren, als die gesamte Masse des beobachtbaren Universums in Form eines heißen, dichten Elementarteilchenplasmas entstanden ist. Davor war das Universum ganz anders. Es war relativ kühl und nahezu frei von Teilchen. Der Raum an sich expandierte sehr schnell – irgendwelche Teilchen, die das Universum damals enthalten haben könnte, haben sich also sehr rasch voneinander entfernt. Der durchschnittliche Abstand zwischen den Teilchen verdoppelte sich alle 10^{-37} Sekunden. Das ist eine atemberaubende, fast unfassbare Expansionsrate: Zwei Teilchen in einem Abstand von einem Zentimeter hatten sich innerhalb von 4×10^{-36} Sekunden um zehn Millionen Kilometer voneinander entfernt, also um mehr als die 20-fache Distanz zwischen Erde und Mond. Wir wissen nicht, für wie lange das Universum so expandierte, aber es geschah für mindestens 10^{-35} Sekunden. Diese Phase rascher Expansion vor dem Urknall bezeichnen die Kosmologen als Inflation.

Betrachten wir einmal einen winzigen Fleck des Raumes, einen, der eine Milliarde Mal kleiner ist als ein Proton; ein Atomkern des Wasserstoffatoms. Auf den ersten Blick bietet dieser winzige Fleck nichts Besonderes. Er ist ein kleiner Teil eines viel größeren Universums, das sich aufbläht, und sieht ziemlich gleich aus wie all die anderen Flecken um ihn herum. Der einzige Grund, dass dieser spezielle Fleck unsere Aufmerksamkeit verdient, ist sein Schicksal: Im Laufe von 13,8 Milliarden Jahren wird er sich zu unserem beobachtbaren Universum ausdehnen, jenem Raumbereich, in dem sich alle Galaxien, Quasare, Schwarzen Löcher, Sterne, Planeten und Nebel befinden, die heute von der Erde aus zu sehen sind. Natürlich ist das Universum selbst noch viel größer als das beobachtbare Universum, aber wir können das nicht sehen, weil Licht innerhalb von 13,8 Milliarden Jahren nur eine begrenzte Distanz zurücklegen kann.

Vor dem Urknall war das Universum mit etwas gefüllt, das als „Inflationsfeld" bezeichnet wird – ein Stoff, der den Raum wie ein ruhiger Ozean ausfüllte. Die Gravitationswirkung der Energie, die in diesem Inflationsfeld steckte, löste die exponentielle Expansion des Universums aus. Daher kommt auch der Name: Es ist das Feld, aufgrund dessen sich das Universum aufblähte. Im Großen und Ganzen störte die Expansion des Universums dieses Inflationsfeld nicht, aber es war nicht völlig gleichförmig. In ihm gab es winzige Störungen, so wie es die Gesetze der Quantenphysik besagen.

Als unser beobachtbares Universum die Größe einer Melone erreicht hatte, ging die Phase der Inflation zu Ende, weil die das Feld antreibende Energie aufgebraucht war. Die Energie ging jedoch nicht verloren, sondern verwandelte sich in ein Meer aus Teilchen. Im Nu wurde das kalte, leere Universum zu einem heißen, dichten. So endete die Inflation und der Urknall begann. Es entstand ein Universum mit Teilchen, die sich schließlich zu Galaxien, Sternen, Planeten und Menschen weiterentwickelten.

Derzeit wissen wir nicht, welche Teilchen es im Augenblick des Urknalls gab, aber wir wissen, dass die schwersten Teilchen bald schon in die leichteren zerfielen, die wir heute kennen: Elektronen, Quarks Gluonen, Photonen, Neutrinos und Dunkle Materie.[1] Wir sind uns auch recht sicher, welche Teilchen das Universum bevölkerten, als es etwa eine Billionstel Sekunde alt war. Denn wir sind in der Lage, diese Bedingungen auf der Erde mit dem Large Hadron Collider nachzuvollziehen.[2] Zum damaligen Zeitpunkt tauchte im leeren Raum das Higgs-Feld auf, durch das verschiedene Elementarteilchen Masse bekamen.[3] Zudem wurden die elektromagnetische Kraft und die schwache Kernkraft unterscheidbar. Letztere ist für Kernreaktionen verantwortlich, durch die die Sterne leuchten.

Eine Millionstel Sekunde nach dem Urknall, als sich das heiße Plasma auf zehn Billionen Grad Celsius abgekühlt hatte, bildeten sich aus den Quarks und Gluonen Protonen und Neutronen, die Bausteine der Atomkerne. Obwohl dieses primordiale Universum aus einer fast homogenen Teilchensuppe bestand, gab es leichte Dichteschwankungen, aufgeprägt durch die quantenbedingten Störungen im Inflationsfeld. Diese Schwankungen waren die Keime, aus denen später die Galaxien hervorgingen.

---

[1] Eine kurze Zusammenfassung über die bekannten Elementarteilchen gibt es im Anhang, Seite 257.

[2] Das ist der ringförmige, 27 Kilometer große unterirdische Tunnel an der Französisch-Schweizer Grenze bei Genf, in dem Protonen fast mit Lichtgeschwindigkeit aufeinanderprallen. Aus den Trümmerstücken dieser Kollisionen lernen wir, wie Teilchen bei Energien, wie sie nach dem Urknall aufgetreten sind, miteinander wechselwirken.

[3] Speziell im Standardmodell der Teilchenphysik verleiht das Higgs-Feld den Quarks, den elektrisch geladenen Leptonen (eines von ihnen ist das Elektron) und den Trägern der schwachen Kraft (den Z- und W-Bosonen) Masse. Ohne Higgs-Feld wären diese Teilchen masselos und würden mit Lichtgeschwindigkeit herumsausen.

Eine Minute nach dem Urknall, bei ungefähr einer Milliarde Grad, wurde das Universum kühl genug, damit sich einige Protonen und Neutronen jeweils zu Paaren zusammenfinden konnten und so Deuteriumkerne bildeten. Die meisten von ihnen schlossen sich mit weiteren Protonen und Neutronen zusammen, sodass Helium- und, in geringen Mengen, Lithiumkerne entstanden. Es war die Ära der Nukleosynthese.

In den folgenden 100.000 Jahren geschah wenig. Das Universum expandierte weiter und kühlte ab. Am Ende ballte sich dann die Dunkle Materie um die Keime, die ihren Ursprung im Inflationsfeld hatten, langsam zusammen. Bereiche des Universums, in denen es einen leichten Überschuss an Dunkler Materie gab, wurden dichter, weil ihre größere Gravitation mehr Materie aus der Umgebung anzog. Es war der Beginn der Phase, in der letztlich die Galaxien entstanden. Derweil sausten Photonen, Elektronen und Atomkerne wild in der Gegend herum und stießen dabei so häufig miteinander zusammen, dass sich etwas bildete, was einem Fluid ähnelte. Nach 380.000 Jahren war das beobachtbare Universum nur noch 1000-mal kleiner als heute. Die Temperatur war auf Werte gefallen, wie sie auf der Oberfläche eines durchschnittlichen sonnenähnlichen Sterns herrschen. Damit war sie tief genug, damit die elektrisch geladenen Wasserstoff- und Heliumkerne Elektronen einfangen konnten. Schlagartig entstanden überall im Universum die ersten Atome. Das Universum durchlief dadurch einen raschen Wandel von einem heißen Plasma aus elektrisch geladenen Teilchen zu einem heißen Gas aus elektrisch neutralen Teilchen. Das hatte drastische Folgen, weil Photonen mit elektrisch neutralen Atomen viel weniger wechselwirken. Das Universum wurde durchsichtig: Die Photonen bewegten sich also nicht mehr im Zickzack, sondern auf geraden Linien. Die Mehrheit dieser Photonen raste für die nächsten 13,8 Milliarden Jahre immer weiter geradeaus. Einige von ihnen kommen gerade jetzt in Form von Mikrowellen bei der Erde an. Diese alten Photonen sind Botschafter aus frühester Zeit und eine Fundgrube an Information, die Kosmologen zu nutzen lernten.

Während das Universum weiter expandierte, wurden seine dichten Bereiche, die hauptsächlich aus Dunkler Materie bestanden, unter dem Einfluss der Gravitation immer dichter. Wasserstoff- und Heliumatome sammelten sich um die Dunkle Materie. So entstanden Wolken aus

Atomen, die weiter und weiter wuchsen, bis ihre dichtesten Bereiche in sich zusammenstürzten. Dadurch stiegen Druck und Temperatur in den Zentren der Wolken so stark an, dass sie zu nuklearen Brennöfen wurden: Die Fusion von Wasserstoff zu Helium begann, überall im Universum bildeten sich Sterne. 100 Millionen Jahre nach dem Urknall endete das dunkle Zeitalter des Kosmos und das Universum wurde vom Licht der Sterne durchflutet. Die massereichsten Sterne existierten nur kurz. Als ihnen der Wasserstoffvorrat zur Neige ging, begannen sie durch Fusion schwerere Elemente zu erzeugen. Bei dieser letzten Schlacht zwischen Kernfusion und Gravitation entstanden die chemischen Elemente des Lebens: Kohlenstoff, Sauerstoff, Stickstoff, Eisen. Ging der Brennstoff dann vollends aus, verstreuten die Sterne die erzeugten schweren Elemente im All, während sie ihr Leben als helle Planetarische Nebel oder explodierende Supernovae beendeten. In einem letzten Tusch erzeugten die explodierenden Supernovae die schwersten chemischen Elemente, darunter Gold und Silber. Neue Sterne bildeten sich aus den Überresten der alten und sammelten sich zu hunderten Milliarden in den ersten Galaxien. Diese Galaxien, deren Zahl selbst in die hunderte Milliarden ging, ordneten sich durch die Gravitation der dominanten Dunklen Materie in einem riesigen feinen Netz an, das das gesamte Universum durchzieht. Vor 4,6 Milliarden Jahren kollabierte im Milchstraßensystem eine Gaswolke, die mit stellaren Überresten angereichert war, zu unserer Sonne. Kurz darauf entstand die Erde aus den Überbleibseln der Wolke. Auf der jungen Erde bildete sich ein großer Ozean aus dem Wasserstoff der ersten Minuten nach dem Urknall und aus dem Sauerstoff lang erloschener Sterne. Vor vier Milliarden Jahren wurde die Geochemie dieses Ozeans zur Biochemie: Das Leben begann. 1687 veröffentlichte Isaac Newton die *Principia Mathematica*, wobei wir offensichtlich ein bisschen Biologie ausgelassen haben.

Das ist der grobe Rahmen der Geschichte über die Entwicklung des Universums von der Zeit vor dem Urknall bis zu Isaac Newton. Und so scheint es, dass wir – eine Ansammlung aus Atomen in der abkühlenden Asche des Universums – mit der Wissenschaft einen Weg gefunden haben, um das Feuer der Schöpfung zu verstehen. Der Rest dieses Buches ist die Geschichte, wie uns das gelang.

WIE ALT SIND DIE DINGE?

Die Erde ist 4,55 Milliarden Jahre alt, 50 Millionen Jahre hin oder her. Diese Zahl stimmt mit unabhängigen Messungen zum Alter des Universums überein, das den Urknall auf einen Zeitpunkt vor 13,8 Milliarden Jahren festsetzt. Zudem stimmt das Erdalter mit wissenschaftlichen biologischen Nachweisen und unserem Verständnis der Evolution durch natürlich Auslese überein. Beide legen nahe, dass das erste Leben auf der Erde vor ungefähr 3,8 Milliarden Jahren auftauchte. Die Lebenszyklen der Sterne passen ebenfalls in diesen Zeitplan. Das Alter unserer Sonne wird auf 4,6 Milliarden Jahre geschätzt. Von vergleichbaren Sternen wird erwartet, dass sie für rund zehn Milliarden Jahre existieren. Massereichere Sterne existieren viel kürzer. Es muss genug Zeit für das Leben von mindestens einigen Sternen vergangen sein, bevor die Erde entstanden sein kann. Denn die Erde besteht aus schweren chemischen Elementen wie Eisen, Kohlenstoff und Sauerstoff – Elemente, die in Sternen entstehen. Ein Zeitsprung bringt uns zu den Basaltsäulen des Damms der Riesen in Irland, die vor 60 Millionen Jahren entstanden sind – etwa zu der Zeit, in der die Dinosaurier ausstarben. Der älteste lebende Baum ist eine Grannenkiefer, die in den kalifornischen White Mountains steht. Sie ist – Stand 2018 – 5068 Jahre alt.

All diese Altersangaben hat man mit sehr unterschiedlichen naturwissenschaftlichen Verfahren bestimmt, aber sie passen eindrucksvoll ohne Widersprüche zusammen. Doch diese Auflistung ist nichts Besonderes. Wir haben diese Auswahl einfach getroffen, weil sie eine

Vielfalt „alter" Dinge widerspiegelt. Doch sie führt zu der Frage, woher wir überhaupt wissen, wie alt sie sind. Das Alter ist nicht leicht zu bestimmen, vor allem nicht bei sehr alten Dingen, denn die Ableitung muss indirekt erfolgen. Wir können nicht dasitzen und zuschauen, wie das Universum aus dem heißen Plasma seiner Geburt hervorgeht. Wir haben nicht einmal direkte Beweise für das Alter des ältesten Baums! Keiner war dabei und schrieb das Datum auf, als der Baum noch ein winziger junger Trieb war. Aber wir müssen nicht dabei gewesen sein. Das Wissen lässt sich indirekt erwerben, wenn wir ein bisschen Detektiv spielen und Hinweise sammeln – und dann einfache logische Schlüsse ziehen. In diesem Buch geht es darum, wie wir durch wissenschaftliche Ansätze Wissen über unsere Welt sammeln. Diese Vorgehensweise erfolgt Schritt für Schritt: Unser Wissen wächst im Lauf der Zeit, weil wir mehr vom Universum verstehen. Wissenschaftliche Methoden stehen also in krassem Gegensatz zu willkürlichen Ansichten: Man baut keinen Computer durch Versuch und Irrtum, und man ist anfällig für Fehler, wenn man nicht die Wahrscheinlichkeit in Betracht zieht, dass man sich irrt. Wir vertrauen in unserem Leben wissenschaftlichen Erkenntnissen, im Krankenhaus oder im Flugzeug. Genau dieselbe Art zu denken lässt sich sehr wirkungsvoll auf andere Bereiche unseres Lebens anwenden. In diesem Buch werden wir zeigen, wie weit man im Verständnis des Universums kommt, wenn man einfache logische Schritte mit sorgfältigen Beobachtungen verknüpft. In diesem Kapitel fangen wir damit an die Wissenschaft zu erkunden. Denn sie ist es, die es uns erlaubt, das Alter von Dingen mit so hoher Zuverlässigkeit und Genauigkeit zu bestimmen.

Lassen Sie uns mit dem Alter der Erde beginnen. Eine recht offensichtliche Möglichkeit für den Anfang ist zu schauen, was wir feststellen können: die Frage,ob es irgendwelche Besonderheiten auf der Erdoberfläche gibt, die uns Anhaltspunkte für ihr Alter liefern. Anders gesagt schauen wir die Natur sorgfältig an, um zu sehen, was wir durch einfache Beobachtung herausfinden können. Zum Beispiel wissen wir, dass Flusstäler durch fließendes Wasser entstehen und dass Küsten der Erosion ausgesetzt sind. Diese Strukturen verändern sich im Lauf der Zeit. Folglich sollten wir durch ihre genaue Beobachtung und das Verständnis der physikalischen Prozesse, durch die sie entstanden sind, ihr Alter

Abbildung 2.1
Der Mittelatlantische Rücken

abschätzen können. In noch größeren Dimensionen sollten die vertrauten Formen der Kontinente und Ozeane uns ebenfalls etwas über die Art und Weise lehren, wie sie sich entwickelt haben und wie lange das gedauert hat.

Abbildung 2.1 ist eine Karte des Atlantiks und der ihn umgebenden Landmassen. Südamerika und Afrika sehen so aus, als ob sie zusammenpassen würden. Lassen Sie uns annehmen, dass diese Übereinstimmung kein Zufall ist, und Folgendes mutmaßen: Irgendwann in der Vergangenheit haben sich die Kontinente aneinandergeschmiegt und entfernen sich seitdem nach und nach voneinander. Stimmt diese Theorie, können wir das Alter des Atlantiks grob abschätzen. Natürlich ist das keine neue Idee – Alfred Wegeners Gedanke, dass ein Superkontinent im Lauf der Zeit aufgrund der Kontinentalverschiebung auseinanderbrach, ist mehr als 100 Jahre alt. Der Punkt hier, und im ganzen Buch, ist: Wir können die Wissenschaft selbst nachvollziehen – wir treten in die Fußstapfen der großen Wissenschaftler, um zu verstehen, wie unaufhaltsamer Fortschritt durch einfache Überlegungen entsteht. Im ersten Schritt müssen wir untermauern, dass der grobe Entwurf unserer Hypothese (dass Südamerika und Afrika einst miteinander verbunden waren und sich seitdem ständig voneinander entfernen) glaubhaft ist. Hierfür überprüfen wir, ob der Atlantik heute noch immer größer wird. Tut er das, dann können wir die aktuelle Geschwindigkeit messen, mit der sich die Kontinente voneinander entfernen, und – wenn wir zusätzlich annehmen, dass diese Geschwindigkeit seit dem Beginn der Trennung konstant geblieben ist – dann sind wir in der Lage, das Alter des Atlantiks abzuschätzen. Hier stecken viele Annahmen drin, aber lassen Sie uns weitermachen und schauen, was wir herausfinden.

Wären wir sehr engagierte Experimentatoren, könnten wir die Bewegungen der Kontinente selbst messen. Wir könnten ein paar GPS-Empfänger in einen Rucksack packen, an die brasilianische Ostküste fliegen und dort einen Empfänger aufstellen, dann wieder über den Atlantik zurück nach Nordwestafrika fliegen – eine Strecke von ungefähr 4000 Kilometern – und dort einen weiteren GPS-Empfänger befestigen. Im Lauf der nächsten Jahre könnten wir dann verfolgen, wie die Empfänger sich relativ zueinander bewegen. Aber wir müssen das nicht machen,

Exkurs 1: Die Messung der Kontinentalverschiebung

Der Abstand zwischen zwei Radioteleskopen auf der Erdoberfläche lässt sich mit einem Verfahren ermitteln, das als Very Long Baseline Interferometry (Interferometrie mit langen Basislängen) bezeichnet wird. Die beiden Teleskope sind auf dasselbe ferne Himmelsobjekt ausgerichtet. Aus der Differenz der Ankunftszeiten der Signale lässt sich der Abstand der beiden Teleskope mit Millimetergenauigkeit bestimmen. Erforderlich sind sehr genaue Uhren, die in einer Million Jahren nur um eine Sekunde falsch gehen. Quasare sind so hell, dass sie selbst in vielen Milliarden Lichtjahren Entfernung zu sehen sind. Gleichzeitig garantiert ihr großer Abstand, dass sie ihre Position am Himmel während der Messung nicht verändern. Mehr als 20 Jahre lang wurde mit Teleskopen in Westford, Massachusetts, und Wettzell, einem Ortsteil von Bad Kötzting im Bayerischen Wald, die Geschwindigkeit bestimmt, mit der sich der Atlantik zwischen Europa und den USA verbreitert. Die Daten sind in Abbildung 2.2 zu sehen. Sie zeigen eine Vergrößerung des Abstands in diesem Bereich von 1,7 Zentimetern pro Jahr. Auch satellitengestützte Laserentfernungsmessungen, bei denen Laserlicht an einem Satelliten reflektiert wird, sowie GPS-Messungen entlang des Nord- und Südatlantiks liefern übereinstimmende Ergebnisse.

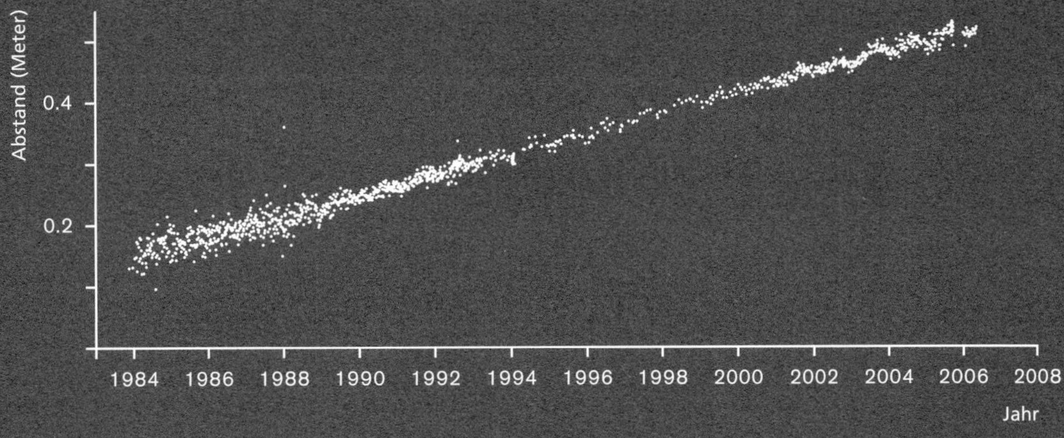

Abbildung 2.2
Das Diagramm zeigt die gleichförmige Geschwindigkeit, mit der sich Deutschland und die USA in der jüngeren Vergangenheit voneinander entfernt haben. Gemessen wurde sie mit zwei Radioteleskopen, die auf ferne astronomische Objekte gerichtet waren.

Abbildung 2.3
In der Weltkarte ist dargestellt, wie sich die Kontinente gegeneinander verschieben. Die Zahlen geben die Geschwindigkeit in Zentimeter pro Jahr an, die Pfeile die Richtung.

Eurasische Platte
5,4
Arabische Platte
Philippinische Platte
2,0
Afrikanische Platte
10.5
3,0
Indisch-Australische Platte
1,7
7,3
7,2
3,7
Antarktische Platte

weil Geologen solche Messungen bereits seit vielen Jahren durchführen. Abgesehen von GPS-Empfängern ist die Entfernung zwischen Nordamerika und Europa auch mit zwei Radioteleskopen gemessen worden (eines in Europa, eines in den USA), die beide auf einen fernen Quasar ausgerichtet waren. Das ist ziemlich beeindruckend. Quasare sind die Kerne von aktiven Galaxien und entstehen höchstwahrscheinlich dadurch, dass Materie auf ein supermassereiches Schwarzes Loch stürzt, das sich in den Zentren dieser Galaxien befindet. Quasare zählen zu den hellsten , die wir sehen können. Weil sie so weit weg sind, dienen sie als exzellente Fixpunkte am Himmel. Das ist wichtig, um die Entfernung zwischen Europa und den USA mittels Triangulation bestimmen zu können. Wir beschreiben diese Messmethode etwas genauer in Exkurs 1. Erinnern Sie sich an jene Schulexperimente, bei denen Sie begonnen haben mit der Überschrift „Geräte: zwei große Radioteleskope und ein Koordinatensystem, das aktive galaktische Kerne in mehr als einer Milliarde Lichtjahre Abstand zur Erde enthält"?

Abbildung 2.3 gibt einen Überblick zu den gemessenen Bewegungen der verschiedenen tektonischen Platten. Es zeigt sich, dass der Atlantik zwischen Nordbrasilien und Nordwestafrika derzeit mit 2,5 Zentimetern pro Jahr auseinanderstrebt – das ist ungefähr die Geschwindigkeit, mit der Fingernägel wachsen.

Unter der Annahme, dass sich die Kontinente schon immer in diesem Tempo voneinander entfernt haben, können wir nun das Alter des Atlantiks abschätzen: 4000 Kilometer mal 40 Jahre pro Meter = 160 Millionen Jahre. Wenn diese Zahl eine gute Abschätzung ist, dann haben wir nun auch ein Mindestalter für die Erde, denn sie kann ja offensichtlich nicht jünger als der Atlantik sein.

Was wir getan haben, könnte man als „Bierdeckel-Rechnung" bezeichnen. Natürlich wollen wir gerne wissen, ob unsere Zahl annähernd stimmt. Schließlich haben zwei sehr gewagte Behauptungen getroffen. Wir haben behauptet, dass die Kontinente einst eine einzige Landmasse bildeten, und wir haben angenommen, dass sie sich seitdem mit konstantem Tempo voneinander entfernen. Lassen Sie uns diese Annahmen genauer untersuchen, um zu beurteilen, wie vernünftig sie sind.

Schauen Sie sich nochmals die Karte in Abbildung 2.1 an. Dort ist auch die Topologie des atlantischen Meeresbodens zu sehen. Die lange unterseeische Gebirgskette, die durch die Mitte nach unten verläuft, wird als Mittelatlantischer Rücken bezeichnet. Dieser Rücken spiegelt eindeutig die Form der Kontinente zu beiden Seiten wider. Hier reißt die Erdkruste auf, sodass Material aus dem Innern der Erde hervortritt: Lava, die erstarrt und eine Kruste bildet. Das legt einen Mechanismus nahe, mit dem sich erklären lässt, warum die Kontinente sich noch immer voneinander entfernen: Entlang des Mittelatlantischen Rückens bildet sich die ozeanische Kruste neu.

All das scheint darauf hinzudeuten, dass unsere Behauptung Bestand hat. Wir könnten natürlich durch eine Reihe von Zufällen in die Irre geleitet worden sein: (i) dass die Küsten zueinander und zum Mittelatlantischen Rücken passen; (ii) dass der Mittelatlantische Rücken mitten zwischen den Kontinenten liegt; (iii) dass die im Mittelatlantischen Rücken austretende Lava nichts mit der beobachteten Verbreiterung des Ozeans zu tun hat. Doch obwohl wir uns ziemlich sicher sein dürfen, dass das nicht bloß Zufälle sind, haben wir bislang keinen Nachweis erbracht, dass die Trennung der beiden Kontinente seit mehr als 100 Millionen Jahren im selben Tempo erfolgt ist. Wir müssen zugeben, dass diese Annahme gegenwärtig eine reine Vermutung ist.

Lassen Sie uns also ein bisschen ernsthafte Wissenschaft einbringen. Jahrzehntelang haben Geowissenschaftler auf dem gesamten Erdball den Meeresgrund akribisch untersucht und das Alter des dortigen Gesteins bestimmt. Das ist eine schwierige Aufgabe, für die wunderbare Wissenschaft erforderlich ist und die wir gleich diskutieren werden (siehe auch Exkurs 2 auf Seite 26).

Fürs Erste stellen wir einfach die Ergebnisse vor, die in Abbildung 2.4 zu sehen sind. Es gibt ein eindeutiges Muster im Atlantik: Das jüngste Gestein befindet sich entlang des Mittelatlantischen Rückens, das älteste in der Nähe der Kontinente. Das passt wunderbar zu unserem Vorschlag, dass der Atlantik durch die Ausdehnung des Meeresbodens entstanden ist, die am Mittelatlantischen Rücken ihren Anfang nahm. Wenn wir Recht haben, sollte das Gestein ja tatsächlich zunehmend älter werden, je weiter wir uns von dem Rücken entfernen. Beachten Sie auch, dass es weder harte Übergänge gibt, an denen das Gestein schlagartig älter wird, noch ausgedehnte Bereiche, in denen das Gestein überall dasselbe Alter hat. So etwas wäre zu erwarten gewesen, wenn das Tempo, mit dem sich das Gestein entlang des Mittelatlantischen Rückens bildete, stark geschwankt hätte, während sich die beiden Kontinente voneinander entfernten. Die letzte unserer Beobachtungen gilt nun dem Alter des Gesteins am Meeresgrund entlang der kontinentalen Ränder. Diese sind auf 180 Millionen Jahre datiert worden – in voller Übereinstimmung mit unserer Rechnung auf dem Bierdeckel!

Bislang haben wir nicht beschrieben, wie sich Gestein direkt datieren lässt. Aber wir können sagen, dass unser Vorschlag, der Atlantik sei durch zwei Kontinente entstanden, die sich aufgrund der geologischen Aktivität entlang des Mittelatlantischen Rückens voneinander entfernten, mit dem gemessenen Alter des Gesteins am Meeresboden vereinbar ist.

Logische Konsistenz und das Sammeln von Belegen sind sehr wichtige Merkmale einer modernen wissenschaftlichen Arbeitsweise. Vergegenwärtigen Sie sich, was es für unsere bisherigen Überlegungen bedeutet hätte, wenn der Atlantik wesentlich jünger als 160 Millionen Jahre gewesen wäre. Um den Gedanken einmal durchzuspielen, nehmen wir wie der irische Erzbischof James Ussher an, dass der Atlantik ungefähr 10.000 Jahre alt sei. Unser eher lockerer Umgang mit der Genauigkeit tut dem guten Bischof Unrecht, denn er war sehr genau. Er behauptete, dass die Welt am Abend des 22. Oktober 4004 v. Chr. erschaffen wurde. Ussher führte seine Berechnungen Ende des 17. Jahrhunderts anhand von historischen Aufzeichnungen und der Bibel durch. Wir dagegen machen das auf einem Bierdeckel, weshalb wir uns mit gerundeten Zahlen zufrieden geben.

Wenn wir einem 10.000 Jahre jungen Atlantik Rechnung tragen wollen, aber weiterhin akzeptieren, dass die beiden Kontinente irgendwann dicht beisammen waren, dann muss das Tempo der beiden Kontinente viel höher als die derzeit beobachteten 2,5 Zentimeter pro Jahr gewesen sein. Stattdessen bräuchten wir eine Ausdehnungsgeschwindigkeit in der Größenordnung von 400 Metern pro Jahr.

Das Problem mit den 400 Metern pro Jahr ist das Gestein an den Küsten des Atlantiks, dessen Alter zu 180.000 Jahren bestimmt worden ist. Dieses Alter stimmt gut mit der Ausdehnungsrate von 2,5 Zentimetern pro Jahr überein. Bestünden wir auf einer 10.000 Jahre jungen Erde, folgt daraus, dass das Alter des Gesteins um exakt denselben Fak-

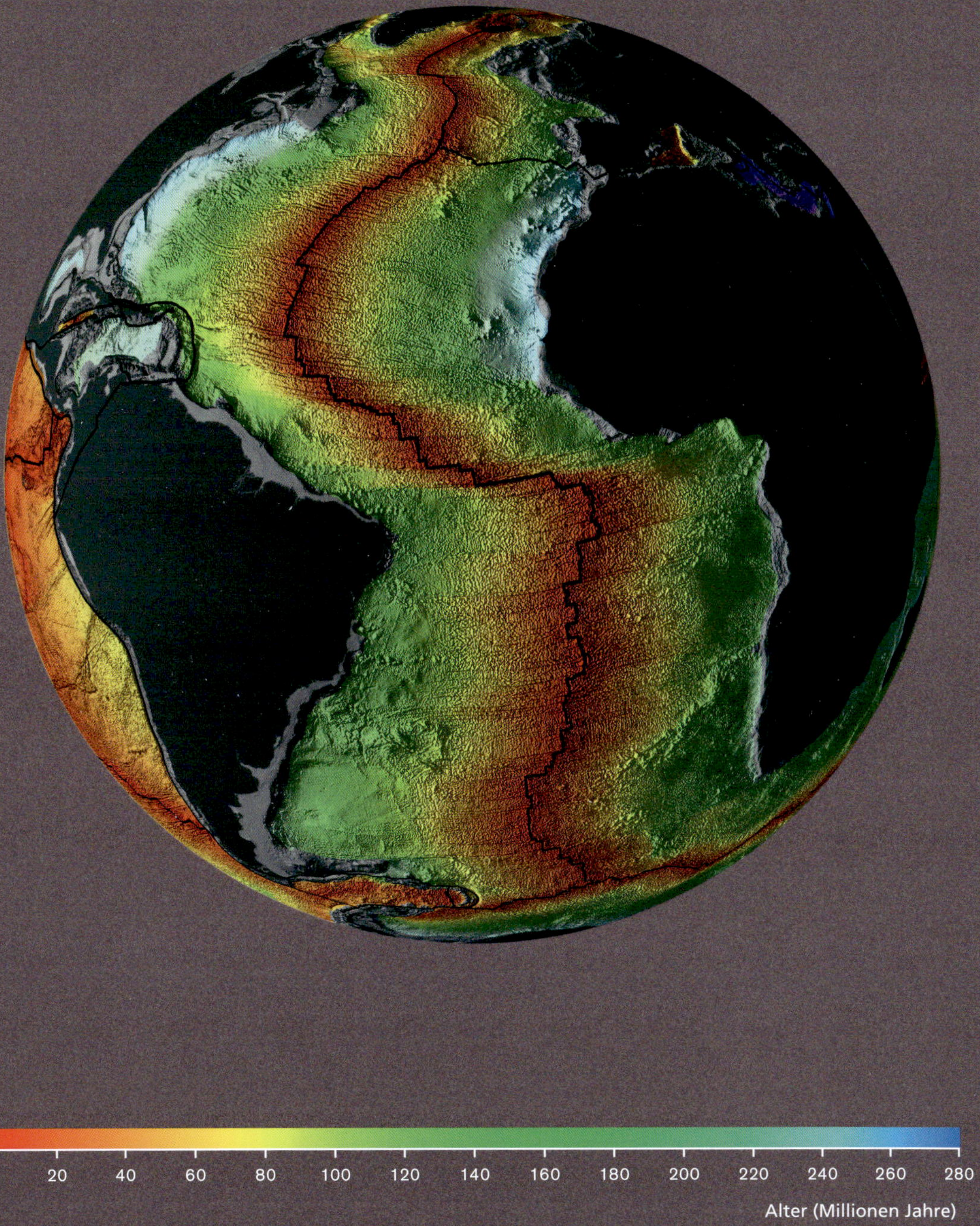

Abbildung 2.4
Das Alter des Gesteins am Meeresgrund

Exkurs 2: Die Ausdehnung des Meeresbodens

Das Alter des Gesteins am Meeresboden des Atlantiks wird bestimmt, indem man eine Eigenschaft des dortigen Basalts ausnutzt: Er ist streifenförmig magnetisiert, wie in Abbildung 2.5 dargestellt ist. Die Streifen sind üblicherweise einige zehn Kilometer breit. Sie entstehen, wenn neues Gestein aus dem Rücken herausgeschleudert und dem Erdmagnetfeld ausgesetzt ist. Wenn das Gestein erstarrt, wird die dadurch eingetretene Magnetisierung „eingefroren". Die Streifen bilden sich, weil das Erdmagnetfeld von Zeit zu Zeit seine Richtung umkehrt. Diese Änderungen sind dann auch dem Gestein aufgeprägt. Wir können somit die zeitliche Entwicklung des Meeresgrunds entschlüsseln, indem wir diese Barcode-ähnlichen Streifenmuster messen, die als „Polaritäts-Chrone" bezeichnet werden. Das geht zumindest so lange, wie wir irgendeine Methode haben, um den Zeitmaßstab für das Umklappen des Erdmagnetfelds festzulegen. Und die haben wir: Die radiometrische Altersbestimmung

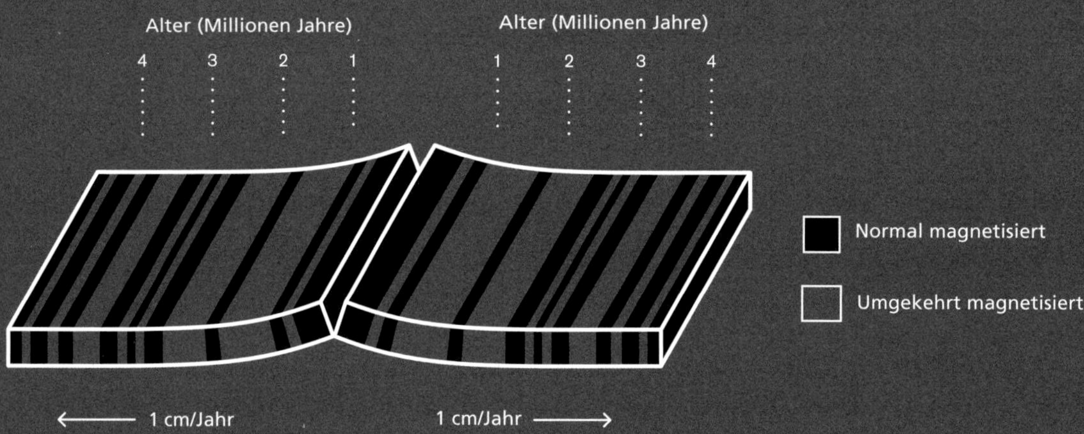

wurde genutzt, um Gestein an anderen Orten, etwa in oberirdischen Lavastrukturen, zu datieren. Die Barcode-Muster passen zusammen. Im Dezember 1968 und Januar 1969 gewann das Forschungsschiff Glomar Challenger sehr wichtige Daten. Es bohrte insgesamt 17 Löcher im äquatorialen und südlichen Atlantik und überquerte dabei den Mittelatlantischen Rücken. Die Proben des Glomar Challenger wurden größtenteils mit paläontologischen Methoden datiert, die unter anderem das Auftreten winziger Fossilien in den Bohrkernen nutzten, deren Entwicklung dann mit den bekannten Evolutionsstufen von Flora und Fauna in den Meeren abgeglichen wurden (deren Alter war wiederum durch radiometrische Methoden bestimmt worden). Die Wissenschaftler an Bord entdeckten bei ihren Bohrkernanalysen einen Zusammenhang zwischen Alter und Abstand vom Mittelatlantischen Rücken, der außergewöhnlich gut mit der Annahme zusammenpasst, dass sich der Meeresgrund mit konstantem Tempo ausdehnt. Sie entdeckten direkt über dem Meeresboden Sedimente, deren Alter von zehn Millionen Jahren für Proben in 200 Kilometer Abstand vom Rücken bis zu 70 Millionen Jahren für Proben in 1300 Kilometer Abstand vom Rücken reichte. Das entspricht einer Ausdehnung des Meeresbodens von knapp zwei Zentimetern pro Jahr.

Abbildung 2.5
Das Alter des Gesteins, das entlang eines Grabenbruchs entstanden ist, zum Beispiel entlang des Mittelatlantischen Rückens. Die Barcode-Streifen treten deutlich hervor. Sie entstehen, weil die Erde die Orientierung ihres Magnetfelds immer wieder umkehrt.

tor falsch sein muss wie die Abschätzung des Ausdehnungstempos. Das wäre ein ziemlicher Zufall.

Mit Usshers Altersbestimmung im Sinn käme eine weitere Möglichkeit infrage: die, dass die Kontinente nie eng beisammen waren. Sie hätten ja vor 10.000 Jahren auch mit 4000 Kilometern Abstand voneinander entstehen können. Bei diesem Szenario stünde die Verschiebungsgeschwindigkeit von 2,5 Zentimetern pro Jahr nur zufällig mit der Altersbestimmung des Gesteins in Einklang, aber wir müssten zumindest auch die Methoden verwerfen, mit denen das Gestein datiert worden ist. Darüber hinaus müssten wir annehmen, dass die beiden Kontinente und der Mittelatlantische Rücken nur zufällig so gut zusammenpassen. Es wird deutlich, dass wir im Falle einer jungen Erde die naheliegende Erklärung für die Gegebenheiten verwerfen müssten, um stattdessen Zufall und Irrtum zu bemühen. Wir haben bislang nur die Situation beim Atlantik untersucht und werden im weiteren Verlauf auf mehr Beispiele für sehr alte Dinge stoßen. Sie können selbst entscheiden, in welchem Ausmaß die Anhaltspunkte überzeugend sind.

Der Grund, warum sich so schwer gegen das Alter des Atlantiks von 160 Millionen Jahren argumentieren lässt, ist die Unabhängigkeit der Messungen: Sie beruhen auf völlig unterschiedlichen wissenschaftlichen Ansätzen und liefern ein stimmiges Bild darüber, was geschehen ist. Es ist leicht, die eine oder andere Messung in Zweifel zu ziehen, wenn man sich das passende, vielleicht auch abstruse Szenario zusammenreimt. Aber es ist in der Regel sehr schwierig, für einen radikalen Wandel in einem Bereich zu plädieren, ohne dass dabei weite Teile des gesamten, in sich verketteten Gedankengebäudes widersprüchlich werden. Die Wissenschaft erklärt ja, warum das Licht brennt, warum Flugzeuge fliegen und warum Computer funktionieren – da fällt es für gewöhnlich nicht leicht, dauerhaft eine Gegenposition einzunehmen. Unsere heutige wissenschaftliche Weltsicht ist allgemeingültig. Das ist der maßgebliche Grund, warum sie so widerstandsfähig und erfolgreich ist.

Eine der genauesten Methoden, um Gestein zu datieren, ist die radiometrische Altersbestimmung. Der entscheidende Gedanke dabei ist, dass bestimmte Atomsorten radioaktiv sind – sie können sich also spontan in Atome einer anderen Sorte verwandeln. (Exkurs 3, S. 44, fasst die Grundlagen über Atome und Radioaktivität zusammen.)

Dieser Umwandlungsprozess wird als radioaktiver Zerfall bezeichnet. Wenn wir die Rate kennen, mit der eine bestimmte Atomsorte zerfällt, haben wir durch Zählen dieser Atome in einer Gesteinsprobe ein Maß für die Zeitspanne, die seit der Entstehung des Gesteins vergangen ist. Wir müssen nicht wissen, was den Zerfall der Atome auslöst (dafür müssen wir etwas Quantenphysik verstehen). Wir müssen nur die Rate kennen, mit der die Atome zerfallen. Sie heißt Halbwertszeit und drückt aus, wie lange es im Durchschnitt dauert, bis die Hälfte der Atome einer Probe zerfallen ist. Wenn wir zum Beispiel wissen, dass eine Gesteinsprobe ursprünglich N radioaktive Atome enthalten hat, und messen, dass sie nun N/4 Atome enthält, also ein Viertel der ursprünglichen radioaktiven Atome, dann können wir daraus sofort schließen, dass seit der Entstehung des Gesteins zwei Halbwertszeiten vergangen sind.

Einige Atome haben eine kurze Halbwertszeit, viel kürzer als eine Sekunde, andere haben Halbwertszeiten von Millionen Jahren. Wenn wir das Alter von Gestein bestimmen wollen, ist die beste Herangehensweise, jene Atome zu zählen, deren Halbwertszeit sich nicht zu stark vom Alter des Gesteins unterscheidet. Ist die Halbwertszeit viel kürzer als das Alter, sind die meisten radioaktiven Atome bereits zerfallen. Die verbliebene geringe Zahl zu ermitteln, ist eine ziemlich schwierige Aufgabe. Ist die Halbwertszeit viel größer als das Alter, sind nur sehr wenige Atome bereits zerfallen, sodass es schwierig werden könnte, überhaupt eine nennenswerte Abweichung von ihrer ursprünglichen Anzahl festzustellen. Das alles wäre natürlich ohne praktischen Nutzen, wenn es nur selten radioaktive Atome im Gestein gäbe. Zum Glück sind sie aber relativ häufig.

Vielleicht ist Ihnen bereits aufgefallen, dass es in unserem Konzept einen Schönheitsfehler gibt. Wie können wir wissen, wie viele radioaktive Atome es in einem bestimmten Gestein bei dessen Entstehung gab? Das scheint die Altersbestimmung anhand der Halbwertszeit zum Scheitern zu bringen. Doch es gibt eine wunderbare Möglichkeit, dieses Problem zu umgehen. Sie wird als Isochronen-Methode bezeichnet.

Um sie zu verstehen, schauen wir uns ein bestimmtes Atom an: Rubidium-87, das wir als ^{87}Rb abkürzen. Rubidium ähnelt chemisch dem Kalium, kommt etwa so häufig vor wie Zink und ist oft gemeinsam mit kaliumreichen Mineralien im Gestein zu finden. Rubidium ist radioaktiv, mit einer sehr langen Halbwertszeit von 48 Milliarden Jahren. Nur leicht

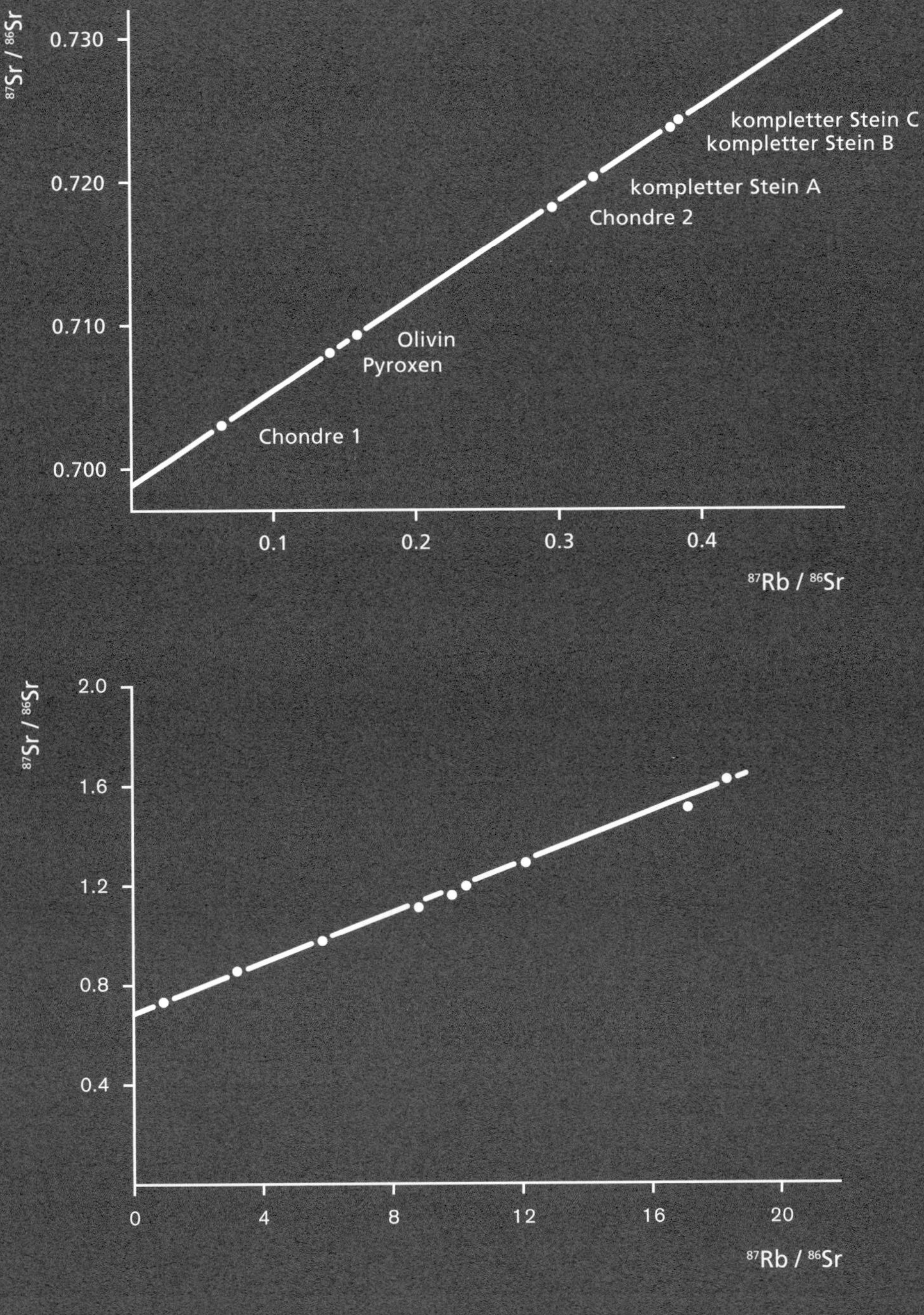

Abbildung 2.6
Zwei Isochronendiagramme, mit denen sich das Alter von Gestein bestimmen lässt: Das obere stammt von einer Probe des chondrischen Meteorits Tieschitz, der 1878 im heutigen Tschechien niederging. Das untere Diagramm stammt von Proben des grönländischen Isua-Gneises.

radioaktiv zu sein ist für die Altersbestimmung des ältesten irdischen Gesteins von Vorteil, weil es – wie wir gleich sehen werden – mehrere Milliarden Jahre alt ist. Zerfällt ein Rubidiumatom, verwandelt es sich in ein Atom von Strontium-87 (^{87}Sr). Wir können die ^{87}Rb- und ^{87}Sr-Atome in einer Gesteinsprobe zählen. Der raffinierte Teil der Isochronen-Methode ist die Ausnutzung einer anderen Sorte von Strontiumatomen, Strontium-86. ^{87}Sr und ^{86}Sr sind zwei Isotope des Strontiums. Ihr einziger Unterschied ist, dass ^{86}Sr ein Neutron weniger in seinem Kern hat. Das bedeutet, dass sie chemisch identisch sind – was entscheidend ist. Ebenfalls äußerst wichtig ist, dass ^{86}Sr durch keinen radioaktiven Zerfall entstehen kann. Das bedeutet, dass alles ^{86}Sr, das jetzt in der Gesteinsprobe steckt, bereits bei ihrer Entstehung dort war.

In einer Gesteinsprobe, deren Alter wir bestimmen wollen, zählen wir die ^{87}Rb-Atome und teilen ihre Zahl durch die Zahl der ^{86}Sr-Atome. Zudem zählen wir die ^{87}Sr-Atome und teilen ihre Zahl durch die der ^{86}Sr-Atome. Die beiden Verhältnisse tragen wir als Punkt in ein Diagramm ein, so wie es in Abbildung 2.6 zu sehen ist. Diese Zählerei wiederholen wir für verschiedene Proben, die alle von dem Gestein stammen, das wir datieren wollen. Die Proben könnten verschiedene Bruchstücke sein, die aus einem großen Flussbett stammen, oder es handelt sich um Proben verschiedener Mineralien vom selben Bruchstück. Wenn die Proben alle absolut miteinander übereinstimmen, dann finden wir in allen dasselbe Verhältnis von ^{87}Rb zu ^{86}Sr. Das würde zu vielen Punkten im Diagramm führen, die alle übereinander liegen. Doch wenn die verschiedenen Proben anfangs unterschiedliche Mengen an ^{87}Rb enthalten haben, dann werden die Mengenverhältnisse unterschiedlich ausfallen. Dann sind die Punkte in unserem Diagramm verteilt.

Abbildung 2.6 enthält reale Daten. Entscheidend bei den Diagrammen ist, dass die Punkte, die verschiedenen anfänglichen ^{87}Rb-Konzentrationen entsprechen, alle auf einer Geraden liegen. Das ist kein Zufall, sondern der schlaue Teil.

Um zu verstehen, was da geschehen ist, stellen Sie sich vor, dass wir ein Isochronendiagramm erstellen, unmittelbar nachdem das Gestein aus dem geschmolzenen Zustand entstanden ist. Da die beiden Isotope des Strontiums identische chemische Eigenschaften haben, ist das Verhältnis ^{87}Sr/^{86}Sr anfangs in jeder Probe gleich. Wenn da zum Beispiel in der Schmelze sieben ^{87}Sr-Atome auf zehn ^{86}Sr-Atome kommen, dann wird dieses Verhältnis in jedem Mineral in jedem neu erstarrten Gesteinsbrocken vorhanden sein. Denn es gibt keinen Grund, warum ein bestimmtes Mineral bei seiner Entstehung ein Strontium-Isotop dem anderen vorziehen sollte – beide Strontium-Isotope sind ja chemisch identisch. Das bedeutet, dass zum Zeitpunkt null, als das Gestein sich gebildet hat, das Isochronendiagramm eine waagrechte Linie ist. So ist es in Abbildung 2.7 zu sehen. Das Rb/Sr-Verhältnis wird sich nun verändern, weil sich Rubidium und Strontium chemisch voneinander unterscheiden. Wird zum Beispiel eine Probe von einem kaliumreichen Mineral genommen, weist es wahrscheinlich einen höheren Rubidiumanteil auf als eine Probe, die weniger Kalium enthält. Denn Rubidium verhält sich wie ein Stellvertreter von Kalium. Daher würden wir erwarten, dass sich das anfängliche Rb/Sr-Verhältnis bei den mineralischen Proben je nach Kaliumgehalt unterscheidet.

Mit fortschreitender Zeit zerfallen die Rubidiumatome, wodurch die Menge an ^{87}Sr im Gestein wächst. Das bedeutet, dass ein Punkt im ursprünglichen Diagramm nach links wandert, und zwar um einen Betrag proportional zur Zahl der Rubidiumatome, die zerfallen sind. Zudem wandert der Punkt um genau denselben Betrag nach oben, weil durch jedes zerfallene Rb-Atom ein neues ^{87}Sr-Atom entsteht. Das passiert für alle anfänglichen Punkte und führt zu einer geneigten Linie, wie sie in Abbildung 2.7 dargestellt ist. Vergeht noch mehr Zeit, seitdem das Gestein entstanden ist, neigt sich die Linie noch stärker. Gab es anfangs kein Rubidium in der Probe, kann auch kein neues Strontium entstehen, weshalb der Punkt ganz links auf der Linie unverändert bleibt. Das ist ebenfalls in der Abbildung zu sehen. Entscheidend ist, dass die Punkte weiterhin auf einer geraden Linie liegen. Sie neigt sich einfach mit fortschreitender Zeit, und die Abweichung von der Horizontalen liefert uns das Alter der Probe.

So funktioniert die geniale Isochronenmethode. Wir mussten dabei nie die anfänglichen Konzentrationen der Atome wissen. Wir brauchten nur eine Reihe verschiedener Proben, die unterschiedliche Rubidium- und Strontiumkonzentrationen aufwiesen.

Wir zeigen Ihnen, was wir damit meinen. Nehmen wir an, wir bestimmen das Alter des Gesteins nach einer Halbwertszeit des Rubidi-

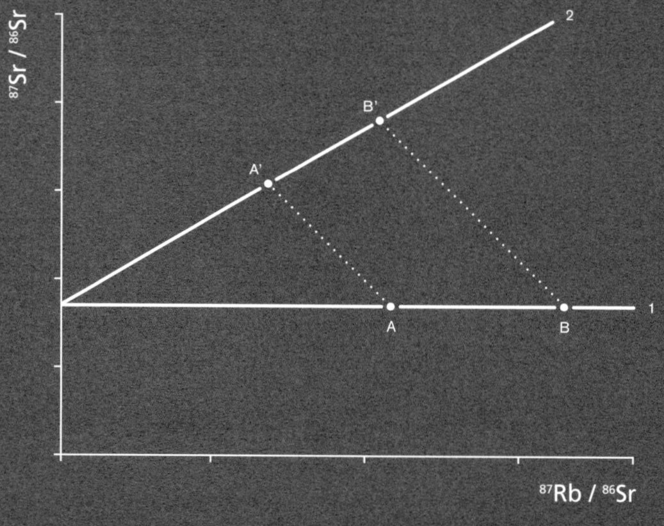

1. Gestein gerade entstanden
2. Dasselbe Gestein viel später

Abbildung 2.7
Darstellung, wie sich eine Isochronenlinie im Lauf der Zeit gegenüber der Horizontalen neigt. Punkt A wird zu A' und B zu B'.

ums – zugegeben, das ist schwierig, weil das länger als das Alter des Universums ist, aber es geht uns ums einfache Rechnen. In diesem Fall wandert ein Punkt auf der anfänglichen Isochrone den halben Weg nach links, denn es gibt nun nur noch halb so viele Rb-Atome wie zu Beginn. Zudem wandert der Punkt um denselben Betrag nach oben (weil nun die gleiche Zahl an ^{87}Sr-Atomen erzeugt wurde). Dies entspricht einer Neigung von 45 Grad gegen die Horizontale. Eine Isochronenneigung um 45 Grad heißt also, dass eine Halbwertszeit vergangen ist.

Für alle, die es etwas genauer haben möchten: Wenn g der Anteil des Rubidiums ist, das seit der Entstehung des Gesteins zerfallen ist, dann wandert ein Punkt auf der anfänglichen horizontalen Isochrone um den Betrag g mal den Ausgangswert nach links und um denselben Betrag nach oben. Das heißt, der Tangens des Neigungswinkels gegen die Horizontale ist $g/(1-g)$. Das ist sehr schön, denn g hängt nur von der Halbwertszeit und dem Alter des Gesteins ab. Messen wir g anhand der Neigung der Linie, kennen wir das Alter der Probe – ohne wissen zu müssen, wie viel Rubidium und Strontium anfangs vorhanden waren. Im Fall des Meteoriten, der in Abbildung 2.6 dargestellt ist, beträgt der Tangens des Neigungswinkels ungefähr $(0{,}7325-0{,}699)/0{,}5 = 0{,}067$. Daraus folgt, dass $g = 0{,}063$ ist. Also sind m Halbwertszeiten vergangen, mit $(1/2)^m = 1-0{,}063 = 0{,}937$, woraus $m = 0{,}094$ folgt. Da die Halbwertszeit von Rubidium 48 Milliarden Jahre beträgt, ist dieser Meteorit (48 Milliarden mit 0,094 multiplizieren) 4,5 Milliarden Jahre alt.

Die Isochronenmethode ist wunderbar einfache Wissenschaft. Sie besagt, wieviel Zeit vergangen ist, seit die Isochrone waagrecht war, was wiederum dem Zeitpunkt entspricht, an dem das Gestein erstarrt ist. Damit die Punkte der Isochrone eine gerade Linie bilden, muss für jedes zerfallende Rb-Atom im Gestein ein neues ^{87}Sr-Atom auftauchen. Überdies muss sich das Gestein wie eine versigelte Kapsel verhalten, sodass nach der Bildung des Gesteins kein Rb- oder Sr-Atom dazu- oder abhandenkommen konnte. Verhält sich das Gestein nicht wie eine versiegelte Kapsel, liegen die Punkte nicht auf einer Geraden. Und das ist gut so, denn so können wir überprüfen, ob das Gestein irgendwie mit seiner Umgebung in Austausch stand. Es wäre ein Hinweis darauf, dass die Altersbestimmung unzuverlässig ist. Wenn die Datenpunkte andererseits auf einer Gerade liegen, können wir uns ziemlich sicher sein die

Zeitspanne zu messen, seit der das Gestein letztmals geschmolzen war. Also geht mit der Isochronenmethode eine Eigenkontrolle einher, was in hohem Maße zum Vertrauen beiträgt, das wir in die Ergebnisse haben können.

Das Nordatlantische Kraton ist ein alter Teil der Erdkruste, der in Grönland, an der nordkanadischen Küste Labradors und in Teilen Nordwestschottlands zu Tage tritt. Es besteht hauptsächlich aus granitischem Gneis, einem Umwandlungsgestein, was bedeutet, dass es bei sehr hoher Temperatur und sehr hohem Druck aus anderen Gesteinsarten entstanden ist. Das untere Diagramm in Abbildung 2.6 zeigt eine Rubidium-Strontium-Isochrone für Proben aus dem Nordatlantischen Kraton, genauer: aus dem Insua-Gneis an der Südwestküste Grönlands. Die Datenpunkte liegen auf einer geraden Linie, was besagt, dass das Gestein sich nach seiner Entstehung nicht mehr wesentlich verändert hat. Die Neigung der Geraden legt das Alter des Gesteins auf 3,66 Milliarden Jahre fest, mit einer Unsicherheit von 0,06 Milliarden Jahren. Falls Sie die vorigen Berechnungen nachvollzogen haben, können Sie dieses Alter selbst ermitteln.

Viele weitere Proben aus dem Nordatlantischen Kraton sind inzwischen datiert worden, teils mit unterschiedlichen radioaktiven Atomen und deren zugehörigen Isochronen. Die so bestimmten Alter liegen hauptsächlich zwischen 2,6 und drei Milliarden Jahren, wobei die ältesten Proben bei ungefähr 3,8 Milliarden Jahren liegen. Diese Alter stimmen mit denen des ältesten Gesteins überein, das an anderen Stellen der Welt gefunden wurde. Die ältesten bekannten Gesteine gibt es im Slave-Kraton in Nordwestkanada. Sie sind fast vier Milliarden Jahre alt. Zirkon, ein Mineral, das geringe Mengen an radioaktivem Uran und Thorium enthält, lässt sich mit mehreren Methoden datieren, unter anderem mit einer Uran-Thorium-Isochrone. So hat man Zirkonkristalle in den westaustralischen Jack Hills gefunden, die 4,404 Milliarden Jahre alt sind, mit einer Unsicherheit von 0,008 Milliarden Jahren. Das sind die ältesten Materialien, die bislang auf der Erde entdeckt wurden.

Eine intakte Kruste, die älter als vier Milliarden Jahre ist, wurde bisher allerdings nicht gefunden. Der Grund könnte sein, dass sich die Kruste der heißen, jungen Erde stark verändert hat und dabei die radiometrischen Uhren der Gesteine zurückgesetzt wurden. Diese Veränderung wurde womöglich durch ein starkes Meteoritenbombardement begünstigt – oder wir haben bislang noch älteres Gestein einfach nicht gefunden. Zirkonkristalle überstehen extremere Umgebungsbedingungen als die meisten Gesteinsarten. Womöglich hat man sie deshalb mit wesentlich höheren Isochronen-Altern entdeckt. Jedenfalls können wir dank der radiometrischen Altersbestimmung von Gestein und Zirkonkristallen behaupten, dass die Erde mindestens 4,4 Milliarden Jahre alt ist.

Aber was genau meinen wir mit „dem Alter der Erde"? Vermutlich ist sie nicht schlagartig entstanden. Wir können die schwierige Frage des Geburtstags der Erde umgehen, wenn die Bildung des Planeten kurz im Vergleich zu seinem Alter war. Theoretische Modelle der Planetenentstehung zeigen, dass dem so ist: Läppische 0,1 Milliarden Jahre sind die Obergrenze für die Zeitspanne, in der sich die Erde aus dem solaren Nebel gebildet hat. Wenn wir diese Annahme auf alle Planeten des Sonnensystems übertragen, weil sie sich aus demselben Nebel gebildet haben, wären alle ungefähr gleich alt. Diese Annahme können wir überprüfen, weil wir viele Gesteinsproben aus dem All haben – in Form von Meteoriten und von vier Tonnen Mondgestein, das die Apollo-Astronauten mitgebracht haben. Viele dieser Proben sind mit der Isochronenmethode datiert worden.

Das jüngste Mondgestein ist demnach 3,2 Milliarden Jahre alt, das älteste 4,5 Milliarden Jahre. Zwölf Proben sind älter als 4,2 Milliarden Jahre, mit einer Unsicherheit von rund 0,1 Milliarden Jahren. Die geologische Beschaffenheit dieses Gesteins passt zu der Vorstellung, dass es entstanden ist, als die Mondkruste abkühlte. Demnach wäre der Mond 4,53 Milliarden Jahre alt. Die radiometrische Altersbestimmung an fast 100 Meteoriten wie dem bereits erwähnten Tieschitz-Meteoriten (vgl. Abbildung 2.6) ergibt für die große Mehrheit eine Entstehung vor 4,4–4,6 Milliarden Jahren. Jüngere Meteoriten weisen klare Anzeichen von starker Stoßerhitzung und Umbildung auf, wodurch deren radiometrische Uhren zurückgesetzt wurden. Fügt man alle Daten zusammen, inklusive der Daten einer weiteren, Uran-Blei-Datierung genannten, Präzisionsmessung, ergibt sich für das Alter der Erde ein Wert von 4,55 Milliarden Jahre mit einer Unsicherheit von 0,02 Milliarden Jahren.

Abbildung 2.8
Der Barringer-Krater in Arizona: Er hat 1,2 Kilometer im Durchmesser und entstand durch den Einschlag eines Meteoriten, der als Canyon Diablo bezeichnet wird. Mehr als zehn Tonnen des Meteoriten wurden in der Umgebung gefunden. Im Durchschnitt trifft ein metergroßer Meteorit die Erde einmal im Jahr. Zu Einschlägen von kilometergroßen Meteoriten kommt es zum Glück nur einmal in einer Million Jahren.

Wir könnten an dieser Stelle aufhören, zufrieden damit, dass wir eine Präzisionsmessung für das Alter der Erde haben. Wir haben sie an verschiedenen Materialien erprobt, die von unterschiedlichen Fundorten stammen. Wir haben mit Mondgestein und Meteoriten, die seit ihrer Entstehung unverändert durch das Sonnensystem gereist sind, die Gegenprobe gemacht, mit einer Vielfalt an radiometrischen Verfahren. Doch im Geiste dieses Buchs fragen wir uns nun, ob es da nicht noch ein anderes, völlig unabhängiges Messverfahren gibt, das nicht auf dem radioaktiven Zerfall beruht. Und tatsächlich gibt es so ein Verfahren. Wir können das Alter der Sonne bestimmen.

Die Sonne leuchtet, weil sie Energie durch die Fusion von Wasserstoff- zu Heliumatomen freisetzt. Kernfusionen liefen auch in den ersten Minuten nach der Entstehung des Universums ab; damals bildete sich das ursprüngliche Helium, das heute ein Viertel der sichtbaren Materie ausmacht (die anderen drei Viertel sind Wasserstoff). Als die Sonne entstand, entsprach ihre anfängliche Zusammensetzung grob diesem allgemeingültigen Verhältnis von Wasserstoff zu Helium. Doch im Lauf der Zeit wuchs der Heliumanteil in der Sonne, weil sie Wasserstoff verbrannte. Wenn wir den Heliumanteil in der Sonne messen können, der durch Kernfusionen in ihrem Zentralbereich entstanden ist, und wenn wir die Geschwindigkeit dieser Reaktionen kennen, dann können wir das Alter der Sonne abschätzen. Wir müssen dazu einfach ausrechnen, wie lange es dauert, den Heliumanteil zu erzeugen.

Das klingt so, als sei es etwas viel verlangt. Wir können ja nicht zur Sonne gehen, bis in ihr Zentrum graben und Proben nehmen. (Wie wir in Kapitel 3 sehen werden, ist es schon schwierig genug, die Zusammensetzung der Erde zu ermitteln.) Doch dank Untersuchungen der Sonne in den vergangenen 50 Jahren sind Wissenschaftler nun in der Lage, das Innere der Sonne mit einer als Helioseismolgie bezeichneten Methode zu eruieren. Druckwellen in der Sonne versetzen sie wie eine Glocke in Schwingungen. Analysiert man diese Schwingungen, so lässt sich daraus die Zusammensetzung der Sonne ableiten.[4] Das Verfahren ähnelt der Art und Weise, wie man durch Klopfen herausfindet, ob etwas hohl

[4] Dazu beobachtet man, wie sich das Sonnenspektrum, auf das wir im nächsten Kapitel stoßen werden, in Zeiträumen von Minuten verändert.

ist. Diese Untersuchungen ergeben, dass die Sonnenmasse zu etwa 4,2 Prozent aus Helium besteht, das durch Kernfusionen entstanden ist. Abbildung 2.9 zeigt, wie sich die Heliumhäufigkeit in Abhängigkeit vom Sonnenradius verändert. Sie können sehen, dass die Heliumhäufigkeit nahe am Zentrum ansteigt und sich am Sonnenrand bei etwa 27 Prozent einpendelt. Letzterer Wert liegt nahe am Anteil, den wir aufgrund der Heliumentstehung kurz nach dem Urknall erwarten würden (in Kapitel 6 werden wir die Nukleosynthese im Urknall noch ausführlicher besprechen). Der dunkler schattierte Bereich in der Abbildung, bei Radien kleiner als 0,2, ist das durch Kernfusion entstandene Helium.

Wir müssen nun herausfinden, wie lange die Sonne dazu benötigt hat, so viel Helium zu erzeugen. Wir können das abschätzen, weil wir die gesamte Energieabgabe der Sonne kennen und wissen, wie viel Energie bei der Fusion von vier Wasserstoffatmen zu einem Heliumatom freigesetzt wird. Lassen Sie uns das der Reihe nach behandeln.

Die Sonne strahlt eine Leistung von $3{,}9 \times 10^{26}$ Watt ab. Mit leidlicher Genauigkeit wurde dies erstmals 1838 von dem französischen Physiker Claude Pouillet gemessen. Es geht relativ einfach: Sie können das mit etwas Wasser, einem Thermometer und einem Eimer selbst tun. Die grundlegende Idee ist zu messen, wie lange es auf der Erde dauert, bis eine bestimmte Wassermenge, deren Oberflächengröße bekannt ist, durch direktes Sonnenlicht um ein Grad wärmer wird. So können Sie abschätzen, wieviel Sonnenenergie pro Quadratmeter und Sekunde am Ort der Erde im All, in 150 Millionen Kilometern Abstand, ankommt. Die Größe wird als Solarkonstante bezeichnet. Moderne Messungen der Solarkonstante erfolgen mittels Satelliten außerhalb der Erdatmosphäre. Aber Sie können sie auf ungefähr zehn Prozent genau bestimmen, wenn sie auf dem Gipfel eines Bergs messen und bei der Berechnung und mit ihrem Eimer vorsichtig sind – so wie Pouillet. Die Solarkonstante beträgt etwa 1,36 Kilowatt pro Quadratmeter und schwankt um rund 0,1 Prozent. Schuld an den Schwankungen sind die sich verändernde Sonnenaktivität und, mit etwa sieben Prozent im Jahresverlauf, die Abweichung der Erdbahn von der Kreisform. So lässt sich die gesamte Energieabgabe der Sonne berechnen, wenn man die Entfernung zwischen Erde und Sonne kennt. (Wir werden in Kapitel 3 sehen, wie man die Entfernung misst.)

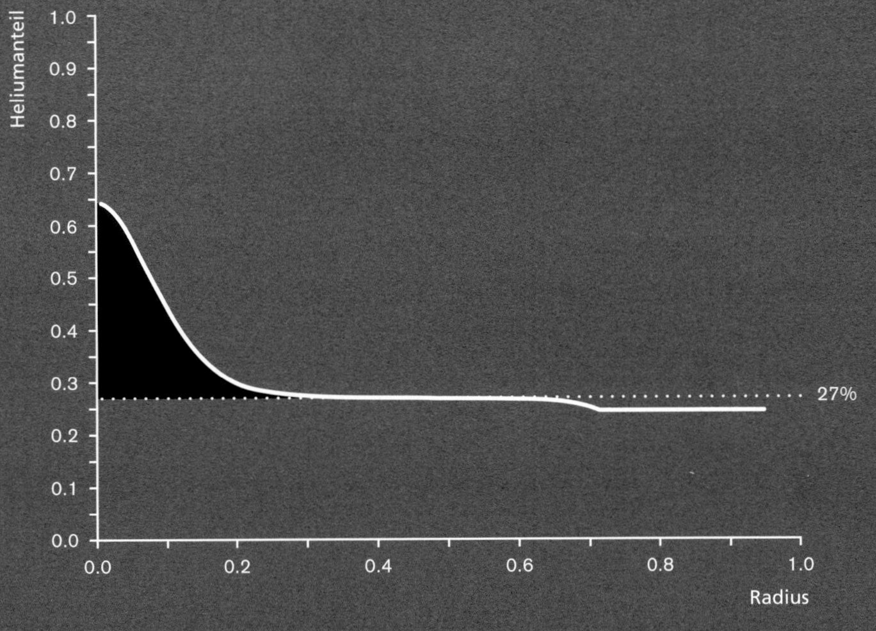

Abbildung 2.9
Der Heliumanteil im Sonneninnern (bezogen auf die Masse): Es gibt einen eindeutigen Überschuss im Zentralbereich, bei Radien kleiner als 20 Prozent des Sonnenradius. Der Überschuss ist eine Folge der Fusion von Wasserstoff zu Helium. Der ansonsten gemessene Anteil von 27 Prozent stammt vom Helium, das bereits in den Gasmassen vorhanden war, aus denen die Sonne entstanden ist.

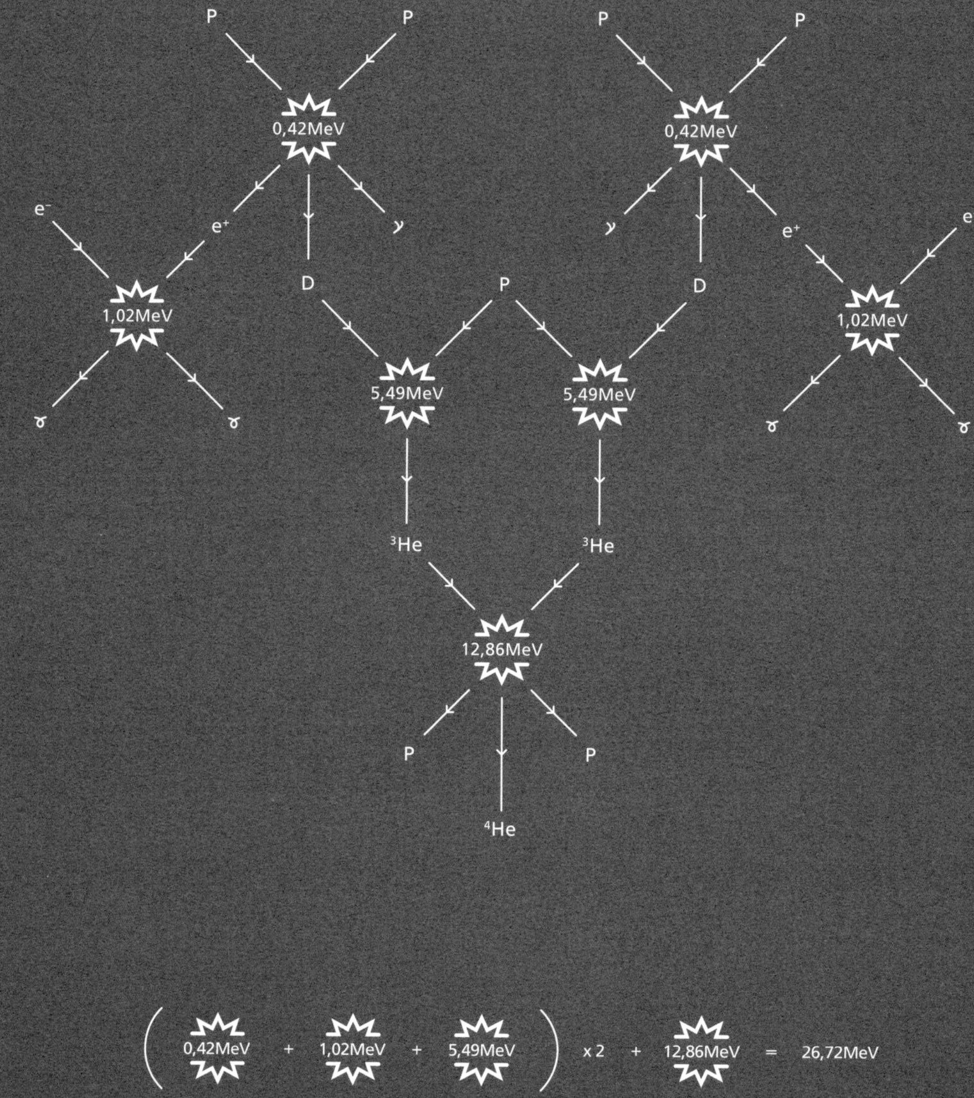

Abbildung 2.10
Die maßgeblichen Reaktionen der Helium-4-Erzeugung in der Sonne. Das Verschmelzen zweier Protonen zu einem Deuteron liefert 0,42 Megaelektronenvolt (MeV). Das emittierte Positron zerstrahlt zusammen mit einem Elektron; dabei entstehen weitere 1,02 MeV. Und die Fusion des Deuterons mit einem weiteren Proton zu Helium-3 bringt 5,49 MeV. Zwei solcher Reaktionsketten ergeben insgesamt $2 \times (0{,}42 + 1{,}02 + 5{,}49) = 13{,}86$ MeV. Schließlich verschmelzen die beiden Helium-3-Kerne zu einem Helium-4-Kern, wobei weitere 12,86 MeV Energie frei werden. Das Nettoresultat all dieser Kernfusionen lautet: Vier Protonen verwandeln sich in einen Heliumkern, dabei werden 26,72 MeV Energie frei.

Die Details der Fusionskette, die zur Heliumerzeugung in der Sonne führt, sind in Abbildung 2.10 dargestellt. Sie ist recht komplex, aber unterm Strich einfach. Vier Wasserstoffkerne werden benötigt, um einen Heliumkern zu erzeugen; dabei werden 26,72 Megaelektronenvolt (MeV) Energie frei[5], von denen 98 Prozent als Licht abgestrahlt werden. Die restlichen zwei Prozent der Energie entfallen auf Neutrinos.

Weil die Sonne eine Leistung von $3{,}9 \times 10^{26}$ Watt abgibt, können wir daraus folgern, dass sie $3{,}9 \times 10^{26}/(26{,}72 \times 1{,}6 \times 10^{-13}) = 9{,}1 \times 10^{37}$ Heliumkerne pro Sekunde erzeugt. Nehmen wir an, dass die Sonne dies seit ihrer Entstehung getan hat. Dann können wir folgern, dass sich das Alter der Sonne aus der gesamten Heliummasse, die durch Fusion entstanden ist, geteilt durch die Heliummasse, die pro Sekunde erzeugt wird, ergibt. Also: $4{,}2\,\% \times 1{,}99 \times 10^{30}$ kg / $(6{,}64 \times 10^{-27}$ kg $\times 9{,}1 \times 10^{37})$ Sekunden. Dabei haben wir für die Sonnenmasse $1{,}99 \times 10^{30}$ kg verwendet und für die Masse eines Heliumkerns $6{,}64 \times 10^{-27}$ kg. Dies ergibt ein Alter von $1{,}4 \times 10^{17}$ Sekunden, was 4,4 Milliarden Jahren entspricht.[6] Erstaunlich!

Hier ist gewiss ein Ausrufezeichen erlaubt. Wir haben großen Wert darauf gelegt, konsistente wissenschaftliche Ergebnisse zu erzielen. Dazu haben wir das Alter der Sonne berechnet, indem wir unser Wissen über Kernfusionsreaktionen nutzten und die Menge an Sonnenenergie maßen, die jede Sekunde auf die Erde fällt. Zudem verwendeten wir den Abstand der Erde von der Sonne und Messungen des Heliumanteils in der Sonne. Die Berechnung liefert dann ein Alter, das mit dem Alter der ältesten Gesteine auf Erde und Mond übereinstimmt, sowie mit dem Alter von Meteoriten, die auf die Erde fielen. Berechnet hatten wir diese Alter mit unserem Verständnis des radioaktiven Zerfalls schwerer Atome, was ein völlig anderer physikalischer Prozess ist. Trotzdem kommen wir zu dem Schluss, dass Erde und Sonne fast gleich alt sind, was vollkommen zu der Vorstellung passt, dass beide aus derselben Wolke kollabierenden Gases und Staubs vor rund 4,6 Milliarden Jahren entstanden sind.

---

5 MeV ist eine bequeme Energieeinheit in der Atom- und Kernphysik. Für eine Einführung über physikalische Einheiten: siehe Anhang.

6 Genauere Berechnungen führen zu einem Alter von rund 4,6 Milliarden Jahren.

1,00794 1 H Wasserstoff								
6,941 3 Li Lithium	9,012182 4 Be Beryllium							
22,98976 11 Na Natrium	24,3050 12 Mg Magnesium							
39,0983 19 K Kalium	40,078 20 Ca Calcium	44,95591 21 Sc Scandium	47,867 22 Ti Titan	50,9415 23 V Vanadium	51,9962 24 Cr Chrom	54,93804 25 Mn Mangan	55,845 26 Fe Eisen	58,93319 2 Co Cobalt
85,4678 37 Rb Rubidium	87,62 38 Sr Strontium	88,90585 39 Y Yttrium	91,224 40 Zr Zirconium	92,90638 41 Nb Niob	95,69 42 Mo Molybdän	(98) 43 Tc Technetium	101,07 44 Ru Ruthenium	102,9055 4 Rh Rhodium
132,9054 55 Cs Cäsium	137,327 56 Ba Barium	174,9668 71 Lu Lutetium	178,49 72 Hf Hafnium	180,9478 73 Ta Tantal	183,84 74 W Wolfram	186,207 75 Re Rhenium	190,23 76 Os Osmium	192,217 7 Ir Iridium
(223) 87 Fr Francium	(226) 88 Ra Radium	(262) 103 Lr Lawrencium	(261) 104 Rf Rutherfordium	(262) 105 Db Dubnium	(266) 106 Sg Seaborgium	(264) 107 Bh Bohrium	(277) 108 Hs Hassium	(268) 10 Mt Meitnerium

138,9054 57 La Lanthan	140,116 58 Ce Cer	140,9076 59 Pr Praseodym	144,242 60 Nd Neodym	(145) 61 Pm Promethium	150,36 6 Sm Samarium
(227) 89 Ac Actinium	232,0380 90 Th Thorium	231,0358 91 Pa Protactinium	238,0289 92 U Uran	(237) 93 Np Neptunium	(244) 9 Pu Plutonium

- Alkalimetalle
- Erdalkalimetalle
- Metalle
- Übergangsmetalle
- Lanthanoide
- Actinoide
- Halbmetalle
- Nichtmetalle
- Halogene
- Edelgase
- weitere Elemente/Transactioniden

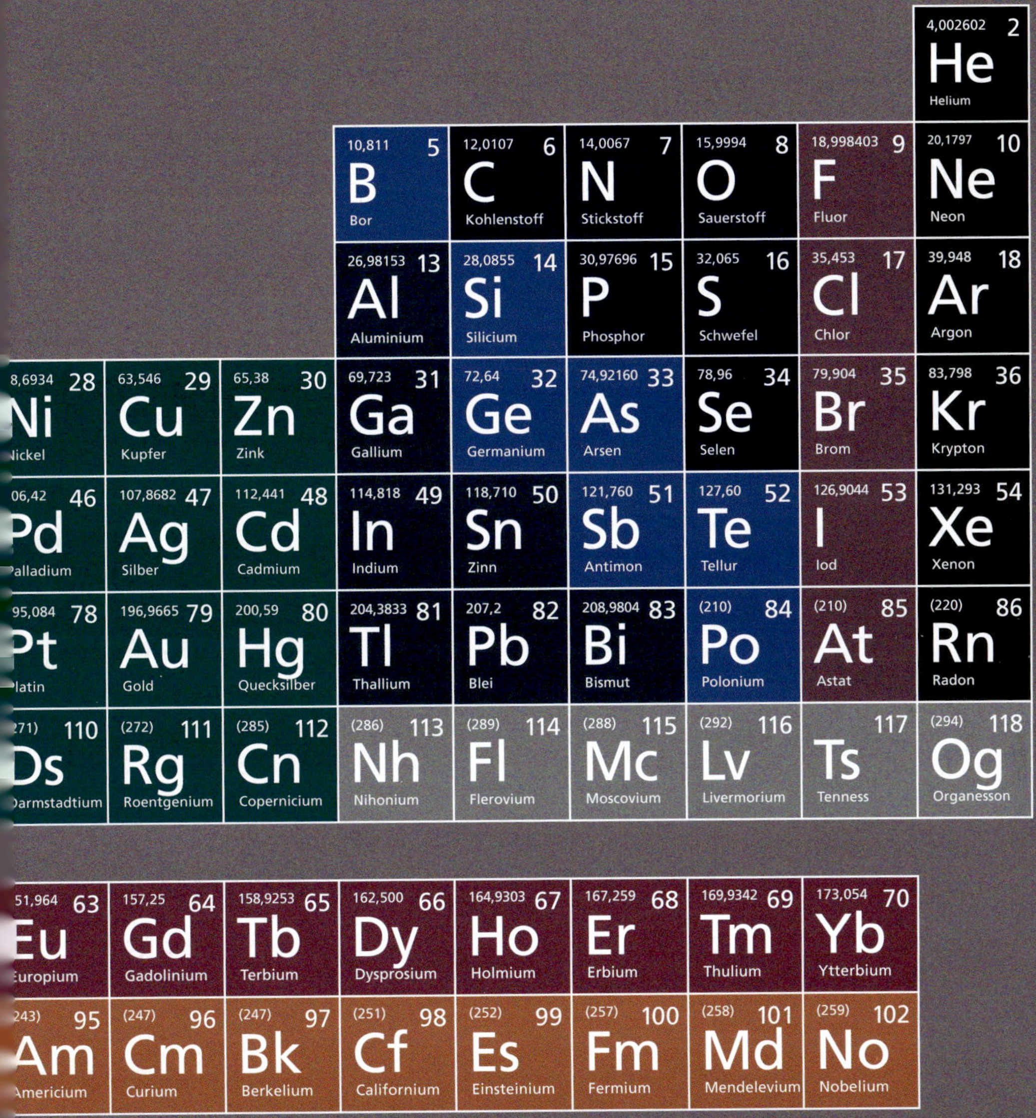

Abbildung 2.11
Das Periodensystem der Elemente

Exkurs 3: Alles besteht aus Atomen

„Wenn durch eine Katastrophe sämtliche wissenschaftlichen Erkenntnisse vernichtet würden und der nächsten Generation nur ein einziger Lehrsatz bliebe, welcher Satz könnte in wenigen Worten die meiste Information vermitteln? Ich glaube, das wäre die Atomhypothese (oder das Atomgesetz oder wie Sie es auch immer nennen wollen): ‚Alles besteht aus Atomen – kleinen Teilchen, die sich fortwährend bewegen, einander anziehen, wenn sie nur ein wenig voneinander entfernt sind, sich jedoch abstoßen, wenn man sie zu dicht zusammendrängt.' Dieser eine Satz, wie Sie sehen werden, enthält eine ungeheure Menge Aussagen über die Welt, sofern man nur ein bisschen Vorstellungskraft und Nachdenken darauf verwendet."

(Richard Feynman, *Sechs physikalische Fingerübungen*)

Die kindliche Anmutung der Frage „Was wäre wenn ich dieses Ding halbieren würde... und wieder halbieren... und wieder...?" täuscht über ihre Raffiniertheit hinweg. Die Antwort auf diese Frage ist nicht vollständig bekannt. Sie führt uns hinein in die Welt der Atome – eine Welt, in der sich winzige Teilchen gemäß der wahnwitzigen Regeln der Quantenphysik gegenseitig umtanzen. Wir müssen diese Regeln hier nicht vertiefen, vielmehr wollen wir eine provisorische Einschätzung über einige grundlegende Eigenschaften der alltäglichen „Materialien" entwickeln. Lassen Sie uns mit einer Zusammenfassung unseres Wissens beginnen.

Wir wissen, dass die gesamte gewöhnliche Materie aus Atomen besteht, von der Sonne über einen Felsklotz bis zur Luft, die wir atmen, und dass es auf der Erde 94 verschiedene natürlich vorkommende Atomsorten gibt (den Menschen ist es gelungen, weitere 20 Atomsorten zu erzeugen). Sie alle stehen im Periodensystem, das in Abbildung 2.11 zu sehen ist. Die häufigste Atomsorte im Universum ist Wasserstoff; in der Sonne bestehen rund 90 Prozent der Atomkerne daraus, der Rest ist fast vollständig Helium. Auf der Erde ist die Zusammensetzung der Atome mannigfaltiger. Die Ozeane enthalten hauptsächlich Wasserstoff und Sauerstoff, während die häufigsten Atomsorten in der Erdkruste Sauerstoff und Silizium sind. In der Atmosphäre sind es Stickstoff und Sauerstoff, während im Erdkern Eisen dominiert.

Wir wissen, dass jedes Atom aus einem Kern in der Mitte besteht, der fast die gesamte Masse des Atoms in sich vereint und von einem „Schwarm" aus winzigen Elektronen umgeben ist (winzig im Vergleich zum Kern). Der Kern ist nur wenige Femtometer groß, und die Elektronen „tanzen" um ihn herum: unendlich kleine Bewegungen von wenigen Zehntel Nanometern. Um Ihnen eine Vorstellung zu geben, was das bedeutet: Würden wir das Atom maßstabsgerecht vergrößern, sodass der Kern die Größe einer Erbse hätte, wären die Elektronen winzige Sandkörner in einem Kilometer Entfernung. In Exkurs 4 (S. 50–52) zeigen wir Ihnen, wie man die Größe eines Atoms selbst abschätzen kann.

Aber diese winzigen, punktförmigen Elektronen, die da in großem Abstand um den Kern tanzen, sind alles andere als flüchtig. Vielmehr bestimmen ihre tanzenden Bewegungen, beschrieben durch die Regeln der Quantentheorie, die Art und Weise, wie eine Ansammlung von Atomen miteinander in Verbindung steht. Anders gesagt: Die Elektronen bestimmen die Chemie.

Soweit es die Chemie betrifft ist der Kern ein inaktives Objekt. Er verhält sich wie eine schwere Quelle positiver elektrischer Ladung, die die negativ geladenen Elektronen auf einer Art Umlaufbahn hält. In unserem Alltag erledigt das Elektron die harte Arbeit, die das Verhalten von Atomen und Molekülen bestimmt, während der Kern inaktiv im Herzen des Atoms ruht, umhüllt vom Wirbel der geschäftigen Elektronen.

Dennoch sind die Kerne bei Weitem nicht langweilig. Durch das Spalten schwerer Kerne (Fission) oder das Verschmelzen leichter Kerne (Fusion) lassen sich gewaltige Energiemengen erzeugen. Die Kernspaltung liegt den heutzutage in aller Welt genutzten Reaktoren zugrunde; künftige Fusionsreaktoren versprechen eine saubere und nahezu unbegrenzte Energieversorgung. Aufgrund unserer natürlichen Neugier möchten wir auch in die Kerne hineinschauen – wir möchten wissen, woraus sie aufgebaut sind. Bislang wissen wir, dass Kerne aus Protonen und Neutronen aufgebaut sind und dass diese wiederum aus Quarks und Gluonen bestehen. Diese Erzählung scheint bei Quarks, Gluonen und Elektronen zu enden, weil das Standardmodell der Teilchenphysik diese Objekte erklären kann, ohne dass hierfür noch kleinere Strukturen erforderlich wären.

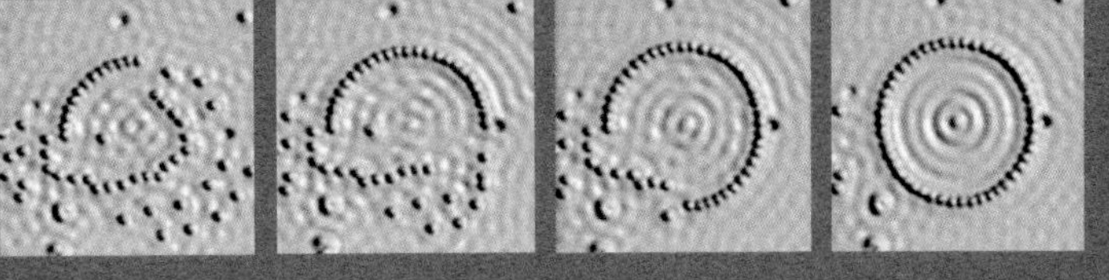

Anders gesagt könnte es sinnlos sein „Was passiert, wenn ich ein Elektron halbiere?“ oder „Aus was besteht ein Elektron?“ zu fragen. Dass diese Was-wäre-wenn-Abfolge irgendwann endet, ergibt in der Quantenphysik Sinn, nicht zuletzt weil bei unseren Versuchen, den Aufenthaltsort von sehr winzigen Objekten festzulegen, diese immer schwerer zu fassen sind. Zwar ist durch die Quantenphysik nicht ausgeschlossen, dass Teilchen wie Elektronen und Quarks Substrukturen haben, aber die Quantenphysik erfordert es auch nicht.

Atomkerne sind zudem interessant, weil sie den Traum der Alchemisten wahr werden lassen können. Damit meinen wir, dass sich ein Kern einer bestimmten Atomsorte spontan in den einer anderen Sorte umwandeln kann. Zum Beispiel kann ein Kern beim Alpha-Zerfall ein „Alpha-Teilchen“ aussenden, das in Wirklichkeit ein Heliumatomkern ist. Bestimmte Kerne neigen dazu, Alpha-Teilchen auszusenden: Uran und Thorium erzeugen auf diese Weise den Großteil des Heliums auf der Erde. Der Alpha-Strahler Plutonium-238 wird dazu verwendet, Herzschrittmacher mit Energie zu versorgen. Americium-241 (das in Kernreaktoren erzeugt wird und eine Begleiterscheinung des Manhattan-Projekts ist) wurde früher in Rauchmeldern genutzt. (Aufgrund der Radioaktivität wurden diese veralteten Rauchmelder inzwischen von optischen Rauchmeldern abgelöst.) Das Americium

Abbildung 2.12
Ein Ring aus 48 Eisenatomen lagert sich auf einer Kupferoberfläche an. Die Bilder wurden mit einem Rastertunnelelektronenmikroskop aufgenommen. Die kreisförmigen Wellen im Innern des „Korrals“ entsprechen Wellen der Elektronendichte. Zu sehen ist, dass Elektronen sich wie Wellen verhalten, was ein quantenphysikalisches Phänomen ist.

erzeugt Alpha-Teilchen, die mit Luftmolekülen zusammenstoßen und dabei Elektronen aus den Luftmolekülen freischlagen, was sich als elektrischer Strom äußert. Der Strom sinkt, wenn Rauchpartikel in den Detektor gelangen und die Alpha-Teilchen davon abhalten, die Luft zu ionisieren. Das wiederum löst den Alarm aus. In der Zeit vor der Quantentheorie war die Alpha-Strahlung jedoch noch ein völliges Rätsel – nicht zuletzt, weil sie das subatomare Pendant zum Wurf eines Tennisballs gegen eine Mauer ist, bei dem der Tennisball gelegentlich die Mauer durchdringt. Damit meinen wir, dass das Alpha-Teilchen dem Kern entkommen kann, obwohl es in ihm gefangen sein sollte – so wie ein Tennisball auf einer Seite der Mauer gefangen sein sollte. Dieser merkwürdige Effekt wird Quantentunneln genannt.

Ebenfalls extrem verwirrend ist der einfache Umstand, dass niemand vorhersagen kann, wann ein bestimmtes Atom radioaktiv zerfallen wird, obwohl wir wissen, wie lange es im Durchschnitt dauert. Wir können zum Beispiel sagen, dass es eine Wahrscheinlichkeit von 50 Prozent für ein Atom gibt, dass es sich innerhalb einer gewissen Zeitspanne, der Halbwertszeit, umwandelt. Das ist in Abbildung 2.13 dargestellt.

Zu sehen ist, wie sich die Zahl der radioaktiven Cäsium-137-Atome im Lauf der Zeit verändert. Cäsium-137 zerfällt in Barium-137, wenn sich eines seiner Neutronen in ein Proton verwandelt und gleichzeitig ein Elektron und ein Elektron-Antineutrino abgibt.[1] Diese Art von Zerfall wird als Beta-Zerfall bezeichnet. Er ist eine Folge der schwachen Kernkraft. Abbildung 2.13 besagt, dass von anfänglich 1000 Atomen einer hypothetischen Probe nach 30 Jahren noch 474 übrig sind, nach 60 Jahren hat sich ihre Zahl erneut halbiert, auf 250 Atome, und nach 90 Jahren sind noch 108 übrig. Die fiktive Atomsorte hat daher eine Halbwertszeit von 30 Jahren. Die Kurve zeigt die erwartete Anzahl an verbleibenden Atomen, unter Annahme des idealisierten Falls, dass exakt die Hälfte der Atome innerhalb von 30 Jahren zerfällt (es ist, anders formuliert, ein exponentieller Zerfall).

Die Zufälligkeit des radioaktiven Zerfalls ist seltsam. Zum Beispiel würde man annehmen, dass ein frisch erzeugter Kern tendenziell länger existiert als ein älterer. Aber dem ist nicht so. Der Zerfall eines Kerns ist völlig zufällig, er hängt nicht von seiner Vergangenheit ab und nicht davon, wie er erzeugt wurde. Daran erkennen wir, dass diese Zufälligkeit eine grundlegende Eigenschaft des Universums ist. Sie ist eine definierte Eigenschaft der Quantenphysik.

Wie der Alpha-Zerfall wird auch der Beta-Zerfall im Alltag ausgenutzt. Ein Beispiel ist der PET-Scanner, der Antimaterie verwendet, um den menschlichen Körper zu untersuchen. Fluor-18 ist ein Beta-Strahler, das heißt es neigt dazu, sich in Sauerstoff-18 umzuwandeln. Die Halbwertszeit liegt knapp unter zwei Stunden. Bei diesem Zerfall wird ein Proton im Fluorkern in ein Neutron verwandelt und gleichzeitig ein Antielektron (auch als Positron bezeichnet) und ein Elek-

[1] Neutrinos entstehen in Unmengen in der Sonne, aber die meisten von ihnen sausen durch gewöhnliche Materie hindurch, als ob sie nicht existierte. Weil sie so schwer zu fassen sind, gelang ihr endgültiger Nachweis erst 1956. Inzwischen gibt es mehrere Neutrinolaboratorien auf der Welt.

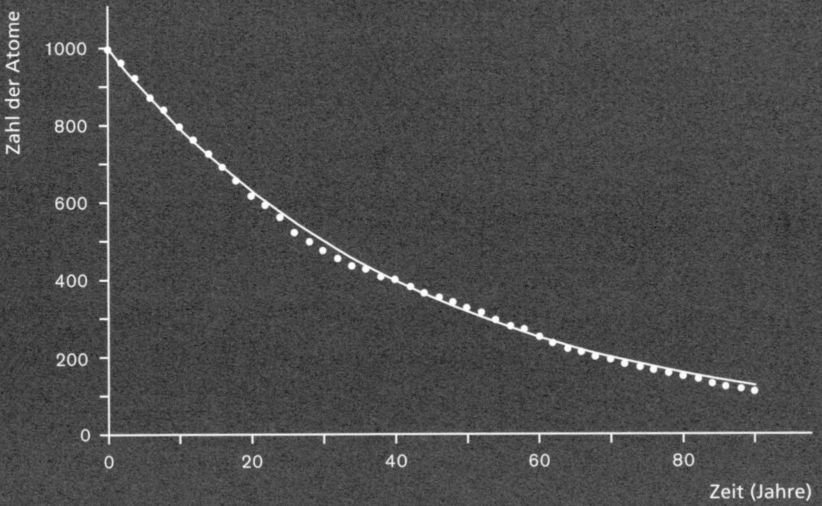

Abbildung 2.13
Die Zahl der Atome in einer fiktiven Probe, deren Halbwertszeit 30 Jahre beträgt. Die Punkte stammen von einer bestimmten Probe, während die Kurve das Ergebnis einer Mittelung über viele ist.

tronneutrino ausgestrahlt. Positronen sind identisch mit Elektronen, außer dass sie positiv elektrisch geladen sind. Beim PET-Scanner wird ausgenutzt, dass beim Zusammenprall eines Positrons mit einem Elektron beide in zwei Photonen (die Teilchen des Lichts) umgewandelt werden. Die Photonen haben eine viel höhere Eigendynamik als Elektron und Positron und entfernen sich daher in entgegengesetzten Richtungen voneinander. Ordnet man um den Patienten einen Photonendetektor an, kann man die einzelnen Photonen erfassen und feststellen, wo sie im Körper entstanden sind. Fluor-18 ist besonders nützlich, um Hirnfunktionen abzubilden oder glukosehungrige Krebszellen zu finden, weil es sich in Glukosemoleküle einbauen lässt. Andere Positronenquellen können in eine Vielzahl weiterer Moleküle eingebaut werden, um andere biologisch aktive Bereiche des Körpers aufzuspüren. Die Herstellung von radioaktiven Substanzen wie Fluor-18 ist ein interessantes Beispiel, wie Grundlagenforschung bedeutsam für den Alltag wird. Fluor-18 wird mit zimmergroßen Teilchenbeschleunigern hergestellt, indem man Sauerstoff-18 mit Protonen beschießt, die zuvor mit einigen Millionen Volt Spannung beschleunigt worden sind. PET-Scanner sind zudem eine gute Veranschaulichung für die Ausnutzung von Einsteins Formel $E = mc^2$, denn die Massen von Positron und Elektron werden vollständig in die Energie der beiden Photonen umgewandelt: Jedes der nachgewiesenen Photonen hat eine Energie, die gleich der Elektronenmasse multipliziert mit dem Quadrat der Lichtgeschwindigkeit ist (511 Kiloelektronenvolt). Diese Energie ist hoch genug, dass sich die beiden Photonen garantiert voneinander in entgegengesetzten Richtungen entfernen. In Verbindung mit dem Umstand, dass alle PET-Photonen dieselbe Energie haben, lässt sich das bei ihrem Nachweis ausnutzen. PET-Scanner sind also ein schönes Beispiel für ziemlich esoterische Grundlagenphysik im Alltag.

Das Periodensystem ordnet die Atome nach der Zahl ihrer Protonen im Kern. Diese Zahl ist identisch mit der Zahl der Elektronen um den Kern und wird „Ordnungszahl" genannt. Die Masse eines Atoms ist ebenfalls im Periodensystem aufgeführt und zwar in einer Einheit, bei der die Masse eines Protons oder Neutrons ungefähr gleich eins ist. Das alles bedeutet, dass wir für gewöhnlich herausfinden können, wie viele Neutronen in einem Atom sind. Die Neutronenzahl, die ganzzahlig sein muss, ist ungefähr gleich der Atommasse minus der Protonenzahl. Gold hat eine Atommasse von 196,97 und enthält 79 Protonen: Dann sollte Gold 118 Neutronen enthalten. Es gibt allerdings ein paar Sonderfälle. Schauen Sie sich Chlor (Ordnungszahl 17) an. Es hat eine Atommasse von 35,453, was in der Mitte zwischen 35 und 36 liegt. Dann sollte Chlor etwa 18,5 Neutronen enthalten, was sinnlos ist, weil es immer nur eine ganzzahlige Neutronenzahl gibt. Der Grund für diese Kuriosität ist, dass es zwei Sorten von Chloratomen gibt: Die eine enthält 18 Neutronen, die andere 20. Die leichtere Version macht 76 Prozent des natürlich vorkommenden Chlors aus, die schwerere die restlichen 24 Prozent. Die Massenangabe im Periodensystem ist daher der Durchschnitt, also $76\,\% \times 35 + 24\,\% \times 37 = 35{,}5$.

Wir haben die Atommasse bereits verwendet, zum Beispiel ist Americium-241 aus 241 Protonen und Neutronen aufgebaut. Varianten derselben Atomsorte mit verschiedenen Neutronenzahlen werden Isotope genannt. Natürlich vorkommendes Chlor besteht hauptsächlich aus zwei Isotopen: Chlor-35 (oft als ^{35}Cl geschrieben) und Chlor-37 (^{37}Cl). Chemisch verhalten sich die Isotope desselben Elements identisch, denn in der Chemie geht es nur um Elektronen. Im Gegensatz dazu können die kernphysikalischen Eigenschaften verschiedener Isotope sehr unterschiedlich ausfallen: Fluor-18 ist ein Positronenstrahler, während Fluor-19 stabil ist – und daher nutzlos für PET-Scanner. Das Periodensystem ist vor allem für Chemiker interessant, deshalb sind die Informationen über Isotope daraus nicht auf Anhieb ersichtlich.

Exkurs 4: Wie groß ist ein Atom?

Wir können die Größe eines Atoms abschätzen, indem wir eine winzige Menge Öl auf eine Wasseroberfläche fallen lassen und ausmessen, wie stark sich das Öl verteilt. Es verteilt sich, weil es von nichts daran gehindert wird – es wird eine wenige Atome dicke Schicht bilden. Diese Idee wird dem überaus produktiven Physiker Lord Rayleigh zugeschrieben, der 1902 anlässlich der Verleihung des Verdienstordens bei der Krönung König Edwards VII. sagte: „Der einzige Verdienst, dem ich mir persönlich bewusst bin, war, dass ich mich an meinen Studien erfreut habe. Sämtliche Ergebnisse meiner Forschungsarbeiten verdanke ich dem Umstand, dass es für mich ein Vergnügen war, Physiker zu werden." Wenn wir sonst nichts über den Aufbau von Öl aus Atomen wissen, wissen wir nicht, wie viele Atome diese Schicht dick ist. Aber wir wissen sicher, dass die Schicht nicht dünner als ein Atom sein kann. Das bedeutet, dass wir durch die Messung der Schichtdicke sagen können, wie groß ein Atom maximal ist.

Wenn wir also wissen, wie viel Öl wir aufs Wasser geträufelt haben, sind wir im Geschäft. Angenommen ein Tropfen Olivenöl mit 0,5 Millimetern Durchmesser verteilt sich auf dem Wasser über einen Durchmesser von 25 Zentimetern. Sie können das Experiment zuhause ausprobieren und die maximale Ausdehnung des Öltropfens messen, denn Wasserenthärter könnten die Ölschicht nach einer Weile wieder kontrahieren lassen, wenn sie das Öl befallen (destilliertes Wasser eignet sich daher besser). Das Volumen des Olivenöls ist gleich $4\pi r^3/3$, wobei der Radius $r = 0{,}25$ mm ist. Dieses Volumen ist gleich dem zylindrischen Volumen der Scheibe aus Öl auf dem Wasser, das wiederum gleich $\pi R^2 d$ ist, mit $R = 12{,}5$ cm und d als Dicke der Scheibe. Setzt man die beiden Volumina gleich, lässt sich daraus die Dicke der Ölschicht berechnen: $d = 1{,}3 \times 10^{-9}$ m. Also wissen wir, dass der Durchmesser eines Atoms nicht größer als etwa ein Nanometer sein kann.

Wir können noch etwas wagemutiger werden, um die Größe eines Atoms zu bestimmen. Wenn wir zu akzeptieren bereit sind, dass eine Ölschicht so dick wie ein Molekül ist und jedes Ölmolekül aus einer Kette Kohlenstoff- und Wasserstoffatomen besteht, deren eines Ende ans Wasser angrenzt. Diese Ketten sind typischerweise ungefähr zehn Atome lang (es hängt von der Ölsorte ab). Mit dieser zusätzlichen Information können wir abschätzen, dass die Größe eines Atoms grob 0,1 Nanometer beträgt.

Wenn wir die Größe eines Atoms kennen, können wir ermitteln, wie viele in einem Glas Wasser sind. Nehmen wir an, dass die Atome in einem Tropfen Olivenöl ungefähr so weit voneinander entfernt sind, wie in einem Wassertropfen, dann können wir die Zahl der Atome in einem vollen Wasserglas abschätzen, indem wir einfach das Volumen des Glases durch das Volumen eines Atoms teilen. Ein Glas mit 500 Millilitern Volumen, also einem halben Liter, hat ein Volumen von 500 Kubikzentimetern. Nehmen wir an, dass jedes Atom ein Volumen von ungefähr einem Kubik-Ångström einnimmt (d. h. ein Atom füllt einen Würfel mit einem Ångström Kantenlänge aus), was 10^{-24} Kubikzentimetern entspricht. Durch Division wissen wir dann, dass ungefähr $500 \times 10^{24} = 5 \times 10^{26}$ Atome in einem Halbliterglas Was-

ser sind. Diese Information können wir nun dazu verwenden, um die Masse eines Wassermoleküls herauszufinden. Unser Wasser im Glas hat eine Masse von 500 Gramm und wir haben abgeschätzt, dass es etwa 5×10^{26} Atome enthält. Daraus können wir folgern, dass ein Atom ungefähr 10^{-27} Kilogramm wiegt. All diese Zahlen liegen relativ nahe an den wahren Werten – was ein blendender Erfolg ist angesichts der vielen Zehnerpotenzen.
Es gibt eine zweite Möglichkeit, die Größe eines Atoms abzuschätzen. Dazu müssen wir einen eher theoretischen Ansatz wählen. Betrachten wir das einfachste Atom, den Wasserstoff, also ein Proton und ein Elektron. Das Proton ist viel schwerer als das Elektron. Man kann es sich wie einen Anker vorstellen, um den das gebundene Elektron herumtanzt. Wir möchten nun ermitteln, wie weit das Elektron im Durschnitt vom Proton entfernt ist. Der nächste Absatz ist daher etwas mathematischer als in diesem Buch üblich. Wenn Sie möchten, können sie ihn überspringen.

Der Abstand des Elektrons vom Proton (d) hängt nur von den elektrischen Ladungen des Protons und Elektrons (Q), der Elektronenmasse (m) und einer Zahl ab, die der gesamten Quantenwelt zugrunde liegt: dem Planckschen Wirkungsquantum ($\hbar$, gesprochen „h quer"). Die Abhängigkeit von Q und m ist ziemlich offensichtlich: Wir erwarten, dass d sinkt, wenn Q steigt (das Elektron wäre enger gebunden, wenn es mehr elektrische Ladung hätte) oder wenn m steigt (das Elektron würde weniger leicht entkommen, wenn es schwerer wäre). Die Abhängigkeit von $\hbar$ ist weniger offensichtlich. Aber das Wirkungsquantum ist in der Quantentheorie eine Schlüsselgröße – und ein Elektron um ein Proton reagiert gewiss auf Quanteneffekte. Deshalb sollten wir in Betracht ziehen, dass d vom Wirkungsquantum abhängen kann. Das ist nicht die Stelle, um tiefer in die Quantenmechanik einzutauchen, es soll die Bemerkung genügen, dass das Wirkungsquantum die Wellenlänge der Elektronenwellen in Abbildung 2.12 beeinflusst. Wenn wir annehmen, dass dies die einzigen Größen sind, von denen d abhängt, dann können wir sagen, dass d proportional zu $\hbar^2/(mQ^2)$ sein muss. Wir können uns da so sicher sein, weil es keine andere Möglichkeit gibt, die Größen zu kombinieren, damit sich am Ende eine Größe mit der Einheit Meter ergibt. Die Ladung Q lässt sich bestimmen, indem man das Coulombsche Gesetz raffiniert ausnutzt. Es besagt, dass die Kraft zwischen zwei elektrischen Ladungen der Größe Q im Abstand R voneinander gleich Q^2/R^2 ist. Das Ergebnis lautet $Q = 4{,}8 \times 10^{-10}\ g^{1/2}cm^{3/2}/s$. Die Elektronenmasse ist $m = 9{,}11 \times 10^{-28}$ g und $\hbar = 1{,}1 \times 10^{-27}\ g\ cm^2/s$. Setzt man diese Zahlen ein, ergibt sich d = 0,6 Ångström. Wir können keine höhere Genauigkeit erwarten, als dass wir ungefähr die richtige Größenordnung treffen. Sich auf die Einheiten der maßgeblichen Größen eines Problems zu berufen, ist unter Physikern eine weit verbreitete Vorgehensweise, denn so lassen sich Dinge rasch abschätzen, die viel schwieriger genau zu berechnen sind. Natürlich gibt es eine korrekte (und viel langwierigere) Methode für diese Berechnung. Wie jeder Physikstudent vor der Zwischenprüfung weiß, muss man dazu die Schrödinger-Gleichung lösen.

Unser Ergebnis ist nur um einen Faktor sechs größer als das Ergebnis, das wir durch das Öl auf der Wasseroberfläche erhalten haben. Das ist wirklich eine sehr gute Übereinstimmung. Die verwendeten Zahlen unterscheiden sich um so viele Zehnerpotenzen, dass es ziemlich leicht hätte passieren können, völlig widersprüchliche Ergebnisse zu erhalten, hätten wir die Zusammenhänge nicht richtig verstanden. Könnten wir Informationen über Atome nur durch unsere Sinne gewinnen, wären Atome jeglicher Größe vorstellbar, so lange sie nur kleiner als ein Hundertstel Millimeter sind. Das ist eine Spanne, die sich über eine fast unendliche Zahl an Zehnerpotenzen erstreckt. Dass die theoretische Abschätzung und die Öltropfenmessung Ergebnisse liefern, die um weniger als eine Zehnerpotenz auseinanderliegen, ist daher ein sehr beeindruckender Umstand.

DAS WIEGEN DER ERDE

Unser Kollege Mike Seymour machte während seines Urlaubs im walisischen Ogmore-by-Sea eine interessante Entdeckung. Während er in Ufernähe im Watt stand und die Kühle des Salzwassers an seinen leicht sonnenverbrannten Füßen genoss, bemerkte er im Bristolkanal eine Boje, die scheinbar genau am Horizont trieb. Diese Beobachtung allein reicht aus, um die Größe der Erde grob abzuschätzen. Als Physiker im Ruhezustand[7] entschloss sich Mike dazu die erforderlichen Informationen zu gewinnen. Mit einem quatschenden Geräusch befreite er seine Fersen aus dem Schlick und ging vorsichtigen Schrittes über die scharfen Muscheln zu einem Laden, um eine Landkarte zu kaufen. Auf ihr sah er, dass die als „Fairy Buoy" bezeichnete Boje ungefähr vier Kilometer von seinem Aussichtpunkt am Strand entfernt war. Er ist in Abbildung 3.1 mit einem roten Kreuz verzeichnet. Anhand einer groben Skizze auf der Rückseite einer Serviette (Abbildung 3.2) leitete Mike ab, dass die Erde einen Radius von grob 5000 Kilometern hat. Der tatsächliche Wert ist 6400 Kilometer. Es sollte Sie beeindrucken, dass Mike die Größe unseres Planeten einfach durch eine Beobachtung der Gegend um Ogmore-by-Sea vernünftig abschätzen konnte. Genauso sollte es Sie nicht stören, dass sein Ergebnis um 20 Prozent danebenliegt.

[7] Was sowohl grammatikalisch mehrdeutig als auch – gemäß Einstein – physikalisch nicht eindeutig definiert ist.

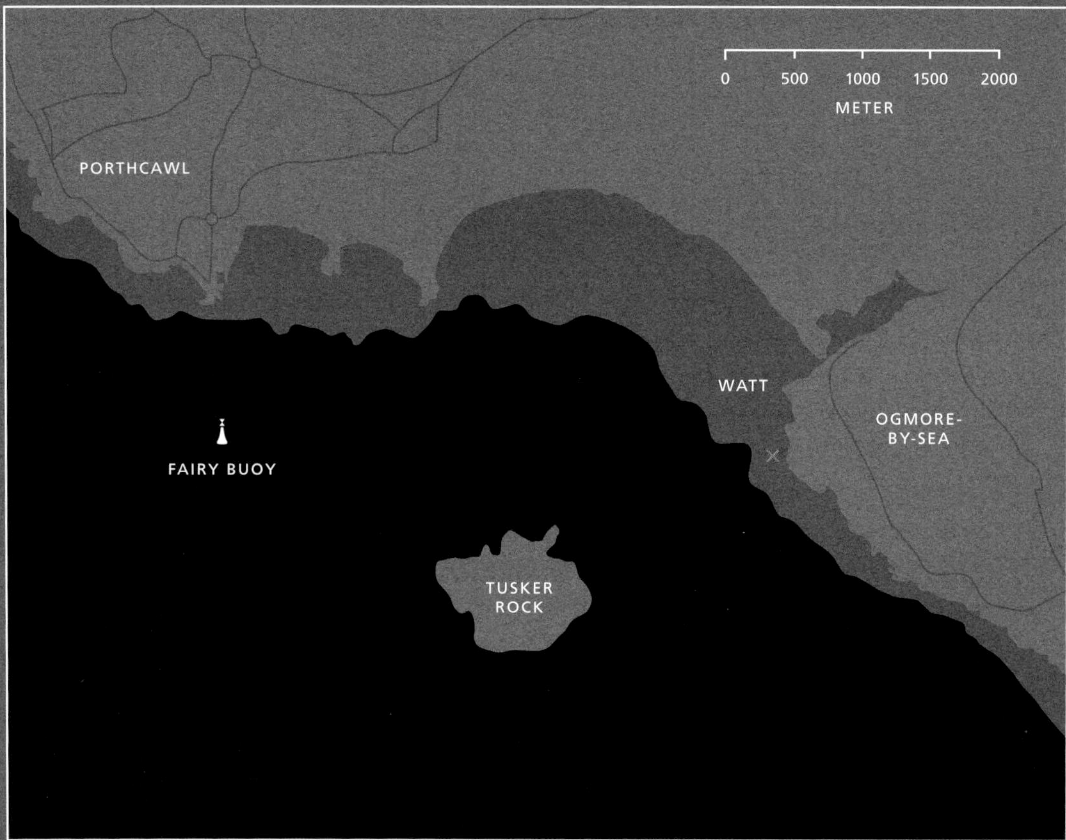

Abbildung 3.1
Mike steht im Watt von Ogmore-by-Sea an der mit einem roten Kreuz markierten Stelle. Er schätzt die Entfernung des Horizonts ab, indem er feststellt, dass die Fairy Buoy ungefähr vier Kilometer entfernt ist.

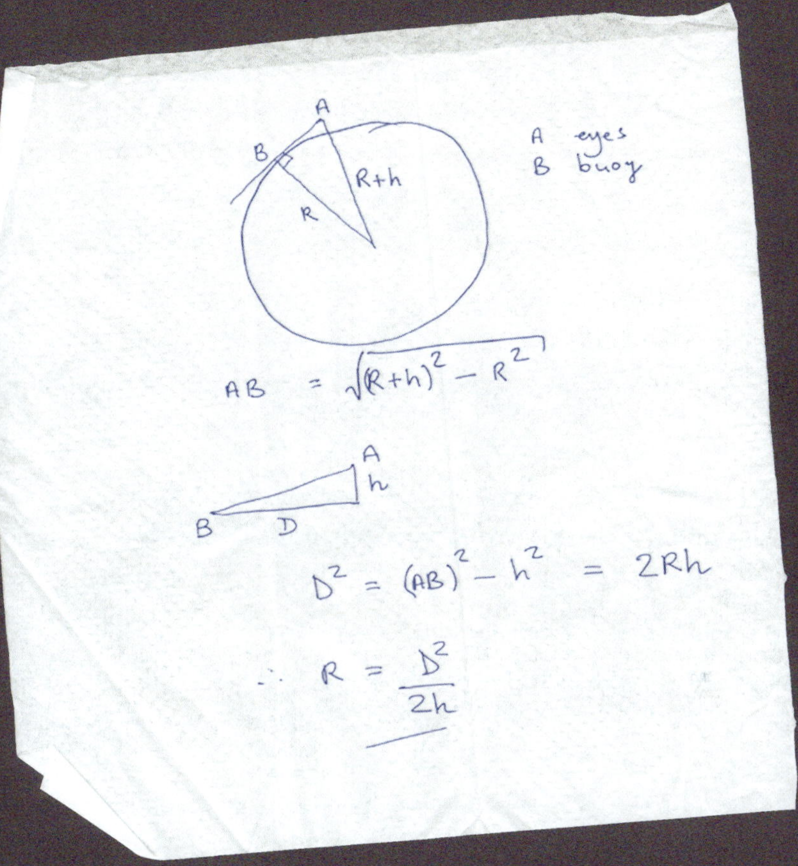

Abbildung 3.2
Mikes Augen sind h = 1,6 m über der Erdoberfläche am Punkt A. Er schätzt ab, dass der Horizont bei Punkt B liegt, indem er die Boje beobachtet, die vollständig sichtbar am Horizont treibt. Anhand der Landkarte sieht er, dass die Boje D = 4 km entfernt vom Strand ist. Mit Hilfe des Satzes von Pythagoras ergibt sich der Erdradius R zu $D^2/(2h)$, wobei D die Entfernung zwischen Mike und der Boje ist. Setzt man die Zahlen ein, folgt R = 5000 km.

Die Rechnung funktioniert unter der Annahme, dass die Entfernung der Boje tatsächlich der Abstand zum Horizont ist. Die Güte von Mikes Augen bestimmt, wie genau er ermitteln kann, ob die Boje tatsächlich mit dem Horizont zusammenfällt. Ein Mensch mit durchschnittlicher Sehkraft kann eine kleine Münze in einem Abstand von 40 Metern gerade noch auflösen, das entspricht einer Winkelauflösung von etwa 0,03 Grad. Das bedeutet, dass Mike die Boje so wahrnehmen kann, als ob sie am Horizont läge, selbst wenn sie etwas vor oder hinter dem Horizont liegt. Alles, was er mit Gewissheit sagen kann, ist daher, dass der Horizont zwischen zwei Extremwerten liegt, die von der Auflösung seiner Augen bestimmt wird. Das sollten wir als Unsicherheit der Messung benennen. Eine kleine Rechnung[8] zeigt, dass Mike angesichts seiner limitierten Sehkraft zu folgendem Schluss gekommen sein sollte: Der Erdradius liegt irgendwo zwischen 2000 Kilometern und 36.000 Kilometern. Dass seine Rechnung auf der Serviette so nahe am wahren Wert lag, ist größtenteils zufällig.

Die Unsicherheit eines Ergebnisses abzuschätzen ist häufig so wichtig wie das Ergebnis an sich. Nur wenn wir uns unserer Unkenntnis bewusst sind, können wir am besten entscheiden, wie wir unser Wissen anwenden. In den Ingenieurwissenschaften und der medizinischen Forschung kann ein tiefergehendes Verständnis der Unsicherheit eine Frage von Leben und Tod sein. In der Politik gilt Unsicherheit als Schwäche bei der Entscheidungsfindung. In dieser Hinsicht ist die Wissenschaft eine wichtige Lektion in Demut.

Für ein besseres Ergebnis müsste Mike die begrenzte Auflösung seiner Augen verbessern – was mit einer Kamera und einem Objektiv langer Brennweite möglich ist. Zum Glück ist Mikes Vater Bob ein ausgewiesener Fotograf und lebt in Ogmore-by-Sea. Wir baten Bob, hinunter zum Strand zu gehen und einige Aufnahmen der Fairy Buoy für uns zu machen. Er tat uns gerne den Gefallen: Eine Auswahl seiner Bilder ist in Abbildung 3.3 zu sehen.

[8] Wäre die Unterseite der Boje exakt am Horizont, läge der Horizont um einen Winkel von 4 km/5000 km = 8×10^{-4} Radiant unterhalb von Mikes Horizont, wie man mit etwas Geometrie ermitteln kann. Weil Mikes Augen nicht perfekt sind, könnte der Horizont tatsächlich nur 3×10^{-4} Radiant oder bis zu 13×10^{-4} Radiant tiefer liegen. Mit noch etwas mehr Geometrie kommen wir zu dem Schluss, dass der Erdradius R mit diesem Winkel wie folgt zusammenhängt: $R = 2h/(\text{Winkel})^2$. Setzt man die beiden Extremwerte für die Winkel ein, ergibt sich für R eine Spanne zwischen 2000 km und 36.000 km.

Abbildung 3.3
Bob Seymours Aufnahmen der Fairy Buoy. Sie sind alle an derselben Stelle des Strands mit derselben Stativhöhe entstanden. Die Wellen ließen die Boje auf und nieder hüpfen.

Bobs Bilder entstanden, als das Meer recht rau war. Vielleicht war das ein Vorteil, weil wir uns deshalb keine Gedanken über die Beugung des Lichts durch atmosphärische Effekte machen müssen. So etwas fällt bei ruhiger See stärker ins Gewicht. Dass atmosphärische Effekte hier keine Rolle spielen, können wir direkt sehen: Die Bilder sind ziemlich scharf. Bob wählte die Höhe seiner Kamera so, dass die Bilder die Boje direkt am Horizont zeigen. (Eine tiefere Kamera schiebt die Boje hinter den Horizont, eine höhere Kamera bringt die Boje vor den Horizont.) Die Aufnahmen in der Abbildung wurden in einer Höhe von 1,3 Metern gemacht. Die Kameraposition wurde per GPS ermittelt, die Position der Fairy Buoy stammt von offiziellen Aufzeichnungen des Trinity House[9] Die Entfernung zwischen der Boje und der Kamera betrug 4,15 Kilometer. Diese verbesserten Werte ergeben einen Erdradius von 6600 Kilometern. Durch die Kamera wurde die Unsicherheit, die durch die begrenzte Auflösung entstanden ist, merklich verringert. Die größte verbleibende Unsicherheit kommt nun durch die Schwierigkeit zustande, die genaue Höhe der Kamera über dem durchschnittlichen Wellenniveau zu ermitteln. Ändert sich die Höhe um zehn Zentimeter, ändert sich der errechnete Erdradius um 500 Kilometer. Das könnten wir als konservative Abschätzung der Unsicherheit von Bobs Messungen bezeichnen.

[9] Trinity House geht auf die Zeit von Heinrich VIII. zurück und ist für die Installation und Wartung von Leuchttürmen und Bojen in England, Wales, den Kanalinseln und Gibraltar verantwortlich.

Es gibt natürlich wesentlich bessere Methoden als diese, um den Erdradius zu messen – aber das ist nicht der Punkt. Mikes Ansatz ist vielmehr ein gutes Beispiel dafür, wie einfache, von der Neugier getriebene Beobachtungen zusammen mit ein bisschen sorgfältigem Nachdenken zu einer interessanten Schlussfolgerung führen. Mike und sein Papa haben, wir nehmen an als Erste in Ogmore-by-Sea, die Größe unseres Planeten gemessen. Zudem haben wir eine wertvolle Lektion in der Ermittlung von Unsicherheiten bekommen: Man zieht leicht die falschen Schlüsse, wenn man nicht den Grad der eigenen Unwissenheit kennt.

Mit seiner Vermessung der Erde trat Mike in die Fußstapfen der großen Vordenker (hätte er tatsächlich auf den Schultern der altvorderen Mathematik-Giganten gestanden, hätte er seine Messung nicht machen können). Einen der frühesten belegten Versuche, die Größe der Erde zu bestimmen, unternahm Aristoteles 350 v. Chr. Er notierte in seinem Werk *Über den Himmel*, dass man Sterne in Ägypten und in der Nachbarschaft in Zypern gesehen hat, die in nördlicheren Regionen nicht zu sehen waren, und dass die Kugel der Erde daher nicht sehr groß sein kann, weil sonst der Effekt von so kleinen Ortsveränderungen nicht so rasch ersichtlich wäre. Mit einer sehr einfachen Beobachtung schloss Aristoteles also die Möglichkeit aus, dass der Erdradius viel größer als die Entfernung zwischen Ägypten und den nördlichen Teilen der antiken Welt war – nämlich nur einige tausend Kilometer. Und, wenig überraschend für einen der einflussreichsten Wissenschaftler aller Zeiten, hatte er Recht. Das ist eine wunderbare Veranschaulichung einer Abschätzung von Größenordnungen. Solche Abschätzungen sind kurze Berechnungen, die prinzipiell nicht sehr genau sind, aber in den Naturwissenschaften wichtig, weil sie mit sehr wenig Aufwand ziemlich viel Erkenntnis liefern.

Der Titel dieses Kapitels lautet „Das Wiegen der Erde". Das scheint eine viel größere Aufgabe zu sein als eine Abschätzung ihres Radius. Das stimmt, aber wir können bereits anhand der Messungen von Familie Seymour eine Größenordnung abschätzen. Nehmen wir an, dass die Erde eine perfekte Kugel ist. Ihr Volumen ist dann $(4\pi R^3)/3$, also $1{,}2 \times 10^{21}\,m^3$. Hat man sonst keine Informationen, ist die Annahme nicht allzu verrückt, dass die gesamte Erde eine gleichförmige Kugel aus Granit sei – einem dichten Gestein, das in der Erdkruste häufig vorkommt, oder aus etwas, dessen mittlere Dichte der von Granit entspricht. Die Dichte von Granit ist 2,8 g/cm^3; was zu einer groben Abschätzung der Erdmasse führt: $3{,}4 \times 10^{24}$ kg. Natürlich haben wir keine Möglichkeit zu wissen, ob dies einigermaßen stimmt, solange wir keine andere Methode finden, um die Erde zu wiegen. Wie das zu leisten ist, ist überhaupt nicht offensichtlich. Erarbeiten wir nun, wie es gelingen kann.

Beginnen wir mit der Untersuchung der Planetenbewegungen am Nachthimmel. Auf den ersten Blick mag das als Ausgangspunkt sonderbar wirken, aber es hilft dabei, einen wichtigen Punkt zu verdeutlichen. Sehr oft in den Naturwissenschaften beeinflusst die Arbeit in einem Bereich andere Bereiche, die auf den ersten Blick damit nichts zu tun haben. Das ist einer von vielen Gründen, warum es Wissenschaftlern erlaubt sein sollte, warum sie sogar ermutigt werden sollten, alles was interessant wirkt, erforschen zu dürfen. In der Natur gibt es ungemein viele Querverbindungen. Ungefähr um 1510 schrieb der Astronom Nikolaus Kopernikus ein Manuskript, den *Commentariolus*, in dem er seine Unzufriedenheit über die geozentrische Kosmologie des Claudius Ptolemäus zum Ausdruck brachte, die dieser rund 1400 Jahre zuvor formuliert hatte. „Ich frage mich oft", sinnierte Kopernikus, „ob vielleicht eine einsichtigere Anordnung von Kreisen gefunden werden kann, aus der jede scheinbare Unregelmäßigkeit abgeleitet würde, während sich alles an sich gleichförmig bewegen würde, wie es die Regeln der perfekten Bewegung verlangen." Die Unregelmäßigkeiten, auf die er sich bezog, sind die Schleifen, die die Planeten aus Sicht der Erde gelegentlich beschreiben, wenn sie sich am Himmel im Lauf von Wochen und Monaten gegenüber dem Sternenhintergrund bewegen. Damals im zweiten Jahrhundert hatte Ptolemäus ein komplexes System ersonnen, um die Bewegung der Planeten vorherzusagen. Es funktionierte sehr gut, aber war – zumindest in Kopernikus' Augen – hässlich. Im *Commentariolus* erklärte Kopernikus, dass der Mond um die Erde läuft, die Erde und die Planeten um die Sonne laufen, dass die tägliche Bewegung der Sonne und Sterne durch die Rotation der Erde um ihre Achse entsteht und dass der Abstand zwischen Erde und Sonne viel geringer ist als die Entfernung zu den Sternen. Ferner schlug er vor, dass die beobachteten Planetenschleifen eine Folge der Erdbewegung relativ zu den Planeten ist. All diese Aussagen sind korrekt.

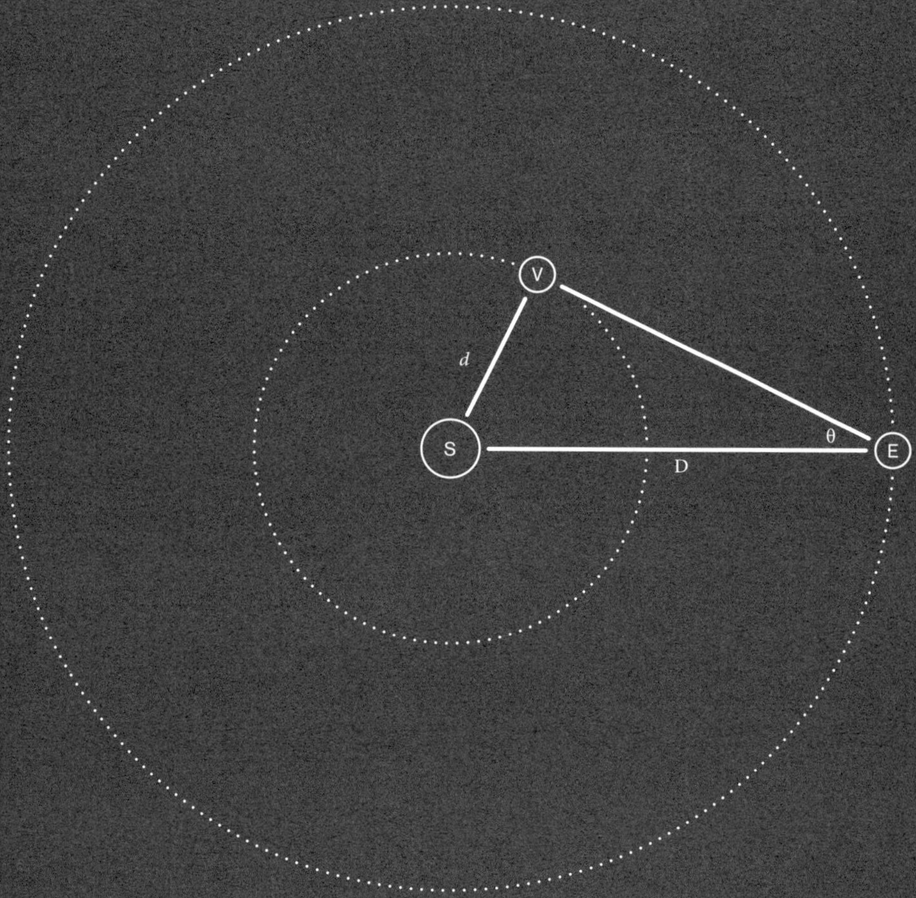

Abbildung 3.4
Wir können die Entfernung zwischen Erde und Venus oder Merkur durch die Messung des Winkels θ ermitteln. Er steht für den größten Winkelabstand, der zwischen dem Planeten und der Sonne am Himmel auftreten kann. Die Entfernung d ergibt sich dann dank einfacher Trigonometrie, d. h. $d = D \times \sin(\theta)$. So wird die Berechnung aller Entfernungen möglich, bezogen auf den Abstand zwischen Erde und Sonne. Die Entfernung zwischen Erde und Venus lässt sich auch mit einem Radarsignal bestimmen: Man misst die Zeit, die es zur Venus und wieder zurück benötigt. Sobald wir die Entfernung wissen, können wir die Abstände der Umlaufbahnen von allen Planeten im Sonnensystem bestimmen. Diese Radarmessung gelang erstmals 1961, unter Verwendung zweier 26-Meter-Radioteleskope des Goldstone Observatory in der kalifornischen Mojave-Wüste. Das Ergebnis besagt, dass der mittlere Abstand Erde–Sonne 149.599.000 Kilometer beträgt. Natürlich ist es hinreichend schwierig, eine hochpräzise Messung auf Basis des gemittelten Abstandes zwischen Sonne und Erde durchzuführen. Aus diesem Grund definierte die International Astronomical Union (IAU) im August 2012 die Astronomische Einheit (AE) zu genau 149.597.879.700 Metern. Das bedeutet auch, dass die gemittelte Distanz zwischen Sonne und Erde nicht mehr genau 1 AE beträgt (wobei diese Angabe ohnehin nie sonderlich präzise war). So sind die Astronomen erneut mit Hilfe modernster Messmethoden den alten, intuitiven Definitionen entwachsen.

Abbildung 3.5
Die Messung der Zeit, die ein äußerer Planet benötigt, um die Sonne zu umrunden: S ist die Zeit zwischen zwei aufeinanderfolgenden Ereignissen, zu denen Sonne, Erde und der Planet eine gerade Linie bilden (Astronomen sagen, dass der Planet in „Opposition“ steht, wenn es zu so einer Anordnung kommt). Einfache Geometrie ergibt $(S–E)/E = S/P$, wobei P die Zeitspanne ist, in welcher der Planet die Sonne umrundet, und E die Zeitspanne, die die Erde für einen Umlauf um die Sonne benötigt, d. h. ein Jahr. Das bedeutet, dass $1/E - 1/S = 1/P$ ist, eine Formel, die Kopernikus vor fünf Jahrhunderten in *De Revolutionibus* verwendet hat.

Kopernikus veröffentlichte seine vollständige Arbeit 1543 in dem sechsbändigen *De revolutionibus orbium coelestium* („Über die Umschwünge der himmlischen Kreise"). Das Werk gilt zu Recht als eine der frühen grundlegenden Arbeiten in den modernen Naturwissenschaften. Darin zeigte er, dass die komplexe Bewegung der Planeten unter der Annahme verstanden werden kann, dass sich alle, inklusive der Erde, in Umlaufbahnen um die Sonne bewegen. Jeder Planet benötigt dabei eine andere Zeitspanne, um einen Umlauf zu vollenden. Kopernikus dachte, dass die Bahnen kreisförmig seien. Inzwischen wissen wir, dass dies nur eine Näherung ist; die Planeten beschreiben leicht elliptische Bahnen. Die Erde braucht ein Jahr für einen Umlauf um die Sonne, Merkur 88 Tage, Saturn dagegen 29 Jahre. Das heliozentrische Kopernikanische Modell stand viele Jahre lang massiv unter Druck, zum Teil weil es in Widerspruch zur Interpretation der Heiligen Schrift stand, wenn die Erde ihre bisherige Stellung als Mittelpunkt des Universums verliert, aber auch weil es sich nicht so anfühlt, als ob die Erde durchs All rast. Das ist kein törichter Einwand. Tatsächlich wurden die tieferen Konsequenzen des Umstands, dass wir nicht sagen können, ob wir uns bewegen, erst von Einstein vollständig verstanden – in seiner Speziellen und Allgemeinen Relativitätstheorie, die 1905 und 1915 erschienen. Wir kommen später zu Einstein.

Wenn wir Kopernikus' Klugheit akzeptieren und die Planeten auf fast kreisförmigen Umlaufbahnen um die Sonne anordnen, können wir ihre Entfernungen von der Sonne als Vielfache des Abstands zwischen Erde und Sonne ermitteln. Bei den inneren Planeten, Merkur und Venus, lässt sich der Radius der Umlaufbahn aus Messungen ihres größten Winkelabstands von der Sonne berechnen. (Sie sehen das in Abbildung 3.4.)

Wir verschieben die Messung der Entfernung des Neptuns, einem der äußeren Planeten, auf das nächste Kapitel. Dort machen wir das ausführlich unter Verwendung einer Digitalkamera, eines guten Stativs und einer Bildverarbeitungssoftware. Die Umlaufzeiten der Planeten um die Sonne lassen sich ebenfalls leicht bestimmen. In Abbildung 3.5 zeigen wir, wie sich die Zeitspanne ermitteln lässt, die Jupiter für einen Umlauf um die Sonne benötigt, indem wir die Zeit zwischen zwei aufeinanderfolgenden Ereignissen messen, bei denen Sonne, Erde und Planet auf einer geraden Linie liegen.

PLANET	T (Jahre)	R (AE)	T^2/R^3
Merkur	0,241	0,387	1,00
Venus	0,615	0,723	1,00
Erde	1	1	1
Mars	1,881	1,524	1,00
Jupiter	11,86	5,203	1,00
Saturn	29,46	9,555	0,99
Uranus	84,02	19,22	0,99

Tabelle 3.1: Die Bahnparameter der Planeten unseres Sonnensystems

Etwas mehr als ein halbes Jahrhundert nach Kopernikus bemerkte der deutsche Astronom Johannes Kepler, dass es einen einfachen Zusammenhang zwischen der Größe der Umlaufbahn eines Planeten und der Zeitspanne gibt, in der er um die Sonne läuft. Kepler erkannte anhand der Daten, die der dänische Adlige und zeitgenössische Astronom Tycho Brahe gesammelt hatte, dass das Quadrat der Umlaufzeiten (kurz T^2) proportional zur dritten Potenz des Bahnradius ist (R^3 – genauer: die dritte Potenz der großen Halbachse einer elliptischen Bahn). Das bedeutet, dass das Verhältnis T^2/R^3 bei jedem Planeten gleich sein muss, so wie es Tabelle 3.1 veranschaulicht. Kepler war da einer Sache auf der Spur.

1687 wurde die erste Ausgabe von Isaac Newtons *Philosophiae Naturalis Principia Mathematica* veröffentlicht. Darin zeigte Newton, dass Keplers empirisch gefundenes Muster die Folge eines tiefergehenden physikalischen Gesetzes ist. Der Gedanke, dass Regelmäßigkeiten und Muster in der Natur oft ein Hinweis auf eine zugrunde liegende Einfachheit sind und in mathematische Gleichungen gefasst werden können, ist heutigen Wissenschaftlern vertraut. Aber im späten 17. Jahrhundert war Newtons Entdeckung revolutionär.

Der mathematische, auf Gesetzen beruhende Ansatz, den Newton in seiner *Principia* einführte, bildet die Grundlage nahezu der gesamten modernen Physik. Newton zeigte, dass Keplers T^2/R^3-Muster die Folge der Existenz eines universellen Gravitationsgesetzes ist. Es besagt, dass sich alle massebehafteten Körper gegenseitig anziehen und zwar mit einer Kraft, die proportional zum Produkt ihrer Massen und umgekehrt proportional zum Quadrat ihres Abstands ist. Für einen Planeten, der die Sonne umrundet, besagt das Gesetz, dass die Sonne eine Kraft F auf den Planeten ausübt und dass $F = GMm/R^2$ ist – wobei M und m die Massen von Sonne beziehungsweise Planet sind und R der Abstand zwischen ihren Mitten. Der Parameter G wird heute als Gravitationskonstante bezeichnet. Sein Wert beschreibt die Stärke der Gravitationskraft. Newton führte auch den heute als Zweites Newtonsches Bewegungsgesetz bezeichneten Zusammenhang ein: Er beschreibt, wie sich ein Körper – etwa ein Planet – bewegt, wenn eine Kraft auf ihn einwirkt. Dieses Zweite Bewegungsgesetz besagt, dass Kräfte gemäß der Gleichung $F = ma$ Beschleunigungen verursachen, wobei m in unserem Fall die Planetenmasse wäre und a die Beschleunigung. Allein mit diesen beiden Gleichungen ist es möglich, die Entstehung der elliptischen Planetenbahnen und Keplers T^2/R^3-Muster zu verstehen. Exkurs 5 zeigt die Einzelheiten für den einfachsten Fall einer kreisförmigen Umlaufbahn.

Der durch Newton möglich gewordene radikale Sprung nach vorn lässt sich kaum überbewerten. Wir könnten den Rest des Buchs mit den Konsequenzen seiner Gesetze verbringen. Aber in diesem Kapitel konzentrieren wir uns auf ein bestimmtes Ziel. Wir wollen die Erde wiegen[10] – und in diesem Kontext bieten Newtons Gesetze etwas extrem Wichtiges. Sie stellen durch das Allgemeine Gravitationsgesetz einen Zusammenhang her zwischen der Bewegung eines Gegenstands – etwa der Umlauf eines Mondes um einen Planeten oder eines Planeten um die Sonne – und der Masse des Gegenstands, die die Bewegung hervorruft. In der Sprache der Physik ist das in hohem Maße nicht trivial.

Vor Newton war so ein Zusammenhang unbekannt. Alle Newtonschen Gesetze sind *universell*, das heißt sie gelten nicht nur für Monde, Planeten und Sterne. Man geht davon aus, dass sie für *jeden* Körper gelten, überall. Das ist ebenfalls eine in hohem Maße nicht triviale Aussage, denn sie besagt, dass ein gemeinsamer Rahmen existiert, der die Bewegung der Planeten am Himmel und die Bewegung von Körpern wie Kanonenkugeln und Pendel hier auf der Erde beschreiben kann. Womöglich erkennen Sie, wohin das führt.

---

[10] Streng genommen wollen wir die Masse der Erde bestimmen. Das Gewicht ist ein Maß dafür, wie stark eine Masse aufgrund der Schwerkraft angezogen wird. Ihr Gewicht ist auf Erde und Mond unterschiedlich, obwohl Ihre Masse dieselbe bleibt.

Exkurs 5: Keplers Gesetz

Newtons Gravitationsgesetz und die Gleichung $F = ma$ erklären zusammen Keplers Gesetz. Das lässt sich im Fall einer perfekt kreisförmigen Umlaufbahn eines Planeten leicht verstehen. Mit etwas mehr Mathematik klappt es auch mit elliptischen Umlaufbahnen. Hier zeigen wir, dass sich mit Newtons Gesetz eine Kreisbahn berechnen lässt. Da $F = ma = GMm/R^2$ ist, folgt sofort, dass der Planet Richtung Sonne beschleunigt wird mit der Beschleunigung GM/R^2. Aber für alles, was sich mit konstanter Geschwindigkeit im Kreis bewegt, muss diese Beschleunigung auch gleich v^2/R sein, wobei v die Geschwindigkeit des Planeten ist. Setzt man diese beiden Beschleunigungen gleich, ergibt sich $GM/R^2 = v^2$. Aber v steht mit der Zeit T in Zusammenhang, in der der Planet die Sonne einmal umrundet: $v = 2\pi R/T$. Das bedeutet, dass $GM/R = 4\pi R^2/T^2$. Daran sehen wir, dass $T^2/R^3 = 4\pi^2/(GM)$ und damit konstant ist. Was wir getan haben ist tatsächlich nur annähernd richtig. Die Masse M in Keplers Gesetz müsste $M+m$ sein. Denn die Kraft wirkt ja auch auf die Sonne ein, beschleunigt also auch diese. Der Effekt ist klein, wenn M viel größer als m ist, was bei allen Planeten des Sonnensystems zutrifft. Allgemein formuliert umrunden zwei Körper einen Punkt, der im Verhältnis $m/(M+m)$ auf ihrer Verbindungslinie liegt. Zum Beispiel umrunden zwei Körper gleicher Masse einen Punkt, der in der Mitte zwischen ihnen liegt.

Lassen Sie uns eine Kugel betrachten, die auf den Boden fällt. Wie wird das mit Newtons Gesetzen beschrieben? Die auf die Kugel einwirkende Kraft beschleunigt die Kugel Richtung Boden und ist gegeben durch $F = GMm/r^2$. M ist die Erdmasse, m die Masse der Kugel und r der Abstand zwischen dem Erdmittelpunkt und der Mitte der Kugel. Die Reaktion der Kugel auf diese Kraft ist durch das Zweite Newtonsche Bewegungsgesetz gegeben: $F = ma$. Durch sehr einfaches Rechnen bekommen wir die Beschleunigung der Kugel aufgrund der Anziehungskraft der Erde heraus: $a = GM/r^2$. Mit einem Lineal und einer Uhr können wir die Beschleunigung einer Kugel messen, wenn wir sie fallen lassen (wir werden nahe bei 9,8 m/s^2 liegen). Zusammen mit $r = 6370$ km können wir das Produkt aus Masse und Gravitationskonstante berechnen: $GM = 4{,}0 \times 10^{14}\ m^3/s^2$.

Oder Sie betrachten die Umlaufbahn des Monds um die Erde: Wir können die durchschnittliche Entfernung zwischen Erde und Mond messen[11] ($R = 385.000$ km) und die Dauer eines Mondumlaufs ($T = 27{,}3$ Tage). Newtons universelles Gravitationsgesetz bringt diese Zahlen mit der Erdmasse M in Zusammenhang, und zwar durch die Gleichung, die wir in Exkurs 5 herleiten: $T^2/R^3 = 4\pi^2/(GM)$. Wie bei der fallenden Kugel haben wir einen Ansatz, um das Produkt GM zu bestimmen, diesmal nur mit astronomischen Beobachtungen. Setzt man die Zahlen ein, ergibt sich wie zuvor $GM = 4{,}0 \times 10^{14}\ m^3/s^2$. Wir bekommen für eine fallende Kugel und den Mondumlauf dieselbe Antwort, weil Newtons Gesetz universell gilt. Hierin stecken Informationen über die tieferliegende physikalische Struktur unseres Universums.

Bewaffnet mit dem Wert für GM können wir weitermachen und entweder die Erdmasse (M) oder die Gravitationskonstante (G) bestimmen – aber nur wenn wir bereits den Wert von einer der Größen wissen. Also benötigen wir eine neue Methode, um G oder M zu messen. Das ist jedoch keine einfache Sache, weil die Gravitation eine sagenhaft schwache Kraft ist. Theoretisch ließe sich messen, wie stark ein Senklot von einer großen Masse in der Nähe angezogen wird, so wie in Abbildung 3.6 zu

[11] Ursprünglich wurde die Entfernung zum Mond über die Parallaxe bestimmt, was im nächsten Kapitel beschrieben wird. Heutzutage gelingt das mit Submillimetergenauigkeit mit Laserlicht, das von Spiegeln auf dem Mond reflektiert wird, die die Apollo-Astronauten dort zurückgelassen haben.

sehen ist. Es wäre ein einfacher Ansatz, um die Erdmasse zu bestimmen. Wenn wir eine Bleikugel mit 1000 Tonnen Masse und einem Radius von knapp drei Metern so positionieren, dass ihre Mitte auf einer waagrechten Linie mit einer hängenden Masse in drei Metern Entfernung ist, dann wird das Senklot von der Kugel um einen winzigen Winkel von 0,16 Bogensekunden aus der Vertikalen ausgelenkt[12] (eine Bogensekunde ist ein Winkel von 1/3600-stel Grad). Doch obwohl die Idee aus theoretischer Sicht einfach klingt, ist ihre praktische Umsetzung zweifellos keine einfache Sache. Sie ist nicht mal billig: Eine Bleikugel in dieser Größe würde heutzutage mehr als eine Million Euro kosten.

Zwei klassische Experimente von Nevil Maskelyne 1774 beziehungsweise Henry Cavendish 1798 ermöglichten die erste genaue Bestimmung von G. Die Jahreszahlen sind ein Beleg für die Schwierigkeit der Messung: Nachdem Newton seine Gravitationstheorie veröffentlicht hatte, musste ein Jahrhundert vergehen, bevor jemand Experimente durchführen konnte, mit denen sich die Stärke von G hätte bestimmen lassen. Wir achten hier aus historischen Gründen auf unsere Wortwahl, denn weder Maskelyne noch Cavendish gaben den Wert von G tatsächlich an. Beide waren nur an der Masse der Erde interessiert. Aus der Sicht eines Physikers spielt das aber überhaupt keine Rolle, hat man einmal die eine Größe, ergibt sich die andere aus einer Zeile Mathematik.

1774 ging der Königliche Astronom Reverend Nevil Maskelyne mit einem Team nach Perthshire im schottischen Hochland, um in der Nähe des Bergs Schiehallion die Auslenkung eines Senkbleis zu messen. Er führte dort im Wesentlichen das Experiment durch, das in Abbildung 3.6 dargestellt ist – außer dass er die 1000-Tonnen-Kugel durch einen ganzen Berg ersetzte. Dadurch wurde die Auslenkung des Senkbleis größer und (gerade so) messbar. Anhand der Sterne als Referenzpunkte maß Maskelyne eine sehr kleine Auslenkung von 11,6 Bogensekunden (eigentlich war es die Summe zweier Auslenkungen, die durch die Position des Senkbleis nördlich und südlich des Bergs zustande kam). Vier Jahre später verwendete der Mathematiker Charles Hutton nach einer

[12] Dieser Winkel lässt sich mit der Formel aus der Abbildungslegende ermitteln, wenn wir vorwegnehmen, dass die Erdmasse 6×10^{24} kg ist. Natürlich läuft das Argument umgekehrt: Wir schlagen vor, die gemessene Ablenkung zu verwenden, um auf die Erdmasse zu schließen.

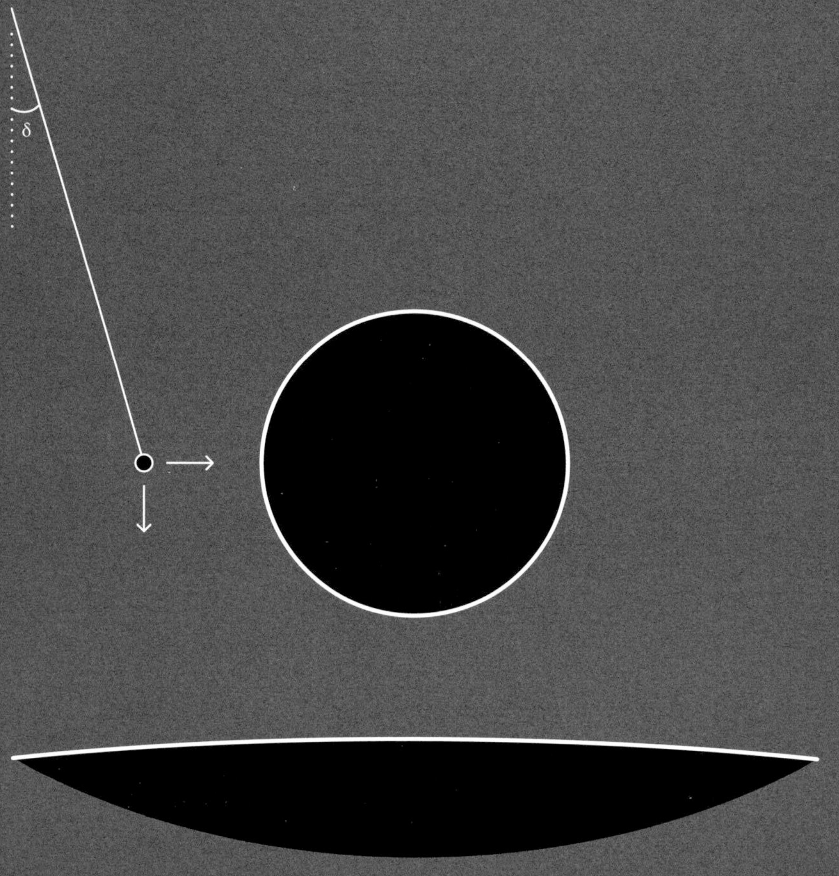

Abbildung 3.6
Ein Senkblei hängt in der Nähe einer großen Kugel. Der Tangens des Winkels δ ist das Verhältnis aus horizontaler Anziehungskraft der Kugel und der vertikalen Anziehungskraft der Erde. Gemäß Newtons Gravitationsgesetz ist das gerade $(Gm/r^2)/(GM/R^2)$, wobei R der Erdradius ist. Die Abhängigkeit von G löst sich auf, sodass $\tan \delta = (m/M) \times (R/r)^2$ ist.

detaillierten Vermessung des Bergs Maskelynes gemessene Auslenkung, um die Dichte der Erde zu berechnen. Er erhielt die 4,5-fache Dichte von Wasser, was ein ganzes Stück höher ist als die Dichte des Gesteins. Unter der Annahme, dass die Erde eine perfekte Kugel ist, und mit dem modernen gemessenen Wert für den mittleren Radius von 6370 km ergibt das eine Erdmasse von $4{,}9 \times 10^{24}$ kg.

Der nächste große Schritt beim Wiegen der Erde wurde weitere 20 Jahre danach vom brillanten Henry Cavendish gemacht. Er bediente sich dabei eines außerordentlichen Experiments in seinem sehr großen Haus im Süden Londons mit Blick auf das Erholungsgebiet Clapham Common.

Cavendish war ein exzentrischer Mensch und wirtschaftlich unabhängig. Er trug altmodische Kleidung und war bekannt für seine große Schüchternheit. Er war einer der größten Wissenschaftler aller Zeiten – neben dem hier beschriebenen Experiment leistete er sehr wichtige Beiträge zur Chemie und Elektrizität. Heute ist die Fakultät für Physik der Universität Cambridge, das Cavendish-Laboratorium, nach ihm benannt. 1798 berichtete Cavendish ausführlich über seine Ergebnisse – inklusive einer Zeichnung des Apparats, den er dafür konstruiert hatte – in seinen *Experiments to Determine the Density of the Earth.* Darin beginnt er mit einem Dank an den ehemaligen Cambridge-Geologieprofessor Reverend John Michell, der das Experiment ersonnen und die erste Version des Apparats gebaut hatte. Doch Michell starb 1793, bevor er mit den Messungen beginnen konnte. Der Apparat gelangte dann durch einen Cambridge-Philosophen, Reverend Francis John Hyde Wollaston, zu Cavendish.

Die dem Experiment zugrunde liegende Idee ist ziemlich einfach, gleichwohl bedurfte es für die Genauigkeit, mit der Cavendish seine Messungen durchführte, das Händchen eines brillanten Experimentators. Zwei kleine Kugeln hängen an den beiden Enden eines langen Balkens, der wiederum an einem dünnen Draht aufgehängt ist. Dann wird jeweils eine viel größere Kugel in die Nähe der jeweiligen kleinen Kugel gebracht. Gemäß Newtons Theorie üben die großen Kugeln eine Anziehungskraft auf die kleinen Kugeln aus, sodass sich der Balken leicht dreht. Cavendish maß diese Drehung und ermittelte daraus die

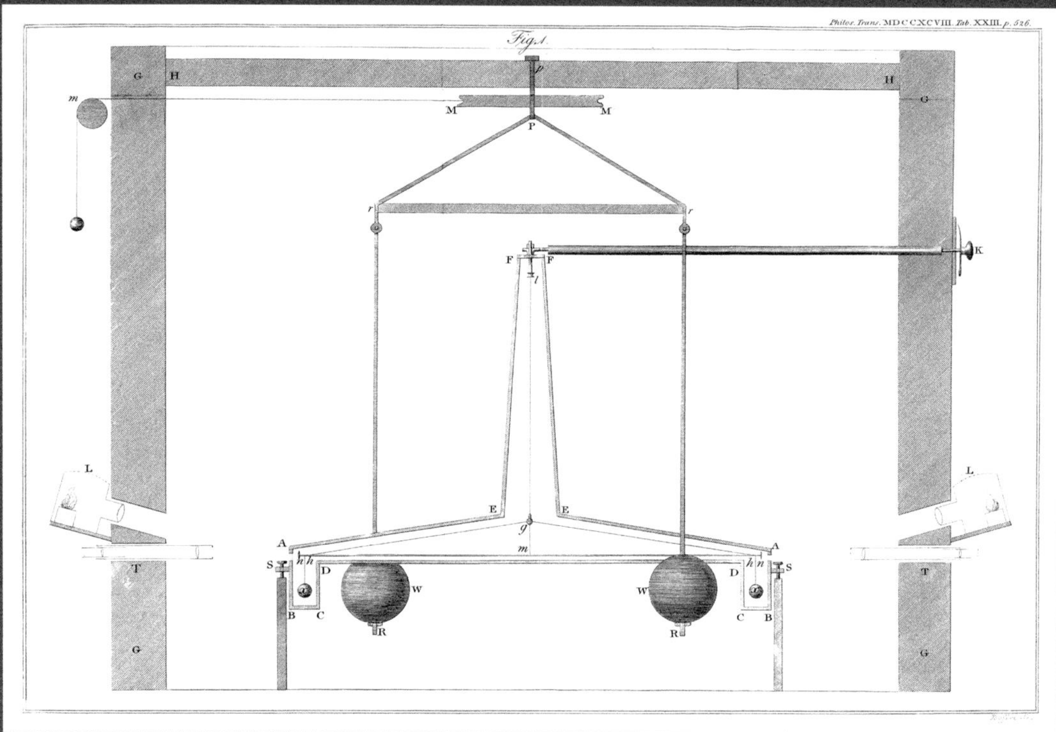

Abbildung 3.7
Eine Skizze von Henry Cavendishs genialem Apparat, mit dem sich die Erde wiegen ließ.

Kraft, die ein große Kugel auf eine kleine ausübt.[13] Um jegliche störenden Einflüsse aus der Umgebung zu vermeiden, stellte er den Apparat in einen geschlossenen Raum. Der 1,5 Meter lange Holzbalken war am Punkt F in Abbildung 3.7 aufgehängt. Die beiden kleinen Bleikugeln von jeweils fünf Zentimetern Durchmesser hingen an Fäden in der Kiste, die mit DCB markiert ist. Cavendish gelang die Messung der Balkendrehung mit zwei Fernrohren T, die auf Skalen aus Elfenbein gerichtet waren. Die Skalen waren in Schritten von Viertel Millimetern unterteilt. Die mit W bezeichneten größeren Bleikugeln hatten jeweils 30 Zentimeter Durchmesser und hingen an Kupferstäben (oben mit r bezeichnet, unten mit R), und wurden durch ein Umlenksystem, das aus dem Nachbarraum bedient wurde, an die richtigen Positionen gebracht. Durch diese Bedienung des Apparats aus der Ferne verbesserte Cavendish Michells ursprünglichen Entwurf wesentlich, denn so blieb die Messung bestmöglich vor störenden Einflüssen geschützt.

Wir haben das so detailliert beschrieben, weil wir so etwas mögen; Cavendishs Experiment ist in vielerlei Hinsicht sehr modern. Es ist ein hochpräziser Apparat, ausgelegt auf die Messung der winzigen Gravitationskraft, die von einer schweren Kugel ausgeübt wird – eine Kraft, die nicht größer ist als die Gewichtskraft eines Sandkorns. Der Erfolg hing von Cavendishs extremer Sorgfalt ab. Er beobachtete mit hoher Genauigkeit und entwickelte ein solides Verständnis für die maßgeblichen Quellen der Unsicherheit. Er berücksichtigte die Auswirkungen von Magnetismus, Temperaturschwankungen im Raum, der Anziehungskraft der Stangen, an denen die schweren Kugeln hingen, von Luftbewegungen, der Anziehungskraft des Holzgehäuses auf die Kugeln und die Balken und mehr. Er bediente sich derselben wissenschaftlichen Prinzipien wie die Seymours in Ogmore-by-Sea, doch verblüffend war sein Augenmerk für Details, um die feinen Eigenheiten der Natur überhaupt erfassen zu können.

[13] Die Kraft lässt sich ermitteln, indem man den Widerstand des Drahts gegen sein Verdrehen misst. Man misst dazu die Zeit für das Hin- und Herpendeln des Balkens, wenn er ohne die schweren Kugeln gedreht wird.

In seiner abschließenden Analyse bestimmte Cavendish die mittlere Dichte der Erde zum 5,45-Fachen von Wasser, d. h. 5,45 Gramm/cm^3. Er merkte in respektvollem, vorsichtigem Tonfall an:

Gemäß der Experimente, die Dr. Maskelyne über die Anziehung des Bergs Schehallien [sic] durchgeführt hat, ist die Dichte der Erde 4½ Mal die des Wassers; was deutlich stärker [von meiner Messung] abweicht, als ich erwartet hatte. Aber ich unterlasse jegliche Betrachtung, auf welche der Bestimmungen man sich am meisten verlassen kann, bis ich sorgfältiger untersucht habe, wie stark [meine] Bestimmung durch Unregelmäßigkeiten beeinflusst worden ist, deren Größe ich nicht erfassen konnte.

Cavendish achtete darauf, keine vorschnellen Schlüsse zu ziehen, aber wie spätere Messungen zeigten, lag er völlig richtig.

Charles Hutton, jener Mathematiker, der die Erde mit Hilfe der Messungen des Schiehallion-Experiments gewogen hatte, blieb bis zu seinem Tod extrem skeptisch gegenüber Cavendishs empfindlicher Messung. Angespornt durch Hutton untersuchte der schottische Philosoph und Mathematiker John Playfair 1801 das Schiehallion-Gestein erneut ausführlich und korrigierte 1811 Huttons ursprüngliche Messung auf 4,71. Zwei Jahre vor seinem Tod im Jahr 1823, elf Jahre nachdem Cavendish gestorben war, hatte Hutton seine Ansicht sehr deutlich in der Veröffentlichung *On the mean density of the Earth* kundgetan. „Mit eingehendster und gewissenhaftester Vorsicht", schrieb er, „fällt, in Sachen Genauigkeit, der Vorzug bestimmt zugunsten des Experiments mit dem großen Berg gegenüber dem mit den kleinen Kugeln aus." Er äußerte sich herablassend über Cavendishs „schönes und amüsantes kleines Experiment" und bezweifelte die Wahrhaftigkeit von Ergebnissen, „die von so einem komplexen Aufbau stammen" und „mit Theoremen berechnet wurden, die aus verschlungenen mathematischen Untersuchungen herrühren".

Doch Cavendish hatte Recht. Heute liefert die beste Messung der mittleren Dichte der Erde 5,515 Gramm/Kubikzentimeter, was nur um 1,2 Prozent von Cavendishs Ergebnis abweicht. Cavendishs Kugeln mögen klein gewesen sein, aber er machte das durch Sorgfalt im Detail und eine ruhige Hand wett.

Es gibt einen interessanten Nachklapp zu dieser Geschichte. 2007 vermaß John Smallwood, ein Experte für Öl- und Gasexploration, mit modernen Methoden erneut die Geometrie und Zusammensetzung des Schiehallions. Auslöser war eine Aufforderung in Charles Huttons Veröffentlichung von 1821. Dort behauptete Hutton kategorisch, dass die Erde „ziemlich genau die fünffache Dichte von Wasser, aber nicht mehr" hat, bevor er herausfordernd formulierte: „Soll irgendeine Person, die daran zweifelt, nachsehen und die Berechnungen wiederholen... und versuchen, ob sie eine Ungenauigkeit in ihnen finden kann." Genau das tat Smallwood. Seine erneute Analyse, die im *Scottish Journal of Geology* veröffentlicht worden ist, kommt zu dem Schluss, dass aus Maskelynes Originalmessungen eine spezifische Dichte der Erde von 5,48 g/cm^3 mit einer Unsicherheit von 0,25 g/cm^3 folgt.

Wir brachten Cavendishs Zahl so, wie er sie veröffentlicht hatte, also als durchschnittliche Dichte der Erde. Seine Messung entspricht einer Erdmasse von $5{,}90 \times 10^{24}$ kg. Der moderne Wert lautet $5{,}97 \times 10^{24}$ kg. Was für ein uneingeschränkter Vertrauensbeweis für Cavendishs Genialität! Falls Sie sich erinnern, lieferte die Messung der Familie Seymour in Verbindung mit unserer Annahme, dass die Erde eine gleichmäßige Kugel aus Granit sei, eine Masse von $3{,}4 \times 10^{24}$ kg. Nicht schlecht für einen Tag am Strand.

Tatsächlich wird die Sache noch besser, als „nur" die Masse der Erde gemessen zu haben. Denn nun, da wir die Erdmasse kennen, können wir die Gravitationskonstante bestimmen: $G = 4{,}0 \times 10^{14}\,m^3/s^2/5{,}97 \times 10^{24}\,kg = 6{,}7 \times 10^{-11}\,m^3/s^2/kg$. Und mit G haben wir den Jackpot geknackt, denn nun können wir alles im Universum wiegen, wenn es von etwas umrundet wird. Zum Beispiel wissen wir ja, dass die Erde auch die Sonne mit einer Umlaufzeit T = 365,25 Tagen in einer Entfernung R = 150 Millionen Kilometer umrundet. Daraus können wir folgern (unter Verwendung der Formel in Exkurs 5), dass die Sonne etwa 330.000-mal massereicher ist als die Erde. Und es geht noch weiter.

Jupiter hat viele Monde, deren vier hellste von Galilei 1610 entdeckt wurden. Durch die Beobachtung ihrer Umlaufbahnen haben wir gemessen, dass die Jupitermasse $1{,}898 \times 10^{27}$ kg beträgt; ein gewaltiger Gasriese, der 318-mal massereicher als die Erde ist. Wir können Gaswolken beobachten, die im Radiobereich leuchten und ferne Galaxien umrunden – das erlaubt es uns, die Massen dieser Galaxien zu messen. Die Andromeda-Galaxie, ein Nachbar der Milchstraße, ist 1,5 Billionen Mal massereicher als die Sonne. Doch nur einen kleinen Bruchteil dieser Masse sehen wir in Form von Sternen, weshalb Astronomen vorgeschlagen haben, dass es ein Meer aus unsichtbarer Dunkler Materie geben muss, womöglich in Form von neuen, noch unbekannten subatomaren Teilchen, mit denen die Galaxien durchsetzt sind. Inzwischen gibt es viele voneinander unabhängige Hinweise auf die Existenz der Dunklen Materie, aus Untersuchungen der Entwicklung des Universums und der Kosmischen Hintergrundstrahlung (wir kommen darauf später sehr viel ausführlicher zurück). Aber wir möchten darauf hinweisen, dass die Dunkle Materie zunächst durch die Anwendung von Newtons Gesetzen und unserer Kenntnis von G entdeckt wurde. Vielleicht ist aber das Merkwürdigste, dass es im Herzen unseres Milchstraßensystems, das im Sternbild Schütze liegt, sogenannte S-Sterne mit extremen Umlaufbahnen um ein dichtes, kompaktes Objekt gibt. Unter Anwendung von Newtons Gesetzen folgt für das Objekt eine Masse von mehr als vier Millionen Sonnenmassen. Astronomen glauben, dass dieses exotische Objekt in 26.000 Lichtjahren Entfernung ein supermassereiches Schwarzes Loch ist, das Staub und Gas aus den üppigen Wolken verschluckt, die durch die dichte Zentralregion der Galaxis treiben.

Newtons Gesetze sind ein Schatz. Sie sind die ersten universellen Naturgesetze, die entdeckt wurden, und haben es uns ermöglicht, ausgehend vom Strand in Ogmore-by-Sea, unglaubliche, unermesslich weit entfernte Dinge zu entdecken.

DIE ENTFERNUNG DER STERNE

Sterne sind winzige Lichtpunkte in der Dunkelheit. Anders als die Planeten beschreiben sie keine extravaganten Schleifen am Himmel. Und für die überwältigende Mehrheit der Sterne haben wir kein Fernrohr, um irgendetwas auf ihrer Oberfläche aufzulösen. Jenseits der Kreisbögen, die sie am Nachthimmel infolge der Erddrehung beschreiben, erscheinen uns die Sterne als unbewegliche, strukturlose Punkte. Und doch kennen wir von jedem den Abstand. Wie wir später im Buch sehen werden, ist die Fähigkeit, den Kosmos präzise kartieren zu können, der entscheidende Schritt, um Anfang und Entwicklung des Universums zu erforschen. Am Himmel wimmelt es nur so von Informationen und wir haben gelernt, wie sie sich verstehen lassen.

Bevor wir unseren Blick auf den Bereich außerhalb des Sonnensystems richten, möchten wir gerne das Versprechen aus dem vergangenen Kapitel einlösen und die Entfernung des fernsten Planeten im Sonnensystem, des Neptuns, messen. Die dazu von uns verwendete Methode wird auch genutzt, um die Entfernungen der nächsten Sterne zu bestimmen. Sie heißt Parallaxenmethode.

Mit dem Effekt der Parallaxe ist jeder vertraut; er ist der Grund, warum Menschen zwei Augen haben. Wenn Sie einen Finger vor Ihr Gesicht halten und abwechselnd die Augen schließen, wird sich der Finger vor dem Hintergrund scheinbar verschieben. Je näher Ihr Finger vor dem Gesicht ist, desto größer wird die Verschiebung ausfallen. Während ich (Jeff) dies schreibe, habe ich mich dazu entschlossen, mit der Parallaxe die Länge meines Arms zu messen. Das überrascht mich (Brian) nicht im Geringsten. Bei ausgestrecktem Arm blicke ich auf meinen Zeigefinger, zunächst mit dem geschlossenen linken Auge, dann mit geschlossenem rechten. Dank des Bildes einer großen Winkelskala, das ich dafür auf meinen Laptop geladen habe, bemerke ich, dass sich mein Finger um etwa acht Grad verschiebt. Abbildung 4.1 zeigt die geometrischen Verhältnisse. Mit dem Wissen, dass der Abstand meiner Augen, den ich mit einem Lineal gemessen habe, etwa 6,5 Zentimeter beträgt, folgere ich, dass mein Finger $3{,}25/\tan(4°) = 46$ cm weit weg ist. Die Parallaxenverschiebung naher Objekte, die wir wahrnehmen, weil wir zwei Augen haben, nutzt unser Gehirn aus, um Abstände einzuschätzen. Dieses beidäugige Sehen hat sich bei vielen Tieren herausgebildet.

Leider können Sie die Neptunentfernung nicht durch Blinzeln herausfinden, weil Ihr Kopf nicht breit genug und Neptun mit bloßen Augen unsichtbar ist. Tatsächlich ist er so lichtschwach, dass er erst 1846 entdeckt wurde, als der französische Mathematiker Urbain Le Verrier mit Hilfe von Newtons Gesetzen die Position eines neuen Planeten am Himmel voraussagte. Seine Vorhersage beruhte auf selbst beobachteten Unregelmäßigkeiten in der Uranusumlaufbahn. Le Verrier schickte die Vorhersage an den deutschen Astronomen Johann Gottfried Galle, der am Abend des 23. Septembers umgehend suchte und den Planeten nach nur einer Stunde fand. Zum Glück konnte Le Verrier das Problem des nicht ausreichend breiten Kopfs umgehen – und genauso können wir das auch, wie Abbildung 4.2 verdeutlicht.

Die Position des Neptuns vor dem Hintergrund der Fixsterne verändert sich durch die Parallaxe, während die Erde die Sonne umrundet. Jeden Abend haben wir dadurch einen anderen Blickwinkel. Die Abbildung zeigt die Situation bei Neptuns Opposition, wenn er also mit Erde und Sonne auf einer geraden Linie steht.

Wir haben uns für eine Messung nahe der Opposition entscheiden, weil das die Mathematik vereinfacht. Aber es ist nicht schwer, die Rechnung zu einem beliebigen anderen Zeitpunkt durchzuführen. 2014 trat diese Planetenkonstellation am Freitag, den 29. August, auf. Wir baten Kevin Kilburn, einen Amateurastronomen der Manchester Astronomical Society, Neptun für uns um die Zeit der Opposition zu fotografieren. Er machte vier Aufnahmen, am 19. August, 29. August, 9. September

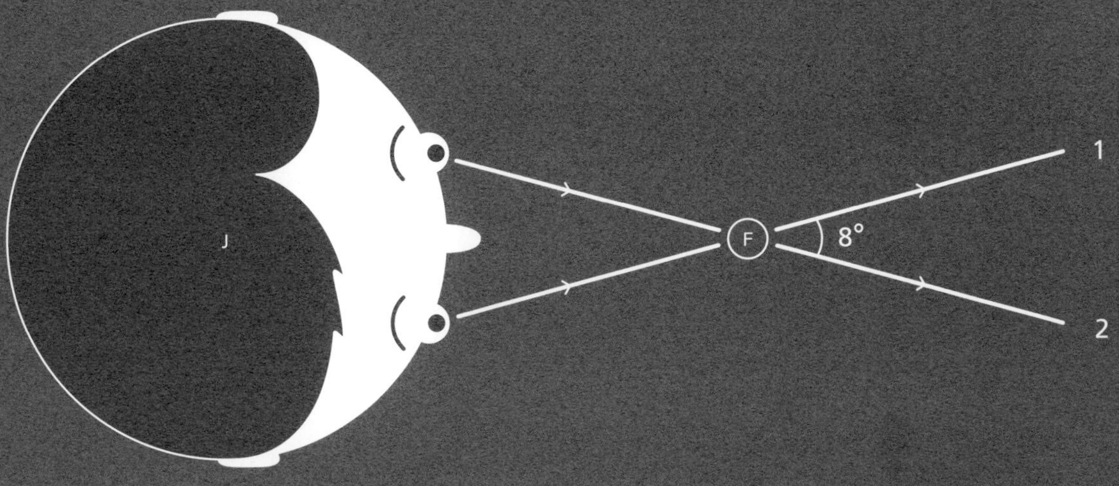

Abbildung 4.1
Blick von oben auf Jeffs Kopf und Finger.
Richtung 1 entspricht der Richtung, in der sein Finger erscheint, wenn er sein linkes Auge schließt, Richtung 2, wenn er sein rechtes Auge schließt.

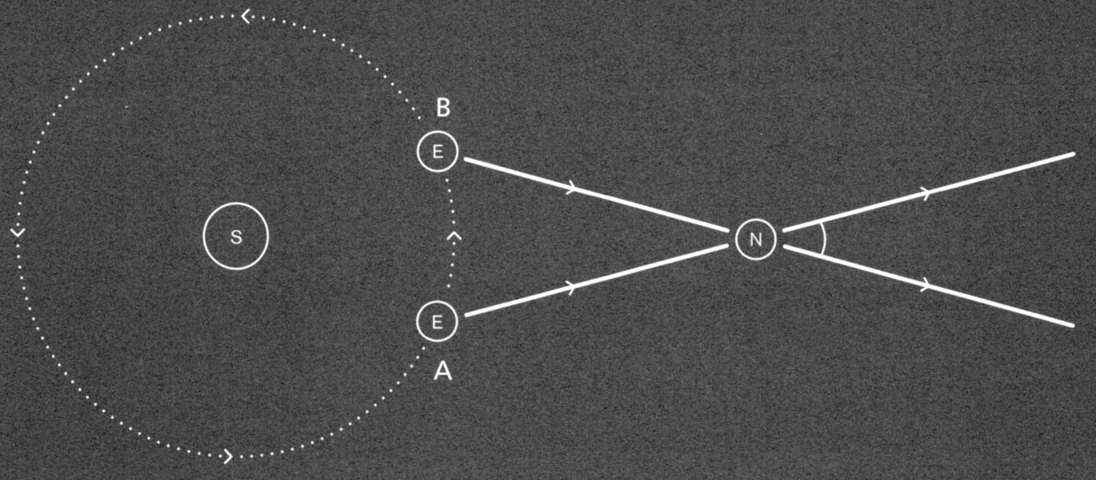

Abbildung 4.2
Wie in der vorherigen Abbildung, nur dass die Augen durch zwei Positionen der Erde auf ihrer Umlaufbahn um die Sonne er-setzt wurden und der Finger durch Neptun. Misst man, um wieviel sich die Neptunposition gegenüber den fernen Sternen verändert (sie sind so weit weg, dass ihre Winkelverschiebung viel kleiner als die von Neptun ist), folgt die Neptunentfernung.

und 21. September – sehr wahrscheinlich die einzigen klaren Nächte Manchesters in jenem Spätsommer. Wir überlagerten alle Aufnahmen und richteten sie anhand der Hintergrundsterne aus. Das resultierende Bild ist in Abbildung 4.3 (S. 82) zu sehen.

Die Methode zur Entfernungsbestimmung von Neptun ist genau die gleiche, die Jeff verwendete, um die Länge seines Arms zu berechnen. Wir müssen den Abstand „der beiden Augen" kennen, was der Strecke entspricht, die die Erde von einer zur nächsten Aufnahme zurückgelegt hat, sowie den Winkel, um den Neptun sich in dieser Zeitspanne gegenüber den Hintergrundsternen verschiebt. Letzteres können wir aus den Bildern ermitteln. Wir beschreiben jeden Schritt dieser Methode genau in Exkurs 6 (S. 82) und hoffen, dass Sie uns dabei folgen, denn es ist eine schöne, sehr einfache Messung, die Sie selbst durchführen können. Unsere Berechnung, ausschließlich unter Verwendung von Kevins Aufnahmen, ergibt eine Neptunentfernung zur Sonne von 30,33 Astronomischen Einheiten (AE). Die offizielle Angabe für Neptuns Entfernung von der Sonne am 29. August 2014 lautet 29,96 AE, ein Unterschied zu unserer Messung von etwa einem Prozent.

Die Parallaxenmethode liefert die Entfernung des Neptuns nur als Vielfaches der Entfernung Erde–Sonne (die 1 AE ist). Wenn wir astronomische Entfernungsangaben in Metern ausdrücken möchten, müssen wir ermitteln, was 1 AE in Metern ist. Im vergangenen Kapitel hatten wir uns damit befasst, als wir erkannten, dass wir den Radius der Venusumlaufbahn um die Sonne durch zwei verschiedene Methoden ermitteln können: erstens (wie in Abbildung 3.4 veranschaulicht) trigonometrisch (das Ergebnis ist rund 0,7 AE) und zweitens durch die Reflexion von Radarstrahlen am Planeten (das Ergebnis ist 108 Millionen Kilometer). Diese Informationen reichen aus, um festzustellen, dass 1 AE rund 150 Millionen Kilometer sind. Die Astronomische Einheit ist eine der wichtigsten Zahlen in der Astronomie, denn sie erschließt uns die kosmische Entfernungsskala. Hinzu kommt, dass das Bestreben, die absolute Entfernung zwischen zwei beliebigen Himmelskörpern präzise zu messen, eine der großen Erzählungen in der Wissenschaftsgeschichte ist. Sie geht über Jahrhunderte.

Um Entfernungen mit der Parallaxe zu bestimmen, verwenden wir zwei Beobachtungsorte auf der Erdoberfläche oder zwei Punkte auf der irdischen Umlaufbahn um die Sonne – die Entsprechung zu den beiden Augen. Zum Beispiel können wir in einer klaren Nacht zwei Aufnahmen von zwei unterschiedlichen Orten auf der Erdoberfläche zur genau selben Uhrzeit machen. Wenn wir den Abstand der beiden Kameras wissen, können wir mit der Parallaxe die Entfernung des fotografierten Objekts ermitteln. Allerdings wäre das bei Neptun schwierig, weil er so weit weg ist, dass die Parallaxe sehr klein ausfällt. Aus diesem Grund vergrößerten wir für unsere Messung den Abstand der beiden Orte, indem wir warteten, bis sich die Erde um die Sonne bewegte. Für nähere Planeten ist eine Entfernungsmessung von zwei verschiedenen Orten auf der Erde aus allerdings durchaus machbar.

1672 stand Mars in Opposition. Der große italienische Astronom Giovanni Cassini und sein Kollege Jean Richer maßen damals die Parallaxe des Mars. Richer beobachtete die Position des Mars im südamerikanischen Französisch-Guayana, Cassini in Paris. Sie kannten „den Abstand der Augen" mit ausreichender Genauigkeit und waren damit in der Lage, die Astronomische Einheit zu ungefähr 21.700 Erdradien zu berechnen. Es war ein ziemlich guter Versuch. Der moderne Wert lautet 23.455 Erdradien.

Es ließe sich ein ganzes Buch schreiben über die vielen Expeditionen, die Forscher und Astronomen im 17. bis 19. Jahrhundert unternommen haben, um die Messung der Astronomischen Einheit zu verfeinern. Wir tun das nicht, aber wir möchten zumindest die Geschichte des französischen Astronomen Guillaume Le Gentil nicht unerwähnt lassen. Eine klassische, sehr genaue Parallaxenmessung kann während eines Venustransits gemacht werden, wenn also der Planet aus irdischer Perspektive vor der Sonnenscheibe vorbeizieht. Aufgrund der Parallaxe unterscheiden sich Beobachtungen an zwei verschiedenen Orten auf der Erde, was sich für die Bestimmung der Venusentfernung ausnutzen lässt. Venustransite finden paarweise statt, mit acht Jahren Abstand, und wiederholen sich dann erst wieder nach mehr als einem Jahrhundert. Der jüngste Transit ereignete sich im Juni 2012; bis Dezember 2117 wird es keinen weiteren geben. Will man also wirklich die Astronomische Einheit präzise bestimmen, darf man einen Transit nicht verpassen. Damals, Mitte des 18. Jahrhunderts, wollte sich Guillaume Le Gentil diese Chance nicht entgehen lassen.

Er reiste im März 1760 aus Paris Richtung der indischen Stadt Pondicherry. Damals war er einer von mehr als 100 Beobachtern, die quer durch die Welt geschickt wurden, um 1761 den Venustransit zu verfolgen. Im Juli 1760 hatte Le Gentil Mauritius erreicht, damals als Isle de France bezeichnet, doch einer der regelmäßigen Kriege zwischen Frankreich und England machte eine Weiterreise zu gefährlich. Schließlich gelang es ihm im März 1761 an Bord eines Schiffs zu gehen, das nach Indien fuhr. Und obwohl das Schiff vom Kurs abgetrieben wurde, schaffte es Le Gentil mit einem Puffer von einigen Tagen nach Pondicherry. Leider hatten die Engländer Pondicherry besetzt, sodass das Schiff nicht anlegen konnte. Der Kapitän kehrte also um, zurück Richtung Mauritius. Am Tag des Transits war es wunderbar klar, doch das Schiff auf offener See schwankte so stark, dass präzise astronomische Beobachtungen unmöglich waren.

Le Gentil entschied sich unerschrocken, weitere acht Jahre im Indischen Ozean auf den Transit von 1769 zu warten. Nachdem er einige Zeit damit verbracht hatte, die Küste Madagaskars zu kartieren, reiste er Richtung Manila auf den Philippinen. Doch die Spanier in Manila waren keine Hilfe, sodass er nach Pondicherry zurückkehrte und ein Observatorium baute, um für den entscheidenden Augenblick vorbereitet zu sein. Als der Morgen des 4. Juni 1769 anbrach, war es der einzige bewölkte Tag seit Wochen. Le Gentil verpasste den Transit. Nach einigen unglücklichen Monaten ging er wieder an Bord eines Schiffs, um nach Hause zu fahren. Doch der Ausbruch der Ruhr und heftige Stürme führten dazu, dass er letztlich vor der Ostküste Madagaskars auf La Réunion an Land ging. Im Oktober 1771 endlich wieder in Paris angekommen, stellte er fest, dass man ihn für tot erklärt hatte. Seine Frau war wieder verheiratet, seine Verwandten hatten seinen Besitz verkauft und er hatte seine Stelle in der Royal Academy of Sciences verloren, wegen der er ursprünglich die Expedition angetreten hatte. Zweifellos ist für so eine Situation die Formulierung „Verdammt nochmal!“ erfunden worden. Damit Sie beruhigt sind: Le Gentil wurde von der Royal Academy of Sciences wieder eingestellt, heiratete erneut und führte weitere 21 Jahre ein glückliches Leben.

Die Geschichte verdeutlicht den ungeheuren Einsatz dieser Pioniere, die verstanden hatten, wie wichtig es ist, die Entfernung zwischen Erde und Sonne zu messen. Nur so bekamen wir Zugang zur kosmischen Entfernungsskala, mit der wir heute das Universum vermessen. Diese Wissenschaftler und Forschungsreisenden waren geniale, engagierte Menschen. Wie der Fall Le Gentil zeigt, ordneten sie ihr Leben dem Versuch unter, jenes extrem mühsam zu erwerbende Wissen zu erlangen, auf dem unser Verständnis des Universums heute beruht.

Mit der Parallaxenmethode gelang uns eine präzise Messung der Neptunentfernung. Das wirft die Frage auf, wie weit wir es im Kosmos mit der Parallaxenmethode schaffen. Gewiss können wir die Parallaxenverschiebung der benachbarten Sterne messen. Wegen des Erdumlaufs um die Sonne werden diese Sterne in einem kleinen Winkelbereich des Himmels hin und her pendeln; anhand der Größe dieser Bewegung können wir ermitteln, wie weit der Stern entfernt ist. Mit diesem Ziel ergibt sich als maximal mögliche Basislinie[14] für eine Parallaxenmessung der Durchmesser der Erdumlaufbahn (2 AE), was Messungen an einem Stern in sechs Monaten Abstand entspricht. Die erste Entfernungsbestimmung eines Sterns mit dieser Methode gelang 1838 dem deutschen Mathematiker und Astronomen Friedrich Bessel, der feststellte, dass der Stern 61 Cygni einen Parallaxenwinkel von 0,314 Bogensekunden hat (was bedeutet, dass die Extreme seiner Position am Himmel um 0,628 Bogensekunden auseinanderliegen, denn Astronomen definieren den Parallaxenwinkel als die halbe Winkelverschiebung). Aus diesem Wert folgerte er, dass die Erde 10,4 Lichtjahre vom Stern entfernt ist[15], was nahe am modernen Wert von 11,4 Lichtjahren liegt.

Parallaxenmessungen sind so grundlegend, dass Astronomen eine Entfernungseinheit erfunden haben, die direkt mit der Parallaxe zusammenhängt: Hat ein Stern eine Parallaxe von einer Bogensekunde, ist er ein Parsec entfernt. Weil diese Winkelverschiebungen sehr klein sind, nehmen wir keine Veränderungen am Aussehen der Sternbilder war. Aristoteles argumentierte aufgrund der nicht wahrnehmbaren Par-

[14] Dies ist der „Augenabstand", aber wir werden mit unserer Formulierung etwas fachsprachlicher.

[15] Wenn Sie das genau nachvollzogen haben, können Sie das selbst ausarbeiten: Der Tanges von 0,314 Bogensekunden ist gleich dem Verhältnis der Entfernung Erde–Sonne zur Entfernung des Sterns. Da der Winkel sehr klein ist, ist der Tangens gleich dem Winkel ausgedrückt in Radiant. Das bedeutet, die Entfernung ist gleich 1 AE geteilt durch $0{,}314/3600 \times \pi/180$.

Exkurs 6: Die Messung der Neptunentfernung

Kevin Kilburn machte diese Aufnahmen von Neptun, die in Abbildung 4.3 zu sehen sind, mit einem 300-Millimeter-Zeiss-Pentacon-Objektiv in Verbindung mit einer Digitalkamera Canon 550D, befestigt an einer parallaktischen Montierung Skywatcher EQ5. Die Montierung führt die Kamera der Erdrotation nach, sodass sich eine 20 Sekunden dauernde Aufnahme machen lässt, ohne dass die Sterne zu Strichen auseinandergezogen werden. Die vier Aufnahmen in der Abbildung entstanden im Lauf von gut vier Wochen im August und September 2014. Wir haben die Bilder mit Adobe Photoshop übereinandergestapelt, sodass alle Hintergrundsterne zur Deckung kommen.

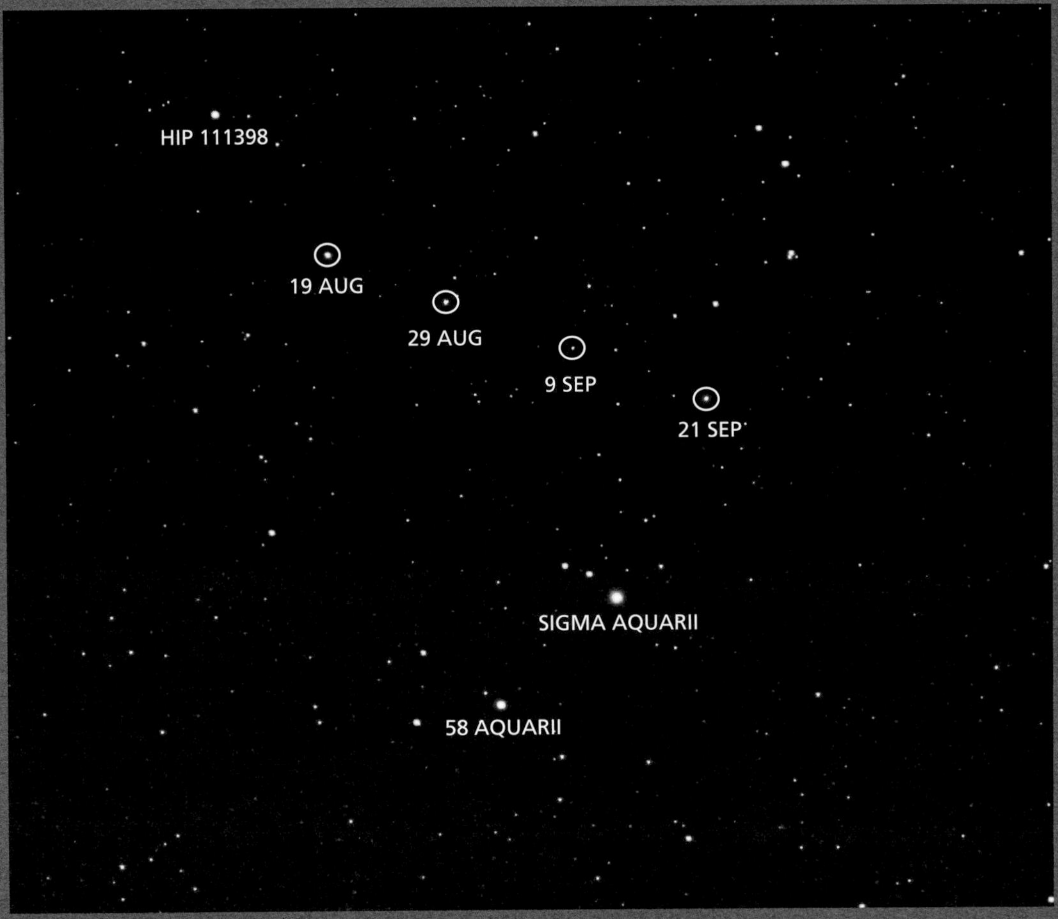

Abbildung 4.3
Neptun (mit Kreisen markiert) bewegt sich im August/September 2014 am Himmel gegenüber den Sternen. Aufnahmen von Kevin Kilburn, Manchester Astronomical Society.

Neptuns Bewegung am Himmel ist offensichtlich: Nur er veränderte seine Position. Von den helleren Planeten sind solche Parallaxenmessungen mit quasi jeder Digitalkamera möglich – und dafür reicht ein gewöhnliches Fotostativ, weil die Belichtungszeiten viel kürzer sein können. Trotz der etwas teureren Ausrüstung lohnt sich Neptun; die Mathematik ist bei ihm etwas einfacher, weil seine Bewegung vor den Hintergrundsternen hauptsächlich durch die Bewegung der Erde um die Sonne zustande kommt.

Wenn wir die Geschwindigkeit kennen, mit der sich Neptun zur Opposition am Himmel bewegt, können wir leicht herausfinden, wie weit er von der Sonne weg ist. Um zu verstehen, wie das geht, schauen Sie sich nochmals Abbildung 4.2 an. Für den Moment ignorieren wir, dass Neptun die Sonne umrundet. Seine Umlaufbahn beeinflusst die Messungen nicht allzu sehr, weil ein voller Umlauf 165 Jahre dauert. Aus unserer Perspektive wird sich Neptun daher im Verlauf eines Monats nicht sonderlich bewegen – doch werden wir das auf jeden Fall später korrigieren. Die Abbildung zeigt die Erde an zwei Stellen auf ihrer Umlaufbahn um die Sonne, die mit A und B bezeichnet sind. Das könnte zwei unserer Aufnahmen entsprechen. Neptuns zugehörige Positionsverschiebung gegenüber den Sternen ist der mit α bezeichnete Winkel. Der Abstand zwischen den Punkten A und B ist ungefähr gleich $(\alpha/360°) \times 2\pi R$, mit R als der Entfernung zwischen Erde und Neptun – was wir natürlich bestimmen wollen. Wir können zudem den Abstand zwischen den Punkten A und B auf andere Art berechnen: Er ist ungefähr gleich der Strecke, die die Erde um die Sonne zwischen den Aufnahmen zurücklegt, d. h. (der Umfang der Erdumlaufbahn um die Sonne) × (die Zeitspanne zwischen den Messungen) / (1 Jahr).

Das bedeutet, dass:

R = (die Zeitspanne zwischen den Messungen) / (1 Jahr) / (den Winkel α, um den Neptun sich zwischen den Messungen am Himmel bewegt hat/360 Grad) × 1 AE

DATUM	X (PIXEL)	Y (PIXEL)	ZEIT (UT)
19. August	2640	1629	23:00
29. August	2950	1756	23:48
9. September	3285	1879	23:03
21. September	3638	2014	21:10

Tabelle 4.1
Die vier Neptunpositionen infolge seiner Bewegung am Himmel im August und September 2014. Die Pixelkoordinaten wurden mit Adobe Photoshop gemessen. Dass die Bilder zu verschiedenen Uhrzeiten entstanden sind, spielt keine Rolle, weil sie übereinander liegen und die Sterne aufeinander ausgerichtet sind.

Nun muss man nur noch α aus den Aufnahmen ermitteln. Die obige Tabelle 4.1 führt Neptuns Pixelpositionen auf, die wir durch das Öffnen des Bilds (mit 5184 × 3456 Pixel) in Photoshop erhalten haben.

Wir nehmen uns nun die beiden ersten Messungen vom 19. und 29. August vor; an letzterem Tag stand Neptun in Opposition. Wir müssen die Veränderung in den Pixelkoordinaten in Winkel umwandeln, die Neptun am Himmel zurückgelegt hat. Die Änderung in den horizontalen Pixelkoordinaten ist (2950 – 2640) = 310, und die Änderung in den vertikalen Pixelkoordinaten ist (1756 – 1629) = 127. Wir können diese Änderungen in Winkel umwandeln, wenn wir das Bildfeld kennen – den Winkelbereich am Himmel, den eine Aufnahme abdeckt. Dieses Bildfeld können wir wie folgt bestimmen. Der Bildsensor einer Canon 550D ist 22,3 mm × 14,9 mm groß. Wenn Sie Ihre eigenen Messungen machen wollen, müssen Sie in der Bedienungsanleitung Ihrer Kamera die Sensorgröße nachschlagen. Abbildung 4.4 zeigt zwei Strahlen, die von Punkten am Himmel durch das 300-Millimeter-Objektiv verlaufen und oben und unten den Rand des Bildsensors treffen.

Die Tangente des markierten Winkels θ (Theta) ist gleich (14,9 mm/2)/(300 mm), also ist θ = 2,845 Grad. Dasselbe können wir mit Licht-

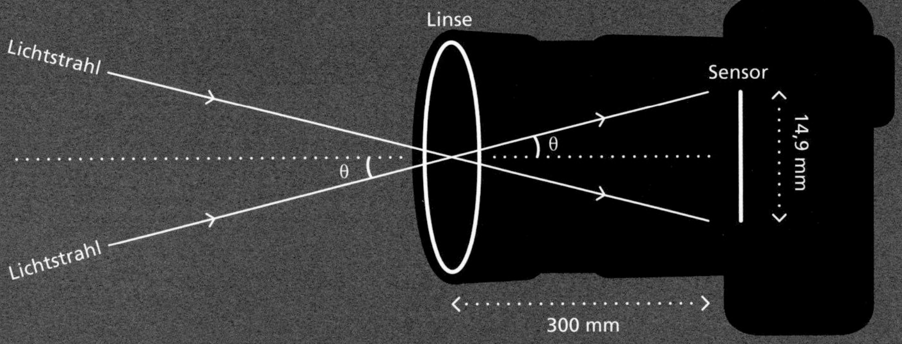

strahlen tun, die von links und rechts kommen. In diesem Fall ist der Tangens des relevanten Winkels (22,3 mm/2)/(300 mm), was einen Winkel von 4,26° ergibt. Kevins Fotos decken also einen Himmelsausschnitt von 4,26 × 2,845 Quadratgrad ab, was ungefähr 1/3400 des gesamten Himmels ist.

Die Bilder in Abbildung 4.3 entsprechen einem vergrößerten Ausschnitt davon. Weil der Winkel sich nur so wenig ändert, können wir mit dem Satz des Pythagoras bestimmen, um welchen Winkel sich Neptun über den Himmel bewegt hat:

Bewaffnet mit diesem Winkel können wir die unterstrichene Formel verwenden, um zu folgern, dass der Abstand der Erde zum Neptun 1 AE × 10,03 Tage/365,25 Tage/(0,2754/360) = 35,9 AE ist.

Aber wir sind voreilig. Wir können und sollten berücksichtigen, dass Neptun langsam am Himmel vorwärts kriecht, weil er ebenfalls die Sonne umrundet. Neptun bewegt sich daher um einen Winkel von 360 × 164,8/365,26 = 0,0598 Grad pro Tag. Das muss zu unserem zuvor berechneten Winkel addiert werden, womit der korrekte Parallaxenwinkel (0,2754 + 0,0598) = 0,3352 Grad ist. Mit dieser Korrektur können wir die unterstrichene Formel verwenden, um eine Neptunentfernung von 29,49 AE zu folgern. Da die Planeten auf einer Linie mit der Sonne lagen, bedeutet das, dass der Abstand von der Sonne zum Neptun 30,49 AE war.

Man kann es noch etwas besser machen und berücksichtigen, dass Neptun am 19. August 2014 nicht ganz in Opposition stand, denn die Erde lag nicht auf derselben Linie wie Sonne und Neptun. Tut man sich die Trigonometrie an, um das zu berücksichtigen, ändern sich die 30,49 AE auf 30,33 AE. Das machen wir nicht. Zudem würde die optimale Verwendung von Kevins Fotos auch noch die beiden anderen Messungen ausnutzen. Wenn Sie das tun wollen, bedenken Sie, dass der 21. September 2014 mehr als drei Wochen nach der Opposition liegt. Die Trigonometrie ist also nicht mehr so einfach.

Abbildung 4.4
Ermittlung des Bildfelds von Kevins Kamera.

Abbildung 4.5
Die Milchstraße über der australischen Wüste.

allaxe, dass die Erde ruhe; zum Großteil ist seine Überlegung fehlerfrei, aber er unterschätzte die vorherrschenden Abstände. Anstatt zu sagen, keine Parallaxe bedeute, dass die Erde ruhe, hätte er die alternative Hypothese erwägen sollen: Keine nachweisbare Parallaxe bedeutet, dass die Sterne sehr weit entfernt sind. Um die Kleinheit der Sternparallaxen einzuordnen: der Winkeldurchmesser des Vollmonds ist ungefähr 2000 Bogensekunden und der nächste Stern, Proxima Centauri, zeigt eine Parallaxe von nur 0,762 Bogensekunden, er ist also 1/0,762 = 1,31 Parsec entfernt – ein Parsec ist gleich 3,26 Lichtjahre, was wiederum der Strecke entspricht, die Licht innerhalb eines Jahres zurücklegt.[16] Selbst unsere Nachbarsterne sind erstaunlich weit weg.

Mit aktuellen Technologien lassen sich Parallaxen bis herunter zu zehn Millionstel Bogensekunden messen. Die genauesten Messungen gelingen heutzutage mit dem GAIA-Satelliten der European Space Agency. Er startete im Dezember 2013 auf eine Umlaufbahn um die Sonne. Sein Start erfolgte in Französisch-Guayana, wo Jean Richer fast 350 Jahre zuvor geholfen hatte die Marsparallaxe erstmals genau zu messen. GAIAs Genauigkeit ermöglicht Parallaxenmessungen bis in Entfernungen von Zehntausenden Lichtjahren. Dadurch kommt ein Großteil der Milchstraßensterne in unsere Reichweite.

Geht es um Entfernungen zu Galaxien außerhalb der Milchstraße, bemessen sich diese Abstände in Megaparsec (Mpc). Ein Megaparsec sind eine Million Parsec, also 3,26 Millionen Lichtjahre. Die winzigen Parallaxenwinkel dieser fernen Objekte lassen sich nicht messen, weshalb wir für eine Vermessung des Universums außerhalb unserer Milchstraße andere Methoden entwickeln müssen. Trotzdem beruhen alle Entfernungsmessungen in der Astronomie letztlich auf der Parallaxenmethode – wenn nicht direkt, dann um diese anderen Methoden zu kalibrieren.

In mondlosen Nächten fernab von Lichtquellen ist der Himmel von Sternen übersät. Jeder, der mit bloßen Augen zu sehen ist, gehört zu unserer Galaxis. In den Sternbildern, die entlang der galaktischen Ebe-

[16] Ein Stern, der ein Parsec entfernt ist, steht in einer Entfernung von $149{,}6 \times 10^6 / ((1/3600) \times (\pi/180))$ km = $3{,}1 \times 10^{13}$ km. Licht bewegt sich mit 3×10^8 m/s, also ist diese Entfernung auch gleich 3,26 Lichtjahre.

ne liegen – Kassiopeia, Perseus, Schütze –, gibt es Millionen Sterne. Ihr Licht verschmilzt zu einem leuchtenden Band, das man bei völliger Dunkelheit im Gebirge oder der Wüste sieht. Sein Anblick vermittelt einem das Gefühl, allein am Rand einer Galaxie zu stehen. Das Milchstraßensystem sprengt unsere Vorstellungskraft. „Irgendwo wartet etwas Unglaubliches darauf, kennengelernt zu werden", schrieb Carl Sagan.

In der Nähe der W-förmigen Kassiopeia kann man mit bloßen Augen im Sternbild Andromeda ein schwaches, diffuses Nebelfleckchen leuchten sehen, die Andromeda-Galaxie, unser nächstgelegener großer galaktischer Nachbar. Heute leben noch Menschen, die geboren wurden, bevor man das wusste.

Bis zum Morgen des 5. Oktober 1923 konnte man die Ansicht vertreten, dass unsere Heimatgalaxie das gesamte Universum darstelle und dass diese Nebelfleckchen Strukturen innerhalb der Milchstraße seien. Wir können das Datum dieses Augenblicks, in dem die letzten Überreste der vorkopernikanischen Sichtweise beseitigt wurden, genau festlegen. Denn in dieser Nacht hatte der US-amerikanische Astronom Edwin Hubble auf dem Mount Wilson in Kalifornien mit dem 2,5-Meter-Hooker-Teleskop eine 45 Minuten dauernde Aufnahme des Andromeda-Nebels angefertigt. Auf dem inzwischen berühmten Foto, zu sehen in Abbildung 4.6, entdeckte Hubble drei helle Sterne, die auf vorherigen Aufnahmen nicht zu sehen gewesen waren. Er nahm an, dass es sich um Novae handelt – helle Lichtausbrüche von kleinen, dichten Weißen Zwergsternen, die Materie von einem Begleitstern auf sich ziehen. Daher markierte Hubble die drei Sterne auf der Fotoplatte mit dem Buchstaben „N". Am folgenden Tag durchsuchte er das Fotoarchiv des Observatoriums nach Aufnahmen der Andromeda-Galaxie, um sein Ergebnis zu untermauern. Dabei stellte er fest, dass eine der Novae manchmal zu sehen war und manchmal nicht; sie tauchte in Abständen von ungefähr 31 Tagen immer wieder auf. Hubble erkannte sofort, dass es sich um keine Nova handelte, sondern um einen Stern, der als Cepheiden-Veränderlicher bezeichnet wird – ein Stern, der seine Helligkeit regelmäßig wie ein Uhrwerk verändert. Aufgeregt strich Hubble das „N" auf der Aufnahme durch und vermerkte „VAR!" neben dem Stern.

Um zu verstehen, warum Hubble aufgeregt genug war, um sogar ein Ausrufezeichen zu setzen, müssen wir weitere 15 Jahre zurückge-

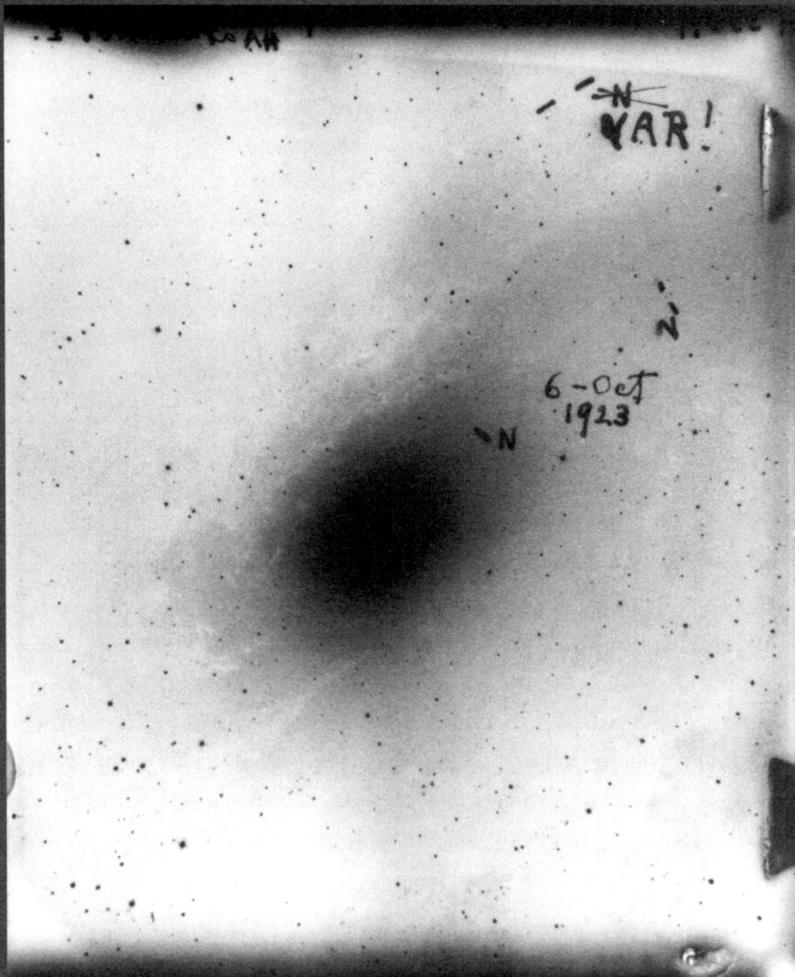

Abbildung 4.6
Die Fotoplatte, die Edwin Hubble am 5. Oktober 1923 am Mount-Wilson-Observatorium belichtet hat.

hen. 1908 veröffentlichte am Harvard College Observatory Henrietta Leavitt gemeinsam mit ihrem Astronomenkollegen Edward Charles Pickering eine wissenschaftliche Arbeit, in der sie von einem Zusammenhang zwischen der Helligkeit eines Cepheiden-Veränderlichen in der Kleinen Magellanschen Wolke[17] und seiner Periode berichtete. Die Periode ist die Zeitspanne, innerhalb der sich die Helligkeit des Sterns verändert, d.h. die Zeitspanne von hell zu schwach und wieder zurück zu hell. Leavitt drückte den Zusammenhang mit einfachen, genauen Worten aus: „Es lohnt sich anzumerken, dass in Tabelle VI die hellsten Veränderlichen längere Perioden haben. Es ist ebenfalls auffällig, dass die mit den längsten Perioden anscheinend so regelmäßige Veränderungen zeigen wie die, die ihren Lichtwechsel innerhalb von ein oder zwei Tagen durchlaufen." Leavitts Beobachtung wurde zur Grundlage der sogenannten Perioden-Leuchtkraft-Beziehung. Die entscheidende Beobachtung lautet, dass die Periode eines veränderlichen Sterns ein Maß für seine eigentliche Helligkeit ist.

Um zu verstehen, warum das einer der wichtigsten Erfolge in der Geschichte der Astronomie war, rufen wir uns unser Problem bei der Abstandsmessung von sehr weit entfernten Objekten ins Gedächtnis: Die Parallaxenverschiebung ist zu gering für einen Nachweis. Zunächst sieht das wie ein ernsthaftes Problem aus. Sterne sind Lichtpunkte ohne erkennbare Strukturen und die ferneren scheinen sich nicht zu bewegen. Alles was wir haben, ist ihr Licht. Der offensichtlichste Unterschied zwischen Sternen ist ihre Helligkeit. Ist ein Stern heller als der andere, kommen einem dafür zwei Gründe in den Sinn: Der Stern könnte tatsächlich heller sein oder aber er könnte eigentlich lichtschwächer sein, uns jedoch näher stehen. Um die Überlegung zu vereinfachen, stellen wir uns alle Sterne mit der gleichen wahren Helligkeit vor. Dann können wir die beobachtete Helligkeit eines Sterns verwenden, um seinen Abstand relativ zu den anderen Sternen zu ermitteln. Zum Beispiel wäre ein Stern, der doppelt so weit wie ein anderer weg ist, nur halb so hell.[18]

---

[17] Inzwischen weiß man, dass sie eine Begleitgalaxie des Milchstraßensystems ist und rund 199.000 Lichtjahre von der Erde entfernt liegt.

[18] Denn die Helligkeit ist ein Maß der Lichtleistung und diese sinkt mit dem Quadrat der Entfernung von der Quelle. Zum Beispiel ist die Leistung einer 10-Watt-Lichtquelle, die auf einen 1 cm^2 großen Lichtdetektor in 1 m Entfernung fällt, gleich $10\ W \times 1\ cm^2 / (4\pi \times 1\ m^2)$. Es ist einfach eine Feststellung der Tatsache, dass eine Lampe Licht (in guter Näherung) gleichmäßig in alle Richtungen abstrahlt und der Detektor einen Teil dieses Lichts auffängt.

Wenn wir nun die Parallaxe zum näheren Stern bestimmen, könnten wir die Entfernung zu jedem anderen Stern ermitteln, indem wir dessen Helligkeit mit der des nahen Sterns vergleichen.

Das Problem ist, dass die wahre Helligkeit eines Sterns normalerweise von seiner Masse und seinem Alter abhängt. Sirius ist der hellste Stern am Nachthimmel. Er ist nur 8,6 Lichtjahre weit weg, aber er hat doppelt so viel Masse wie unsere Sonne und ist 25-mal leuchtkräftiger. Rigel im Sternbild Orion ist der siebthellste Stern am Nachthimmel, aber rund 860 Lichtjahre weit weg. Rigel ist ein Überriesenstern mit einem Durchmesser vom ungefähr 100-Fachen der Sonne und der 200.000-fachen Leuchtkraft. Der leuchtkräftigste Stern, den wir kennen, liegt in der Großen Magellanschen Wolke. Es ist ein Wolf-Rayet-Stern mit der Bezeichnung RMC 136a1. Er leuchtet mit der Helligkeit von 8,7 Millionen Sonnen und ist 315-mal massereicher. Er ist sogar mit einem kleinen Fernrohr zu sehen, obwohl er 163.000 Lichtjahre entfernt steht. Daran erkennen Sie das Problem bei der Verwendung der beobachteten Helligkeit als Stellvertreter für die Entfernung.

Die Bedeutung von Leavitts Perioden-Helligkeits-Beziehung liegt darin, dass sie dieses Problem umgeht, indem sie eine Stichprobe von Sternen mit bekannten relativen Helligkeiten liefert. Dies ist so wichtig, dass es sich lohnt, es genauer zu erklären. Stellen wir uns zwei Cepheiden vor, die genau dieselbe Periode haben. Gemäß Leavitt müssen sie auch dieselbe wahre Helligkeit haben. Nun nehmen wir an, dass aus irdischer Perspektive einer von ihnen viermal heller als der andere ist. Sofort können wir daraus schließen, dass der hellere Stern nur halb so weit entfernt steht wie der schwächere. Mit Leavitts Perioden-Helligkeit-Beziehung können wir somit den Abstand von jedem Cepheiden-Stern am Himmel ermitteln, darunter zu dem von Hubble identifizierten in der Andromeda-Galaxie, *vorausgesetzt*, dass wir wenigstens die Entfernung zu irgendeinem Cepheiden-Veränderlichen kennen.

Aber wie sich das machen lässt, wissen wir bereits: Wir suchen nach nahen Cepheiden, deren Entfernung wir über die Parallaxe bestimmen können. 1913 maß der dänische Astronom Ejnar Hertzsprung als Erster die Parallaxe eines Cepheiden-Veränderlichen. Der Stern Delta Cephei, von dem sich der Name der Cepheiden-Veränderlichen ableitet, hat eine Parallaxe von 3,77 Millibogensekunden, was einer Entfernung von rund

890 Lichtjahren entspricht (das ist der aktuelle Wert). Delta Cephei hat eine Periode von genau 5,366341 Tagen und wird als „Standardkerze" bezeichnet; ein Stern, mit dem Hertzsprung Leavitts Maßstab kalibrieren konnte.

(Eine kurze historische Nebenbemerkung: Wissenschaftler sind auch nur Menschen. In seiner Originalveröffentlichung ermittelte Hertzsprung die Parallaxe von Delta Cephei richtig, machte aber einen einfachen Fehler, als er mit Leavitts Beziehung die Entfernung der Kleinen Magellanschen Wolke abschätzte. So kam er nur auf 3000 Lichtjahre. Es war ein banaler Fehler, der rasch bemerkt wurde, aber aus irgendeinem Grund hat ihn Hertzsprung, der einer der großartigsten modernen Astronomen war, nie in der Literatur korrigiert.)

Bereits am Morgen des 6. Oktober 1923 wusste Edwin Hubble alles über diese Messungen – deshalb seine aufgeregte Anmerkung „VAR!". Seine Entdeckung eines Cepheiden im Andromeda-Nebel ermöglichte es ihm, dessen Abstand zu bestimmen. Er berechnete erschreckend ferne 900.000 Lichtjahre. Durch moderne Messungen, die zum Teil auf einem besseren Verständnis der Cepheiden-Veränderlichen beruhen[19], vergrößert sich die Entfernung der großen Spiralgalaxie noch weiter, auf 2,54 Millionen Lichtjahre. Aus historischer Sicht macht der Faktor von knapp drei kaum einen Unterschied – wie auch immer man es betrachtet, hatte Hubble ermittelt, dass die Andromeda-Galaxie deutlich außerhalb der Milchstraße liegt (die nur 100.000 Lichtjahre im Durchmesser groß ist). Er hatte schlüssig gezeigt, dass die Andromeda-Galaxie kein Nebel sein konnte, keine Wolke aus Sternen, Gas und Staub in unserer Galaxis. Sie ist eine eigenständige Sterneninsel, so weit weg, dass ihr Licht, das uns gerade erreicht und das Sie heute Abend vielleicht mit einem bescheidenen Fernglas von Ihrem Garten aus sehen können, seine Reise antrat, lange bevor es so etwas wie Menschen auf dem Planeten Erde gab.

Falls Sie heute Abend mit Ihrem Fernglas hinausgehen, können Sie vielleicht auch andere nahe Galaxien sehen. M 81 und M 82 im Großen

[19] In den 1940ern wurde erkannt, dass es zwei Hauptklassen von Cepheiden gibt, die verschiedenen Perioden-Leuchtkraft-Beziehungen unterliegen. Da das bis dahin unbekannt gewesen war, hatte es in den Anfangsjahren zu einiger Verwirrung geführt.

Bären sind ein guter Anfang. Ihre Entfernung beträgt rund zwölf Millionen Lichtjahre, was wir dank der Cepheiden wissen.[20]

Leistungsfähigere Teleskope zeigen eine größere Anzahl von Galaxien. In Abbildung 4.7 ist das Hubble Exreme Deep Field (XDF) zu sehen, eine sehr lange belichtete Aufnahme, die das Hubble-Weltraumteleskop 2003 und 2004 gemacht hat. Das Feld entspricht einem winzigen Himmelsausschnitt (ungefähr ein Dreißigmillionstel der kompletten Himmelsfläche) und trotzdem sind hier mehr als 5500 Galaxien zu sehen. Die XDF-Aufnahme enthält eine Fülle an Informationen; Daten über ein weitreichendes Stück Raum und Zeit. Das von Hubbles Spiegel aufgefangene Licht stammt nahezu vollständig von Galaxien.

Nun haben wir unter Verwendung von Leavitts Perioden-Helligkeits-Beziehung die Entfernungen zu nahen Galaxien ermittelt – lassen Sie uns daher rasch eine Abschätzung machen, die auf der Galaxienzahl in Hubbles XDF-Bild beruht. Falls das XDF typisch für den gesamten Himmel ist – und es gibt keinen Grund, etwas anderes anzunehmen – dann gibt es ungefähr $30.000.000 \times 5500 = 165$ Milliarden Galaxien im beobachtbaren Universum. Falls wir zudem annehmen, dass der durchschnittliche Abstand zwischen den Galaxien derselbe wie zwischen dem Milchstraßensystem und der Andromeda-Galaxie ist, dann können wir die Größe des beobachtbaren Universums abschätzen: $(165 \times 10^9)^{1/3} \times 2{,}5$ Millionen Lichtjahre = 14 Milliarden Lichtjahre. Offensichtlich ist das eine sehr grobe Abschätzung[21], aber eine, die uns ein Gefühl für die Dimensionen des Universums gibt.

Da Licht eine Milliarde Jahre benötigt, um eine Milliarde Lichtjahre zurückzulegen, bedeutet unsere Abschätzung, dass das Universum wohl mindestens 14 Milliarden Jahre alt ist. Denn das Licht der fernsten Galaxien muss genügend Zeit gehabt haben, um es durch das Universum bis auf Hubbles-Spiegel zu schaffen. Durch das bloße Zählen von Sternen und die Bestimmung der Entfernung zur Andromeda-Galaxie denken wir an ein Universum, das alt genug wäre, um Sonne und Erde zu

[20] Eine Supernova vom Typ 1A wurde im Januar 2014 in M 82 beobachtet. Mit ihr ließ sich die Entfernung genau bestimmen (siehe Folgeseiten).

[21] Sie ignoriert die Expansion aufgrund des Urknalls, um die es ausführlicher in den folgenden beiden Kapiteln gehen wird.

Abbildung 4.7
Das Hubble Extreme Deep Field (XDF). Fast jeder Lichtfleck ist eine Galaxie. Mehr als 5500 sind in diesem Bild zu sehen.

Abbildung 4.8
M 81 und die Zigarrengalaxie M 82. Sie sind zwölf Millionen Lichtjahre weit weg und im Fernglas zu sehen. Die vermehrte Sternentstehung in M 82 wird durch Wechselwirkungen mit M 81 ausgelöst: Die beiden Galaxien liegen nur 150.000 Lichtjahre auseinander.

enthalten, deren Alter wir bereits zu mehr als vier Milliarden Jahren bestimmt hatten. Natürlich muss das Universum älter als Sonne und Erde sein, aber es ist schön zu sehen, dass eine einfache Argumentation zur passenden Größenordnung dieser Alter führt.

Es gibt nur eine Handvoll messbare Eigenschaften bei den fernsten Galaxien, weil die Astronomen nur mit dem Licht dieser Galaxien arbeiten können. Bei einer relativ nahen Galaxie können wir ihre Größe ermitteln, wenn wir ihren Winkeldurchmesser und ihre Entfernung wissen (was wir tun, wenn wir einen Cepheiden-Veränderlichen oder irgendein anderes Objekt bekannter Helligkeit in ihr finden). In den ferneren Galaxien lassen sich dagegen keine einzelnen Sterne auflösen. Das bedeutet, dass die Cepheiden-Methode bei fernen Galaxien nichts bringt. Für diesen Fall brauchen wir einen neuen Trick.

Es gibt eine Klasse astronomischer Ereignisse, die als Supernovae vom Typ 1A bezeichnet werden. Sie sind sehr hell und über große Entfernungen zu sehen. Dass sie sehr hell sind, ist etwas untertrieben, denn eine einzige Typ-1A-Supernova leuchtet heller als sämtliche Sterne einer Galaxie, wenn auch nur für wenige Tage. Diese Art von Supernova ereignet sich, wenn ein Stern mehr Masse bekommt, indem er Materie von einem Begleitstern aufsammelt. Liegt die Sternmasse dann irgendwann 40 Prozent über der Sonnenmasse, beginnt der Stern unter seinem eigenen Gewicht zu kollabieren.[22] Da alle Typ-1A-Supernovae im Wesentlichen auf dieselbe Weise ablaufen, erreichen sie alle dieselbe wahre Helligkeit. Genauso wie die Cepheiden-Veränderlichen können uns diese Supernovae daher als „Standardkerzen" dienen, um ihre Entfernung (und damit die ihrer Muttergalaxie) zu bestimmen. Das Problem ist, dass es seltene Ereignisse sind: Die Supernova-Rate einer durchschnittlichen Galaxie wird auf etwa eine Supernova pro Jahrhundert geschätzt. Die letzte Typ-1A-Supernova, die zweifelsfrei in unserem Milchstraßensystem beobachtet wurde, ereignete sich 1604. Doch viele weitere wurden außerhalb unserer Galaxis gesehen, deshalb sind sie ein wertvolles Werkzeug, um kosmische Entfernungen zu messen.

Es gibt weitere Methoden, um die Entfernungen von Galaxien zu messen, die nicht auf dem seltenen Glück einer Supernova vom Typ 1A

[22] Wir berechneten diese Zahl von 40 Prozent in unserem früheren Buch *The Quantum Universe*

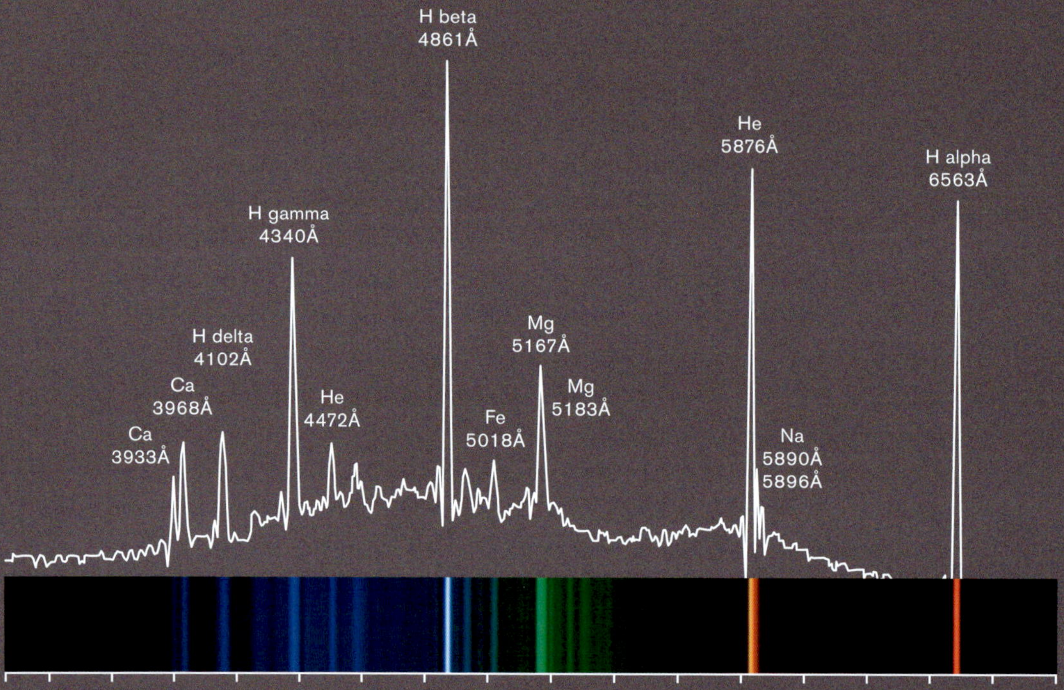

Abbildung 4.9
Das Emissionsspektrum der Sonne, aufgenommen während einer Sonnenfinsternis. Auffällig ist, dass die Sonne dazu neigt, Licht bei ganz bestimmten Farben abzustrahlen. Diese Farben besagen, welche Atome es in der Sonne gibt.

beruhen. In Kapitel 6 werden wir zwei von ihnen kennen lernen und sie verwenden, um etwas Kosmologie zu betreiben. Beide Methoden nutzen den Umstand aus, dass im Licht einer Galaxie zusätzliche Informationen stecken – zusätzlich zur Größe und Form ihres Abbilds auf einer Aufnahme: Farben. Nicht nur das Rot, Blau und Grün, das auf Fotografien zu sehen ist, sondern die genaue, detaillierte Verteilung der Farben im Spektrum. Das mag nach nicht viel klingen, ist es aber.

In Exkurs 7 (S. 105–109) erklären wir kurz, wie Licht von Atomen emittiert und absorbiert wird. Das dürfte zum Verständnis des restlichen Kapitels nützlich sein. Für die Leser, die keine Lust haben den Exkurs zu lesen, lautet die Zusammenfassung: Licht von einem Stern oder einer Galaxie enthält charakteristische Linienmuster, aus denen genau hervorgeht, aus was dieser Stern oder diese Galaxie besteht. So ein Linienmuster ist allgemeingültig: Die chemischen Elemente, aus denen die Sterne und der Staub in der Andromeda-Galaxie bestehen, sind die gleichen chemischen Elemente, aus denen unser Körper besteht. Das Linienmuster der Sonnenatmosphäre, das während einer Sonnenfinsternis aufgenommen wurde, ist in Abbildung 4.9 zu sehen.

Dieses Spektrum entsteht, wenn Sonnenlicht durch ein Prisma fällt, oder genauer: durch eine hochgenaue Art von Prisma, die als Beugungsgitter bezeichnet wird. Die Spitzen im Spektrum weisen auf die Anwesenheit verschiedener chemischer Elemente in der Sonnenatmosphäre hin: Wasserstoff, Helium, Calcium, Magnesium, Eisen und Spuren weiterer Elemente sind zu erkennen. Offensichtlich ist das eine geschickte Möglichkeit, um festzustellen, woraus ferne Sterne und Galaxien bestehen.

Lassen Sie uns nun eine Galaxie betrachten. Wir haben eine schöne ausgewählt, die NGC 4535 heißt: eine Balkenspiralgalaxie im Sternbild Jungfrau. Das Foto in Abbildung 4.10 wurde mit dem Fünf-Meter-Hale-Teleskop des Palomar Observatory in Kalifornien gemacht. Dieses Fernrohr wurde 1948 fertiggestellt und blieb bis 1993 das größte der Welt. Falls Sie sich ein bisschen mit Fotografie oder Ingenieurwesen auskennen, werden Sie einschätzen können, was für ein ausgezeichnetes Gerät das ist: Im Primärfokus des 20 Quadratmeter großen Spiegels beträgt die Brennweite 16,76 Meter und die Blende 3,3. Zusätzlich dazu hat das Hubble-Weltraumteleskop mehrere Cepheiden-Veränderliche

Abbildung 4.10
Die Galaxie NGC 4535 mit einer Rotverschiebung von 0,0065. Das Bild wurde mit dem optischen Fünf-Meter-Hale-Spiegelfernrohr des Palomar Observatory aufgenommen, das in Nordkalifornien steht.

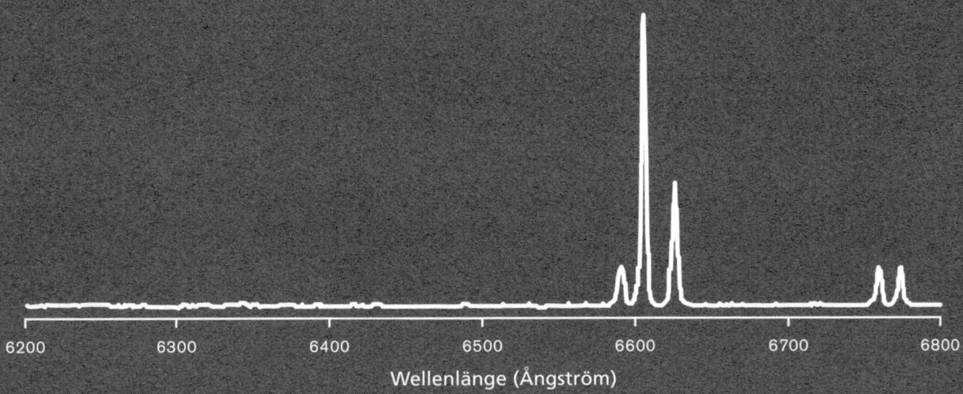

Abbildung 4.11
Das Emissionsspektrum von NGC 4535. Der größte Ausschlag geht auf die Anwesenheit von Wasserstoff zurück, die beiden kleineren Zacken zu beiden Seiten auf Stickstoff. Die beiden Peaks ganz rechts deuten auf die Anwesenheit von Schwefel hin.

in NGC 4535 beobachtet, weshalb wir wissen, dass ihre Entfernung zu uns 52 Millionen Lichtjahre beträgt.

Wie bei der Sonne können wir das Spektrum des Lichts von NGC 4535 untersuchen. Ein Teil dieses Spektrums ist in Abbildung 4.11 abgebildet. Zu sehen sind fünf starke Emissionslinien. Die stärkste liegt bei einer Wellenlänge von 6606 Ångström. Da Galaxien größtenteils aus Wasserstoffgas bestehen, könnten wir annehmen, dass diese Linie mit Wasserstoffatomen zu tun hat. Tatsächlich gibt es in Labormessungen auf der Erde eine Emissionslinie nahe bei dieser Wellenlänge, die als H-alpha-Linie bezeichnet wird. Aber auf der Erde beträgt die Wellenlänge 6563 Ångström. Diese wichtige Linie ist auch im Spektrum im zweiten Teil der Abbildung 4.13 in Exkurs 7 zu sehen. Die irdische und die galaktische Wellenlänge stimmen nicht ganz überein. Sollten wir unsere Interpretation in Zweifel ziehen? Entsteht die helle Emissionslinie von NGC 4535 durch etwas anderes?

Um zu erkennen, was da vor sich geht, schauen wir uns die zwei Linien an, die zu beiden Seiten der vorgeschlagenen galaktischen H-alpha-Linie liegen. Sie haben Wellenlängen von 6591 und 6627 Ångström. Beide liegen ebenfalls nahe bei zwei Linien, die aus Experimenten auf der Erde bekannt sind: Zwei Emissionslinien des Stickstoffs, als NII-Linien bezeichnet, haben Laborwellenlängen von 6548 und 6584 Ångström. Jetzt haben wir einen Anhaltspunkt! Alle drei Spektrallinien haben Wellenlängen, die um ungefähr 0,65 Prozent größer sind als ihre irdischen Pendants. Diese systematische Verschiebung der Wellenlängen bestätigt sich, wenn wir uns die schwächeren Linien bei 6760 und 6775 Ångström anschauen. Berücksichtigt man die Verschiebung um 0,65 Prozent, entsprechen sie zwei irdischen Linien, die als SII-Linien bezeichnet werden, emittiert von Schwefelatomen bei 6716 und 6731 Ångström. Das Spektrum von NGC 4535 sieht also genau wie ein Spektrum auf der Erde aus, außer dass alle Wellenlängen um den gleichen Betrag von 0,65 Prozent größer sind.

Wir können zum Schluss kommen, dass die Galaxie NGC 4535 merkwürdig ist. Könnten ihre Atome anders aufgebaut sein? Es fällt schwer sich auszumalen, warum oder wie das der Fall sein könnte. Das Rätsel wird noch größer, wenn wir uns die Spektren anderer Galaxien anschauen. Die Linienmuster in *allen* Galaxienspektren entsprechen genau dem

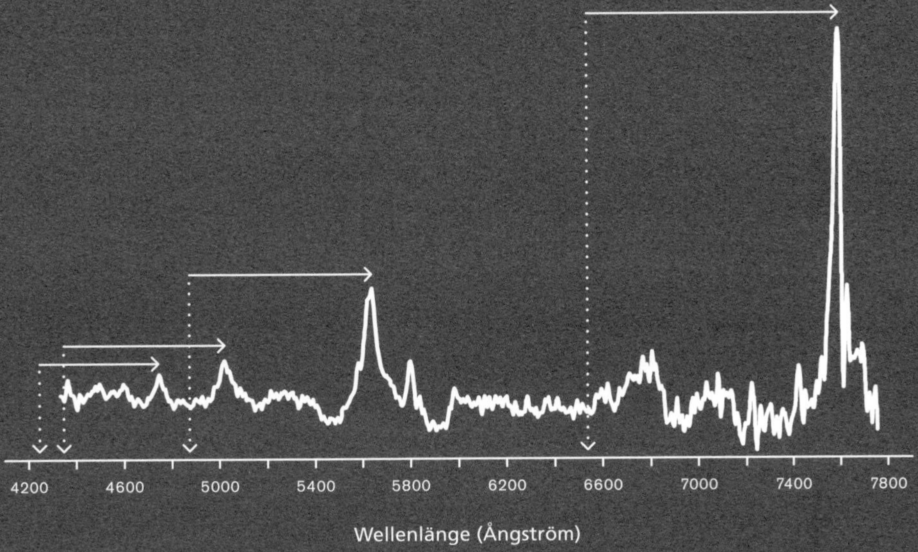

Abbildung 4.12
Das Emissionsspektrum von 3C273, ein Quasar mit einer Rotverschiebung von 0,1583. Dieses Spektrum wurde mit dem Hubble-Weltraumteleskop aufgenommen. Die Pfeile zeigen den Grad der Rotverschiebung an.

Linienmuster von Atomen auf der Erde, außer dass sie immer verschoben sind. Zudem sind sie alle unterschiedlich stark verschoben – aber die überwältigende Mehrheit der Linienmuster ist wie bei NGC 4535 zu längeren Wellenlängen verschoben. Diese Wellenlängenverschiebung wird als Rotverschiebung bezeichnet.

Die Astronomen drücken die Größe der Rotverschiebung als Verhältnis aus und zwar zwischen der Wellenlängenverschiebung und der Wellenlänge der Spektrallinie, wie sie auf der Erde gemessen wird. Das bedeutet, dass NGC 4535 eine Rotverschiebung von 0,0065 aufweist. Rotverschiebungen können jedoch viel größer ausfallen. In Abbildung 4.12 ist das Spektrum von 3C273 zu sehen, eine aktive Galaxie, die als Quasar bezeichnet wird. Die Rotverschiebung dieses Objekts ist viel größer, was Ihnen beim Blick auf das Diagramm sofort auffallen wird. In diesem Fall ist die helle H-alpha-Linie näher bei 7600 Ångström und die Rotverschiebung beträgt damit 0,1583. Bestätigt wird das durch weitere Linien (wir erkennen mehrere Wasserstoffemissionen). Wie im Fall von NGC 4535 sehen wir das Linienmuster genauso wie auf der Erde, nur ist es diesmal um 15,8 Prozent zu höheren Wellenlängen verschoben.

Es gibt zwei mögliche Erklärungen für die Rotverschiebung. Eine wäre, dass Atome überall im Universum anders sind und fast alle langwelligeres Licht als die Atome in unserer Galaxis abstrahlen. Die andere Möglichkeit wäre, dass etwas mit dem Licht geschieht, während es sich von den Galaxien bis zu unseren Teleskopen bewegt, sodass die Wellenlängen größer werden.

Es ist ein äußerst bemerkenswerter Umstand in der Geschichte der Naturwissenschaften, dass Physiker die Galaxienrotverschiebung theoretisch erklären konnten, bevor Hubble die Existenz der Galaxien überhaupt nachgewiesen hatte und Jahre bevor Rotverschiebungen überhaupt beobachtet wurden. Möglich machte das Einsteins Allgemeine Relativitätstheorie, die viele Physiker für die schönste physikalische Theorie überhaupt halten.

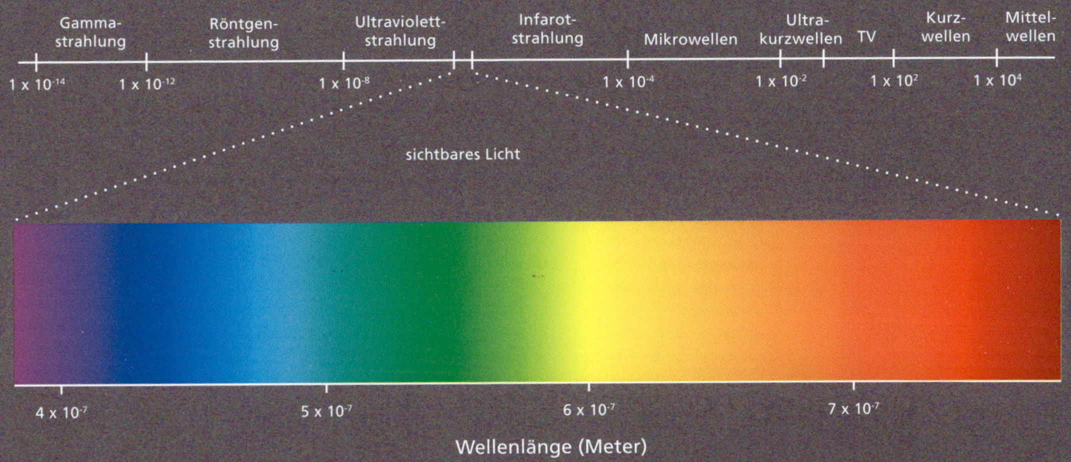

Abbildung 4.13
Das elektromagnetische Spektrum. Die kürzesten Wellenlängen werden als Gammastrahlung bezeichnet, die längsten als Radiowellen. Sichtbares Licht hat Wellenlängen zwischen ungefähr 400 und 700 nm. Violettes und blaues Licht hat kürzere Wellenlängen, oranges und rotes Licht längere.

Exkurs 7: Was ist Licht?
Man kann sich Licht als Welle vorstellen. Wie eine Wasserwelle hat sie Berge und Täler. Aber anders als eine Wasserwelle, bei der wir die Berge und Täler eindeutig sehen, entsprechen bei der Lichtwelle diese Berge und Täler Veränderungen in der Stärke elektrischer und magnetischer Felder. Das ist viel abstrakter. Manchmal spüren wir die Folgen dieser Veränderungen, vorausgesetzt die Wellenlänge passt: Wenn die elektrischen Felder die Elektronen in unseren Augen herumschieben und so Signale erzeugen, die unser Gehirn in Bilder verwandelt. Der Abstand zwischen zwei Bergen der Lichtwelle wird Wellenlänge genannt; verschiedene Wellenlängen des sichtbaren Lichts empfinden wir als unterschiedliche Farben. Wir sind in der Lage Licht zu sehen, dessen Wellenlänge zwischen rund 400 nm und 700 nm liegt. Jenseits des sichtbaren Bereichs, im Anschluss an die kurzwellige Ultraviolettstrahlung, gibt es Röntgen- und Gammastrahlen. An das langwellige Rot schließen sich die Radiowellen an. Einen Überblick über das elektromagnetische Spektrum gibt Abbildung 4.13.

Licht wird von Atomen abgestrahlt (emittiert), wenn sie erwärmt werden, und wird von ihnen absorbiert, wenn es auf sie trifft. Von Untersuchungen hier auf der Erde wissen wir, dass jede Atomsorte, jedes chemische Element, nur Licht bei sehr bestimmten Wellenlängen emittiert oder absorbiert. Jedes Element hat eine eindeutige Signatur, die letztlich auf seiner atomaren Struktur beruht. Abbildung 4.14 zeigt das Spektrum, das Wasserstoffatome emittieren und absorbieren.

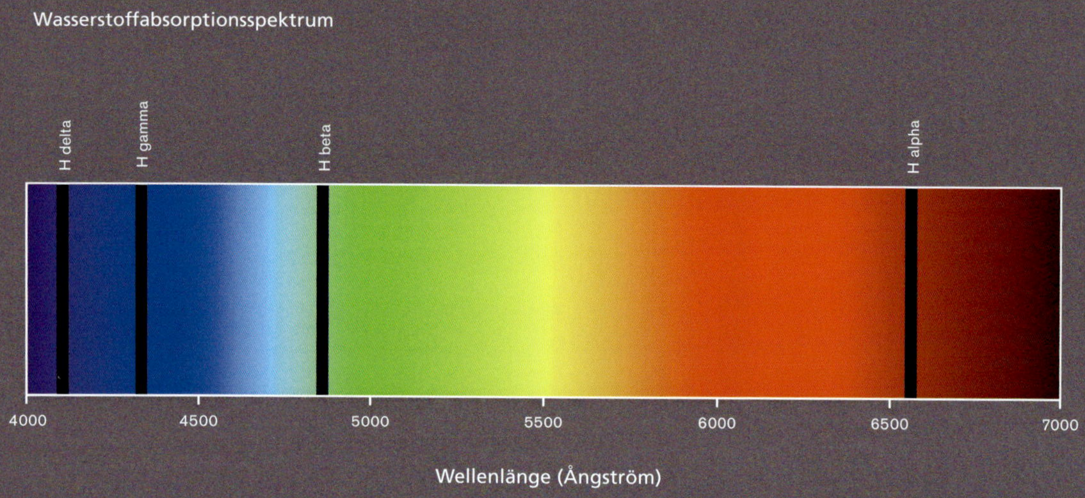

Das Absorptionsspektrum ähnelt einem Regenbogen mit Fehlstellen und so ähnlich entsteht es auch: Weißes Licht durchleuchtet Wasserstoffgas und anschließend so etwas wie ein Prisma. Das Prisma wirkt wie die Regentropfen und zerlegt das Licht in seine Farbanteile, indem es sie auseinanderzieht. Die dunklen senkrechten Linien im Regenbogen des Spektrums, die in Abbildung 4.14 zu sehen sind, werden als Absorptionslinien bezeichnet. Sie entstehen, weil Wasserstoffatome Licht bestimmter Farbe absorbieren. Das Emissionsspektrum entsteht, wenn wir uns das Licht anschauen, das von einem heißen Wasserstoffgas abgestrahlt wird.

Die Emissions- und Absorptionslinien liegen bei den genau gleichen Wellenlängen, weil Emission und Absorption eine Folge von Elektronensprüngen in den Wasserstoffatomen sind. Die Quantentheorie erklärt, warum die Elektronen nur bestimmte Energien haben können, wenn sie in einem Atom gebunden sind – und somit, warum es einzelne (diskrete) Emissions- und Absorptionslinien gibt. Wir brauchen uns hier nicht mit den Einzelheiten der Quantentheorie befassen. Aber es hilft zu wissen, dass man sich Licht auch als einen Strom aus Teilchen, Photonen genannt, vorstellen kann. Jedes Mal, wenn ein Elektron in einem Atom Energie verliert, wird ein Photon aus dem Nirgendwo mit genau der Energie emittiert, die das Elektron verloren hat. Es sind die Photonen, die wir im Emissionsspektrum sehen.

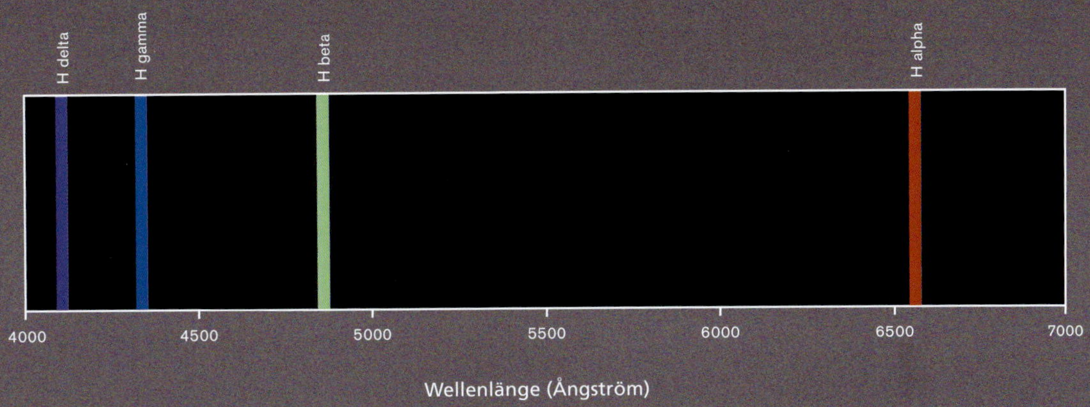

Abbildung 4.14
Die charakteristischen Fingerabdrücke von Wasserstoffatomen.

Umgekehrt kann ein Elektron seine Energie erhöhen, wenn es ein Photon mit der genau richtigen Energie absorbiert (das Photon verschwindet dann). Das führt zu der Abwesenheit von Photonen im Absorptionsspektrum. Die Energie des Photons ist umgekehrt proportional zur Wellenlänge des Lichts, was bedeutet, dass Photonen höherer Energie kürzeren Wellenlängen entsprechen.

Das Muster der Emissions- und Absorptionslinien ist immer sehr charakteristisch und ähnelt einem Fingerabdruck oder – wie wir sehen werden – einem Barcode. Das ermöglicht uns, das mit einem Teleskop gesammelte Licht eines Sterns oder einer Galaxie zu analysieren und zu ermitteln, welche chemischen Elemente es dort gibt. Abbildung 4.15 zeigt Sonnenlicht, das in seine Farben aufgespalten worden ist. Hunderte schwarze Absorptionslinien durchziehen den Regenbogen; sie sind die Fingerabdrücke der Atome. Damit wissen wir genau, woraus die Sonne besteht, obwohl niemand jemals bei ihr war.

Gute Wissenschaft berücksichtigt häufig die kleinsten, scheinbar unwichtigen Details in der Natur, und es gibt ein Detail, das wir nicht unerwähnt lassen wollen. Schauen Sie sich nochmals Abbildung 4.9 an, in der das Emissionsspektrum der äußersten Bereiche der Sonne (Chromosphäre und Korona genannt) zu sehen ist. Eine Finsternis hilft das Emissionsspektrum zu beobachten, weil der Mond das Hintergrundlicht von der restlichen Sonne blockiert. Es ist das Licht, das von Atomen in der Sonnenatmosphäre emittiert wurde.

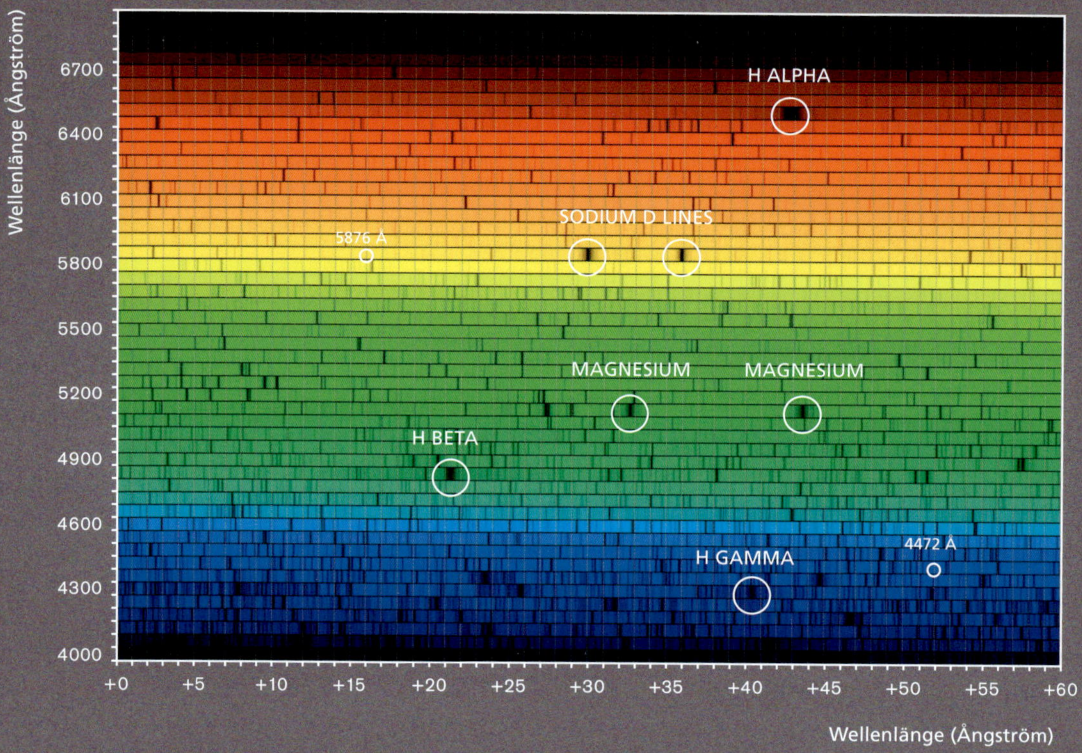

Abbildung 4.15
Das Absorptionsspektrum der Sonne. Die Fingerabdrücke der Atome der Sonnenatmosphäre sind eindeutig sichtbar, die markantesten sind benannt. Der englische Chemiker William Hyde Wollaston, übrigens der Bruder des Mannes, der John Michells Apparat an Henry Cavendish weiterreichte, war 1802 der erste Mensch, dem das Auftauchen dieser dunklen Strukturen im Sonnenspektrum aufgefallen ist.

Die Emissionslinien in Abbildung 4.9 lassen sich Linien der genau gleichen Wellenlängen im Absorptionsspektrum der Sonne zuordnen, das in Abbildung 4.15 dargestellt ist. Das war zu erwarten. Das Absorptionsspektrum, was wir für gewöhnlich sehen, entsteht, wenn weißes Licht von der Sonnenoberfläche durch die Sonnenatmosphäre hindurchscheint. Die chemischen Elemente absorbieren dann Licht gemäß ihrer charakteristischen Farben, sodass der Barcode, das Linienmuster, entsteht. Wie wir bereits erwähnt haben: Falls Atome da sind, die Licht absorbieren, dann sind sie auch da, um Licht zu emittieren – aber für gewöhnlich sehen wir das Emissionsspektrum nicht, weil es vom hellen Leuchten der heißen Oberfläche überlagert wird.

Doch wenn Sie genau hinschauen, fällt Ihnen möglicherweise etwas Merkwürdiges auf. Die beiden Linien, die in Abbildung 4.9 als He 5876 Ångström und He 4472 Ångström bezeichnet sind, treten im Absorptionsspektrum der Sonne nicht in Erscheinung. Die Erstere ist die zweithellste Linie im Emissionsspektrum – was bedeutet, dass das Element im Außenbereich der Sonne häufig vorkommen muss. Beide Linien gehören zum Element Helium, dem zweithäufigsten Element im Universum. Es wurde nicht auf der Erde entdeckt, sondern im Emissionsspektrum der Sonne. Während der Sonnenfinsternis von 1868 sah der englische Astronom Joseph Norman Lockyer die beiden hellen Emissionslinien, die damals keine Entsprechung zu einem bekannten Element auf der Erde hatten. Passenderweise wurde das neue Element nach dem griechischen Sonnengott Helios benannt: Helium.

Wenn, wie wir nun wissen, die Sonne außerhalb ihres Zentralbereichs zu 27 Prozent aus Helium besteht, warum sehen wir es dann nicht im viel besser zu beobachtenden Absorptionsspektrum der Sonne? Das hat folgenden Grund: Die Sonnenoberfläche leuchtet hauptsächlich bei relativ kühlen 6000 Grad Celsius. Bei dieser Temperatur ist Helium für sichtbares Licht transparent, sodass trotz der Anwesenheit der Heliumatome keine Absorptionslinien entstehen. Ein verblüffender Aspekt der Sonne ist, dass ihre äußere Atmosphäre viel heißer als ihre Oberfläche ist, was am komplexen Verhalten ihres Magnetfelds liegt. Die Korona hat eine Temperatur von etwa drei Millionen Grad Celsius – eindeutig heiß genug, um die Elektronen der Heliumatome anzuregen und zur Emission von Licht zu veranlassen. Solange das viel intensivere Licht von der Sonnenoberfläche nicht abgehalten wird (wie während einer Finsternis), sind es aber zu wenige emittierte Photonen, um sie leicht zu sehen. Deshalb taucht Helium im Emissions-, aber nicht im Absorptionsspektrum auf.

EINSTEIN UND DER URKNALL

Alles fällt unter dem Einfluss der Gravitation mit derselben Beschleunigung. Diese Aussage ist ziemlich bekannt und klingt nicht sehr tiefschürfend. Aber sie ist es. Als Gleichung ausgedrückt erinnern Sie sich vielleicht, dass die Beschleunigung eines Gegenstands, der zu Boden fällt, gegeben ist durch $a = GM/r^2$. Dabei ist G die Stärke der Gravitationskraft, die Henry Cavendish gegen Ende des 18. Jahrhunderts so geschickt ermittelt hat, r ist der Abstand vom Erdmittelpunkt und M die Erdmasse. Nirgendwo in dieser Gleichung taucht die Masse des fallenden Gegenstands auf, was den Ausschlag für den Anfangssatz dieses Kapitels gab. Große, schwere Dinge wie der Mond erfahren Richtung Erde dieselbe Beschleunigung wie ein Staubkorn. Dies ist das berühmte Ergebnis, das Galileo Galilei ermittelt hat, angeblich – Zweifel sind angebracht –, indem er vorführte, wie zwei Kugeln unterschiedlicher Masse gleichzeitig vom Schiefen Turm in Pisa fallen. Newton verwendete dieses Ergebnis als Argument für die Proportionalität der Gravitationskraft zu der Masse, die in seinem Zweiten Bewegungsgesetz auftaucht, $F = ma$. Dieses besagt ja, dass ein Gegenstand, auf den eine Kraft einwirkt, um einen Betrag beschleunigt wird, der umgekehrt proportional seiner Masse ist. Das m in $F = ma$ wird als träge Masse bezeichnet, weil sie beschreibt, wie schwierig es ist, etwas in Bewegung zu versetzen. Gerade wegen der genauen Übereinstimmung zwischen der *schweren* Masse, die in Newtons Gravitationsgesetz auftaucht, und der *trägen* Masse, die in Newtons Zweitem Bewegungsgesetz auftaucht, ist die Gravitation unabhängig von der Masse des fallenden Objekts. Wie wir nun sehen werden, hat die Äquivalenz von schwerer und träger Masse weitreichende Konsequenzen.

Newton hatte eine Antwort parat, warum diese beiden konzeptionell unterschiedlichen Massen zufällig genau gleich sind: Sie sind gleich, weil eben die Dinge so sind. Mehr als zwei Jahrhunderte hatte niemand eine bessere Antwort, dann kam der junge Albert Einstein. Er erkannte, dass, wie er es formulierte, „für einen vom Dach eines Hauses frei fallenden Beobachter zumindest in seiner unmittelbaren Umgebung *kein* Gravitationsfeld existiert". Einstein behauptete, dass fallende Gegenstände keine Kraft spüren, also nicht beschleunigt werden: Deswegen erfolgt ihre Bewegung unabhängig von der Masse. Im Rückblick bezeichnete Einstein diese Erkenntnis 1920 als den „glücklichsten Gedanken meines Lebens". Um genau zu verstehen, warum er das sagte – Einstein neigte nicht zu Übertreibungen – müssen Sie verstehen, was in diesem Kapitel kommt. Ein unerwarteter Nebeneffekt des glücklichen Gedankens war die Vorhersage, dass es – um es in George Lemaîtres poetischen Worten zu sagen – wohl einen Tag ohne Gestern gegeben hat. Etwas, das Einstein zweifellos genauso überraschte wie jeden anderen. Anders formuliert: Einsteins Theorie der Gravitation sagt den Urknall voraus.

Lassen Sie uns sorgfältig über den freien Fall nachdenken. Stellen Sie sich vor, von einem Dach zu springen. Während Sie fallen, ist es laut Einstein so, als ob jemand die Gravitation abschalten würde. Das klingt merkwürdig. Wer Richtung Boden saust, muss ziemlich tapfer sein, um zu behaupten, es gebe keine Gravitation.

Im 21. Jahrhundert müssen wir uns diese Situation nicht vorstellen, weil wir alle die Bilder der Astronauten an Bord der Internationalen Raumstation (ISS) kennen. Aus der Sicht eines Beobachters auf der Erde fallen die Astronauten zusammen mit der Raumstation und allem an Bord aufgrund der irdischen Anziehung Richtung Erdboden. Die Astronauten schweben jedoch. Ein gängiges Missverständnis lautet, dass die Astronauten schweben, weil sie weit weg von der Erde sind. Das sind sie aber gar nicht. Die Höhe der ISS beträgt nur 400 Kilometer, der Erdradius 6370 Kilometer. Das entspricht einer um zehn Prozent geringeren Anziehung im Vergleich zu einer Person, die auf der Erde vom Dach auf die Erdoberfläche fällt. Die Raumstation verfehlt vielmehr ständig den

Aufschlag auf der Erde, da sie sich zusätzlich tangential mit 7,66 Kilometern pro Sekunde bewegt. Genauso ist es beim Mond. Er fällt ebenfalls unaufhörlich zur Erde und verfehlt sie unaufhörlich, was Newton klar war. Das heißt es, sich auf einer Umlaufbahn zu bewegen. Schaut man sich Filme von Astronauten an, sieht es offensichtlich so aus, als ob die Gravitation verschwunden wäre. Lässt ein Astronaut einen Teller fallen oder einen Hammer oder gar einen Wassertropfen, bleiben sie an Ort und Stelle. Ein Wassertropfen bewegt sich nicht gegenüber dem Astronauten oder der Raumstation. Er fällt weder schneller noch langsamer Richtung Erde, ungeachtet dessen, dass seine Masse relativ winzig ist. Er schwebt einfach. Das bezeichnet man im Englischen als „zero-G" – aber laut Newton ist da ziemlich viel „G" da.

Einstein und Newton beschreiben dieses Verhalten auf völlig unterschiedliche Weise. Im Zentrum von Newtons Argumentation steht die Äquivalenz von träger und schwerer Masse – und das ist seine Erklärung dafür, dass sich auf der ISS nichts relativ zu etwas anderem bewegt. Einstein dagegen behauptet, dass sich nichts relativ zu etwas anderem bewegt, weil es keine Kraft gibt, die auf irgendwas wirkt.

Nun dürfte Ihnen klar werden, worauf Einstein hinaus wollte. In gewissem Sinne können die Astronauten an Bord der ISS nicht sagen, ob sie Richtung Erde fallen oder weit weg von jeglichem gravitativen Einfluss einfach im interstellaren Raum schweben. Wenn wir verhindern, dass sie hinausschauen können, gibt es für sie kein Experiment und keine Beobachtung, um diese Möglichkeiten zu unterscheiden. Daher, stellte Einstein fest, gibt es keinen Unterschied zwischen den beiden Situationen. Menschen im freien Fall spüren keine Gravitation, weil da keine ist: „für einen Beobachter im freien Fall… existiert zumindest in seiner unmittelbaren Umgebung *kein* Gravitationsfeld." Wenn wir die Welt aus der Perspektive von Menschen im freien Fall beschreiben, kommt die Gravitationskraft nie ins Spiel.

Aber sicherlich muss da noch mehr gesagt werden – immerhin existiert die Gravitation tatsächlich. Wenn Sie vom Dach springen, fallen Sie schließlich zu Boden. Einstein hat darauf eine Antwort. Ja, der Abstand zwischen Ihnen und dem Boden sinkt auf null, wenn Sie vom Dach springen, aber das liegt daran, dass der Boden in ihre Richtung beschleunigt, um sie zu treffen. Mit dieser Aussage könnten Sie sich erneut unbehaglich fühlen. Aber Sie müssen zugeben, dass es sich tatsächlich so anfühlt, wenn man am Boden aufschlägt. Während Sie so dasitzen und dieses Buch lesen, werden Sie eher unsanft in Ihren Sessel gedrückt. Es fühlt sich genauso an wie in einem Flugzeug, in dem man während der Beschleunigung auf der Startbahn in den Sitz gedrückt wird. Das liegt daran, dass es laut Einstein das gleiche ist. Ihr Gewicht hat nichts mit der Gravitationskraft zu tun, wie Newton sie verstanden hat. Vielmehr ist es das Gefühl, das sich bei Ihnen einstellt, weil Sie durch eine Kraft, die der Boden auf Sie ausübt, nach oben beschleunigt werden. Und dabei begegnen Sie dann dem ahnungslosen armen Typen, der dort schwebt, nachdem er vom Dach gefallen ist, und nun seine eigenen Sorgen hat.

Bestimmt nicht, werden Sie sagen. Stellen Sie sich zwei Menschen im freien Fall an zwei Orten auf der Erde vor. Einer ist vielleicht über England, der andere über Australien. Gemäß Einstein können beide berechtigterweise behaupten, frei im Raum zu schweben, während ihnen der Boden entgegenrast. Der Boden kann nicht zur gleichen Zeit in die Richtung von beiden beschleunigen, werfen Sie vielleicht ein, weil dann die Erde größer würde. Aber diese Überlegung ist falsch.

Stellen Sie sich zwei Kugeln vor, die einen gewissen Abstand voneinander haben und frei zur Erde fallen. Aus Newtons Perspektive wird jede Kugel Richtung Erdmittelpunkt beschleunigt, weil die Gravitationskraft entlang einer geraden Linie wirkt, die die Mittelpunkte der Kugel und der Erde miteinander verbindet. Das bedeutet, dass die beiden Kugeln einander während des Fallens näher kommen müssen, weil sie entlang von geraden Linien fallen, die sich im Erdmittelpunkt schneiden. Wenn die Kugeln anfangs nur einen Meter auseinander sind und nur einige Meter fallen, ist das ein winziger Effekt. Aber stellen Sie sich vor, dass wir die Kugeln einige tausend Kilometer auseinander bringen und dann aus identischen Höhen fallen lassen. Dann werden sie einander während des Fallens deutlich näher kommen, wie in Abbildung 5.1 veranschaulicht ist. Das extremste Beispiel wäre, die Kugeln so weit auseinander zu bringen, dass die eine über England und die andere über Australien fällt: Dann würden sie aufeinander zuschießen. Einsteins Theorie muss in der Lage sein, das zu erklären – was sie natürlich ist. Wie können sich zwei Kugeln also einander nähern, wenn keine Kraft auf sie einwirkt?

Wir sind Newtons Zweitem Gesetz bereits begegnet, F = ma (die Kraft, die auf ein Objekt einwirkt, ist gleich der Masse des Objekts mal der Beschleunigung), aber nicht seinem Ersten. Newtons Erstes Gesetz besagt, dass „jeder Körper in einem Zustand der Ruhe oder gleichförmigen Bewegung entlang einer geraden Linie verbleibt, solange keine Kraft auf ihn einwirkt". Wir haben gesagt, dass unsere Kugeln keine Kraft erfahren, weil wir auf die Gravitation verzichtet haben, und trotzdem nähern sie sich einander an, während sie in der Nähe der Erde fallen. Sie nähern sich einander ohne Kraft. Das klingt wie ein Widerspruch, aber wir haben unsere Formulierung sorgfältig gewählt. Nachfolgend ein Beispiel für „sich einander ohne Kraft zu nähern": Stellen wir uns zwei Forscher vor, die am Äquator nahe beisammen stehen und sich darauf verständigt haben, direkt nach Norden zu reisen, entlang vollkommen gerader Linien gemäß Newtons Erstem Gesetz. Dabei werden sie einander immer näher kommen und schließlich am Nordpol zusammenstoßen. Sie nähern sich einander, weil gerade Linien auf der Erdoberfläche Längengrade sind, die den Äquator im rechten Winkel schneiden und am Pol zusammenlaufen. Keine Kraft zieht die Forscher zusammen; sie nähern sich einander bei ihrer Reise nach Norden, weil sie sich in geraden Linien auf der gekrümmten Erdoberfläche bewegen. Die Geometrie des Raums, in dem sie sich bewegen, ist nicht flach, und deshalb werden sie auf ihrer Reise zueinander hingezogen.

Deshalb kommen aus der Sicht eines Beobachters auf der Erdoberfläche die beiden Kugeln, die über England und Australien fallen gelassen wurden, einander näher. Sie bewegen sich wie die beiden Forscher auf dem Weg zum Nordpol auf einander zu. Jede Kugel im freien Fall (bzw. jeder Forscher) kann berechtigterweise „behaupten", dass die (bzw. der) andere zu ihr (bzw. ihm) beschleunigt wird, während beide keine Beschleunigung spüren.

Nun können wir verstehen, warum es für frei fallende Beobachter sowohl in England als auch in Australien möglich ist zu behaupten, dass der Boden in ihre Richtung beschleunigt wird, um mit ihnen zusammenzutreffen, und die Erde trotzdem nicht größer wird. Die Beschleunigung ist nicht allgemeingültig. Damit das unmissverständlich ist, kehren wir nochmals zum Beispiel der beiden Forscher zurück. Angenommen sie gehen auf Wegen, die an Island zu beiden Seiten vorbei-

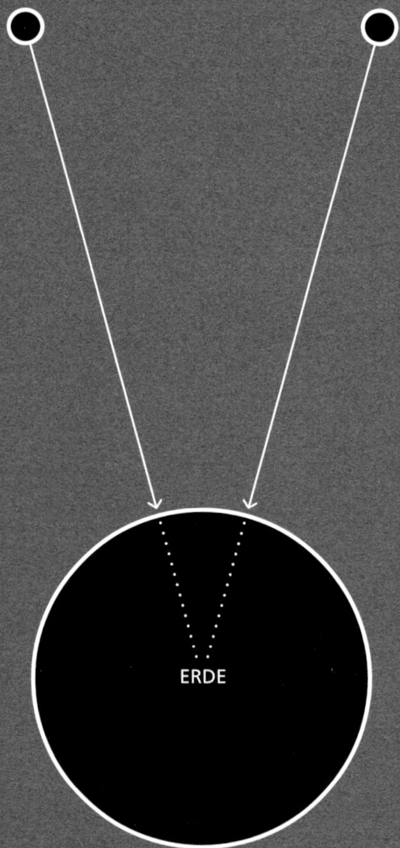

Abbildung 5.1
Zwei Kugeln fallen in Richtung Erde.

führen. Island kommt beiden näher, während sie zum Pol weiterreisen. Beide behaupten, Island muss in ihre Richtung beschleunigt worden sein – im Sinne von einer Bewegung mit wechselnder Geschwindigkeit und Richtung in Bezug zu ihnen. Island wird also aus der Perspektive beider Forscher beschleunigt, aber ändert in Wirklichkeit offenkundig nicht seine Form.

Gemäß Einstein ist Newtons Gravitationskraft genauso fiktiv wie die „Kraft", die die beiden Forscher zusammenzieht. Wir vermuten irrtümlich eine anziehende Kraft, durch die Gegenstände fallen, während diese sich in Wirklichkeit auf geraden Linien auf einer gekrümmten Oberfläche bewegen. Aber was ist die Oberfläche bei fallenden Objekten im Raum? Nun wird eine Veranschaulichung schwieriger, weil diese Oberfläche nicht wie die Erdoberfläche zweidimensional ist. In Einsteins Theorie ist die „Oberfläche" sowohl Raum als auch Zeit. Die mathematisch einfache, aber intuitiv schwierige Vorstellung einer Oberfläche in mehr als zwei Dimensionen wird in Exkurs 8 (S. 118) genauer beleuchtet.

Fassen wir zusammen, was wir bislang haben, weil es der Intuition widerspricht. So wie Menschen direkt Richtung Norden „über die Erde" gehen und einander näher kommen, „weil die Erde gekrümmt ist", bewegen sich auch zwei Kugeln im freien Fall „über Raum und Zeit hinweg" und kommen einander näher, „weil Raum und Zeit gekrümmt sind". Die Oberfläche aus Raum und Zeit wird auch als Raumzeit bezeichnet. Die Gravitation ist eine fiktive Kraft, sie tritt auf, weil die Raumzeit gekrümmt ist.

Das Wort „Genie" wird sicherlich übermäßig oft benutzt. Durch seinen Gebrauch entsteht gerade in der Wissenschaft der Eindruck, dass der Fortschritt eine Abfolge von vielen Aha-Erlebnissen ist, die einige wenige Intellektuelle hatten. Das stimmt für gewöhnlich nicht. Wissenschaft ist ein gemeinsames Bemühen. Trotzdem: Wenn es jemals gepasst hat, das Wort „Genie" zu benutzen, dann für Einstein wegen der Entwicklung der Relativitätstheorie. Es kostete Einstein ziemlich viel Zeit und Mühe, um zu seiner Erklärung für die Gravitationskraft zu kommen. Irgendwann Ende 1907 hatte er die Idee, dass auf ein Objekt im freien Fall keine Kräfte wirken, und es war Ende 1915, als er die Folgen dieser neuen Theorie der Gravitation ausgearbeitet hatte und sie als Allgemeine Relativitätstheorie veröffentlichte.

Abbildung 5.2
Der Schatten eines Tesserakts.

Exkurs 8: Der höherdimensionale Raum

Wenn wir die Raumzeit als eine „Oberfläche" bezeichnen, verwenden wir den Begriff im mathematischen Sinn, um die Parallele zum zweidimensionalen Beispiel der Erdoberfläche zu verdeutlichen. Aber die Raumzeit ist vierdimensional. Sie hat drei Dimensionen des Raums plus eine Dimension der Zeit. Lassen Sie sich nicht durch die Formulierung abschrecken, dass die Oberfläche, über die wir sprechen, vierdimensional ist und dass eine der Dimensionen die Zeit ist. Sicherlich können Sie sich das nicht vorstellen, niemand kann das. Zum Glück ist die Natur nicht auf Dinge beschränkt, die sich Menschen vorstellen können. Die Natur ist reichhaltiger. Und ein genauso glücklicher Umstand ist, dass Menschen die Mathematik entdeckt haben. Mit ihrer Hilfe können sie nämlich Dinge herleiten, die sie sich nicht vorstellen können. Ist eine zweidimensionale Oberfläche mathematisch erlaubt, dann auch eine drei-, vier-, fünf- oder n-dimensionale Oberfläche. Alles was wir tun müssen ist, weitere Zahlen hinzuzufügen, um die Koordinaten der Punkte festzulegen, die auf der Oberfläche liegen. Zudem müssen wir eine Methode festlegen, mit der sich Entfernungen auf der Oberfläche berechnen lassen.

Wir können uns die Oberfläche einer Kugel problemlos vorstellen, aber in einem fiktiven „Flachland", wo es kein Unten und Oben gibt, hätten die Bewohner wirklich Schwierigkeiten sich eine Kugeloberfläche vorzustellen. Sie könnten dennoch Mathematik betreiben, die die Kugeloberfläche betrifft. Sie könnten bei der mysteriösen zweidimensionalen Oberfläche von einer Kugel sprechen, um die eindimensionale Ansicht eines Kreises (einen Kreis könnten sie sich vorstellen) zu verallgemeinern. Abbildung 5.2 zeigt das Bild eines vierdimensionalen Würfels – zumindest fast. Es ist der Schatten, den ein vierdimensionaler Würfel in drei Dimensionen wirft (z.B. auf ein Blatt Papier). Wie Sie sehen können, sind wir in der Lage, uns einen flüchtigen Eindruck von höherdimensionalen Objekten zu verschaffen, indem wir ihre Schatten betrachten, die sie in den niedrigeren Dimensionen werfen – genauso wie ein Flachlandbewohner sich ein Bild Ihres Schattens machen könnte.

Die Schönheit von Einsteins Allgemeiner Relativitätstheorie liegt zum Teil an der Einfachheit ihres zentralen Gedankens: Objekte bewegen sich in einer gekrümmten Raumzeit auf geraden Linien. Die Krümmung der Raumzeit erklärt alles, wofür bislang so etwas wie „Kraft" benötigt worden ist. In dieser Hinsicht sind Erde und Mond auf einer Umlaufbahn aneinander gebunden und bewegen sich trotzdem in der gekrümmten Raumzeit auf geraden Linien. Es ist ein so brillanter und entzückender Gedanke, dass viele theoretische Physiker heutzutage hoffen, mit der Allgemeinen Relativität als Vorlage alle Kräfte der Natur geometrisch erklären zu können.

Dass die Allgemeine Relativität besagt, wie sich Gegenstände in der gekrümmten Raumzeit bewegen, ist nur ein Teil der Theorie. Der andere, sehr wichtige Teil besagt, wie die Raumzeit gekrümmt wird.

Bei einem Objekt, das in der Nähe der Erde fällt, muss offensichtlich die Erde die Raumzeit um das Objekt krümmen. Genauer und allgemeiner formuliert: In der Anwesenheit von Materie und Energie ist die Raumzeit gekrümmt. Dass dem so sein muss, ist ziemlich naheliegend, denn die Gravitation bringen wir naturgemäß mit Planeten und Sternen in Verbindung und schwerere Objekte haben eine höhere Anziehungskraft als leichte (denken Sie an die Astronauten, die auf dem Mond herumgesprungen sind). Die Allgemeine Relativität umfasst einen Satz Gleichungen, die als Einsteinsche Feldgleichungen bezeichnet werden, mit denen sich mathematisch die Form der Raumzeit bestimmen lässt, wenn die Verteilung von Materie und Energie bekannt ist. So sehen die Gleichungen aus:[23]

$$R_{\mu\nu} - \tfrac{1}{2}Rg_{\mu\nu} + \Lambda g_{\mu\nu} = \frac{8\pi G}{c^4} T_{\mu\nu}$$

Das mag abschreckend wirken, aber wie so viele Gleichungen, mit denen sich das Verhalten der Natur beschreiben lässt, erzählen uns Einsteins Gleichungen Geschichten. Der Ausdruck $T_{\mu\nu}$ rechts enthält die Einzelheiten zur Verteilung von Materie und Energie in Raum und Zeit. Wenn

[23] Zwar sieht das nur wie eine Gleichung aus, aber die griechischen Indizes können sich ändern (sie machen Projektionen in Raum und Zeit kenntlich) und so zu unterschiedlichen Gleichungen führen.

wir mit Einsteins Gleichungen das Sonnensystem beschreiben wollen, setzen wir hier eine kugelförmige Materieansammlung mit der Masse der Sonne ein. Die Ausdrücke links beschreiben die resultierende Form der Raumzeit, also wie die Planeten sich in der Umgebung der Sonne bewegen. Nebenbemerkung: Das Symbol Λ (das griechische Lambda) wird als kosmologische Konstante bezeichnet; wir werden ihr später begegnen. Zumindest ein Symbol werden Sie erkannt haben: Newtons Gravitationskonstante G, die die Stärke der Gravitation beschreibt. In Einsteins Gleichungen besagt sie, um wieviel sich die Raumzeit bei einer gegebenen Verteilung von Materie und Energie krümmt.

Wir können Einsteins Gleichungen benutzen, um die Verzerrung der Raumzeit in der Nähe der Erdoberfläche zu berechnen. Die Ergebnisse sind nahezu identisch mit den durch Newton vorausberechneten. Wir sagen „nahezu“, weil es gewisse Unterschiede gibt. Zum Beispiel besagen Einsteins Gleichungen, dass die Zeit auf dem Gipfel eines Berges rascher verrinnt als an seinem Fuß – vergegenwärtigen Sie sich, dass Raum und Zeit durch die Anwesenheit der Erde verzerrt werden, nicht nur der Raum. Dieser seltsame Effekt ist so winzig, dass er vermutlich bis ins 21. Jahrhundert unentdeckt geblieben wäre, wenn niemand sich bemüht hätte, nach ihm zu suchen. Aber der Effekt ist groß genug, um ihn heutzutage bei Technologien, die hochpräzise Zeiten erfordern, berücksichtigen zu müssen – etwa beim GPS.

Die Sache wird dramatischer, wenn wir die Erde verlassen. Bald nachdem Einstein seine Theorie 1915 veröffentlicht hatte, wurden zwei seiner Vorhersagen überprüft, die sich von Newtons Theorie unterschieden. Die eine betraf die Merkurumlaufbahn, die sich mit Newtons Gesetzen nicht gut beschreiben lässt – ein Problem, das seit fast zwei Jahrhunderten bekannt war. Es stellte sich heraus, dass Einsteins Theorie die beobachtete Bewegung des Merkurs korrekt prognostiziert. Die andere Vorhersage war Einsteins Prognose, um wie stark Licht durch ein Gravitationsfeld abgelenkt wird. Sie weicht von der newtonschen Prognose um den Faktor 2 – der vielleicht berühmteste Faktor in der Physik – ab. Einsteins Ergebnis wurde während der Sonnenfinsternis von 1919 bestätigt, bei der Sternenlicht beobachtet wurde, das nahe an der Sonne vorbeiging. In diesem Moment wurde Einstein weltberühmt. Inzwischen ist seine Theorie an einer Vielzahl astronomischer Systeme mit außerordentlich hoher Genauigkeit bestätigt worden; diese Systeme waren häufig so exotisch und energiereich, dass sie außerhalb unserer Vorstellungskraft lagen.

Der jüngste spektakuläre Triumph war die Entdeckung von Gravitationswellen, Störungen der Raumzeitstruktur. Am 14. September 2015 um 5:51 Uhr morgens US-Ostküstenzeit (EST) wiesen die beiden LIGO-Detektoren, die sich in den USA in den Staaten Washington und Louisiana befinden, Gravitationswellen nach, die durch die Erde gegangen sind. Diese Wellen entstanden bei der Kollision zweier Schwarzer Löcher, die ebenfalls eine Vorhersage von Einsteins Theorie sind. Die Schwarzen Löcher hatten 29 beziehungsweise 36 Sonnenmassen und stürzten innerhalb von weniger als zwei Zehntelsekunden auf spiralförmigen Bahnen ineinander. Innerhalb dieser Zeitspanne stieg ihre Geschwindigkeit von einem Drittel auf fast zwei Drittel der Lichtgeschwindigkeit. Die Kollision mündete in einem Energieausstoß, der kurzfristig das 50-Fache des gesamten beobachtbaren Universums erreichte. Dadurch wurden Raum und Zeit so stark verzerrt, dass die Folgen noch in 1,3 Milliarden Lichtjahren Abstand auf der Erde zu messen waren. Einsteins Theorie sagte das beobachtete Signal präzise voraus. Was will man noch mehr verlangen?

Da haben wir sie, Einsteins Theorie der Gravitation, die Allgemeine Relativität. Sie tritt an die Stelle von Newtons Gravitationsgesetz, weil sie eine genauere Beschreibung der Natur ermöglicht. Trotzdem funktioniert Newtons Gesetz in vielen Fällen exzellent – und hat den Vorteil, dass es mathematisch viel einfacher ist. Aber die harten Fakten zeigen, dass ohne den geringsten Zweifel Einsteins Theorie stimmiger ist als die von Newton.

Jetzt können wir ein bisschen ehrgeiziger werden. Wir haben gesehen, dass Einsteins Theorie die Krümmung der Raumzeit um kugelförmige Materieansammlungen – etwa Planeten, Sonnen oder selbst Schwarze Löcher – extrem gut beschreibt. Daher können wir uns fragen, ob sie sich auch auf größere Materieansammlungen anwenden lässt – zum Beispiel auf das ganze Universum. Das ist zumindest mutig und natürlich kam der Gedanke bereits Einstein. 1917 veröffentlichte er eine Arbeit mit dem Titel *Kosmologische Betrachtungen zur Allgemeinen Re-*

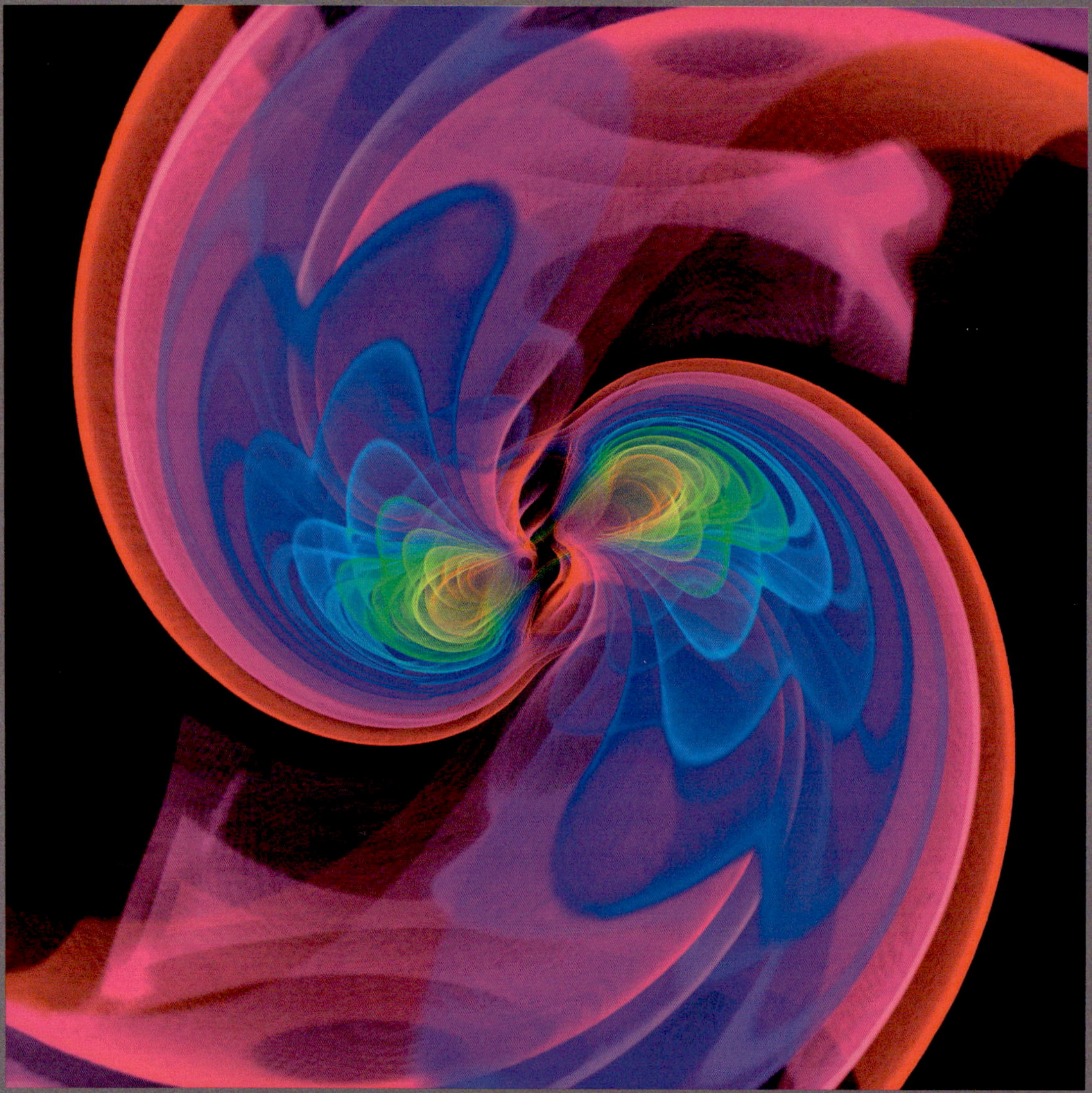

Abbildung 5.3
Die Simulation zweier kollidierender Schwarzer Löcher. Dabei entstehen Gravitationswellen, wie sie von den beiden LIGO-Detektoren beobachtet wurden.

Abbildung 5.4
Die beiden LIGO-Detektoren. Oben ist der Detektor in Hanford im Bundesstaat Washington, unten der Detektor in Livingston, Louisiana, zu sehen. Die Forschung erfolgt in einer Kollaboration aus Hunderten Menschen, die aus aller Herren Länder stammen.

Exkurs 9: Gravitationswellen
Vor dem Nachweis von Gravitationswellen durch LIGO mussten sich Astronomen bei der Beobachtung des Kosmos auf elektromagnetische Wellen beschränken. Nun steht ihnen eine völlig neue Beobachtungsmethode zur Verfügung. Die LIGO-Detektoren haben eine atemberaubende Empfindlichkeit und sind das moderne Äquivalent zu Henry Cavendishs Experiment (siehe S. 69–72). Sie bestehen jeweils aus zwei Armen, die je vier Kilometer lang sind und in denen ein Hochvakuum herrscht. An beiden Enden der Arme befinden sich schwere Spiegel, die wie Pendel an Quarzglasfasern aufgehängt sind. Die langen Arme sind auf den Bildern zu sehen. Läuft eine Gravitationswelle durch den Detektor, schiebt und zieht sie an den Spiegeln, sodass sich die Abstände zwischen ihnen verändern. Die Wissenschaftler können diese Längenänderung des einen Arms im Vergleich zum anderen Arm messen (durch die Anordnung im rechten Winkel neigt ein Arm dazu länger zu werden, während der andere kürzer wird). Die Messung erfolgt laserinterferometrisch. Dabei wird Laserlicht in jeden Arm geschickt, mehrfach an den hängenden Spiegeln hin und her reflektiert, bis es dann wieder auftaucht. Die Intensität des Ausgangssignals hängt von Veränderungen während der Rundreise des Lichts in den Armen ab – wenn sich also die Länge ändert, dann ist das im Ausgangssignal zu erkennen.

Abbildung 5.5 zeigt den Betrag, um den sich die Längen zwischen den beiden Detektorarmen verändert haben, als die Welle im September 2015 durchlief. Die Veränderung ist mit „Verformung" bezeichnet; es ist der Bruchteil, um den sich die Armlängen geändert haben. Beachten Sie, wie winzig die Verformung ist. Das bedeutet, dass die Wissenschaftler die Längenänderung besser als 1 zu 10^{21} messen konnten. So eine relative Messgenauigkeit entspräche bei der Entfernungsbestimmung unseres Nachbarsterns Proxima Centauri der Dicke eines Menschenhaars. Das ist irre genau! In absoluten Zahlen entspricht es der Messung des Abstands zwischen zwei Spiegeln auf etwa ein Tausendstel des Protonendurchmessers. Sie mögen berechtigterweise bezweifeln, dass so eine Genauigkeit möglich ist, zumal die Spiegeloberfläche viel größere Unebenheiten aufweist. Aber aufgrund der Genialität der Messung lässt sich dieses Problem umgehen, indem man den Mittelwert des Abstands erfasst. Jedes Photon, das in das System gelangt, macht in gewisser Weise seine eigene Messung und eine Schlüsseleigenschaft von LIGO ist die Fähigkeit, die Energie riesiger Photonenmengen auszunutzen. Um zu verstehen, wie wirkungsvoll diese Mittelung ist, stellen wir uns eine völlig fiktive Welle vor, die jeden auf der Erde um einen Hundertstel Millimeter größer macht. Könnte man die Welle nachweisen? Mit Sicherheit kann man nicht zuverlässig die Größe von jedem Menschen

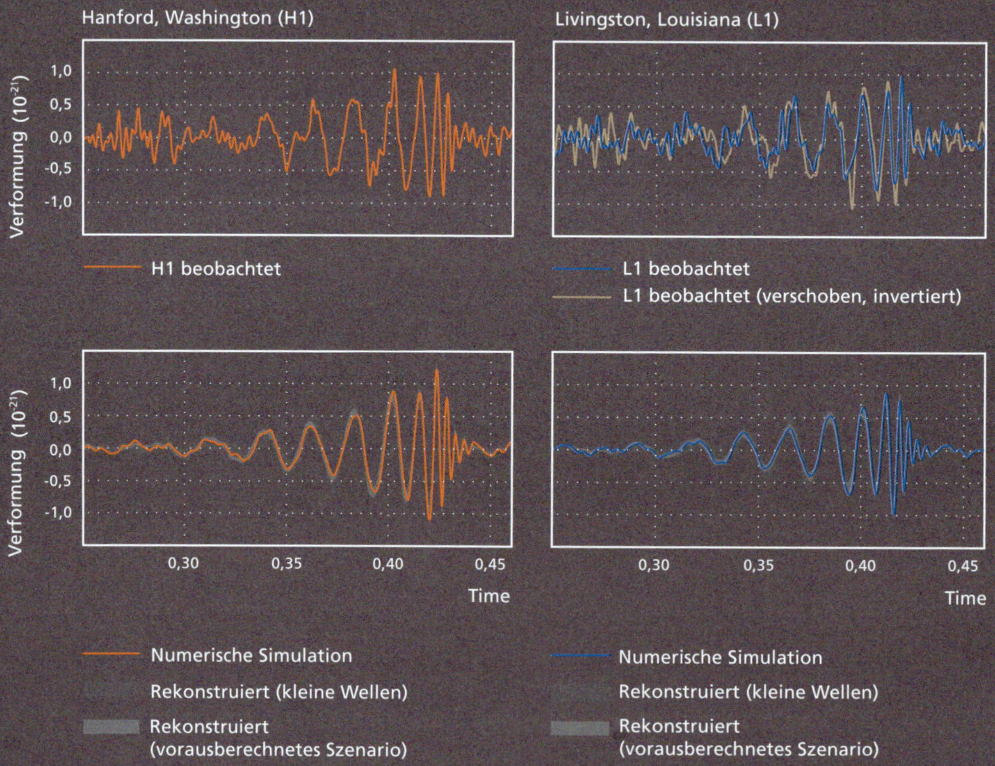

Abbildung 5.5
Die maßgeblichen Diagramme, die die Entdeckung von Gravitationswellen beweisen. Die beiden links zeigen die Messungen in Hanford und die zugehörige theoretische Vorhersage. Die Diagramme rechts zeigen dasselbe für den Detektor in Livingston.

vor und nach dem vermuteten Durchgang der Welle erfassen, denn man ist nicht in der Lage die Größen genau genug zu messen. Aber man könnte es schaffen, wenn man die Größenunterschiede von jedem misst (vor und nachdem die Welle durchging) und dann den Durchschnitt bildet. Das funktioniert, weil die Unsicherheit im Mittel sinkt, wenn die Zahl der Personen steigt[1]. Daher kann man mit genügend Personen erkennen, ob die durchschnittliche Größe nach dem Durchgang der Welle leicht zugenommen hat. Auf ähnliche Weise liefen die Messungen der minimalen Längenänderungen in den Armen von LIGO ab. Die entscheidenden Grenzen in der Genauigkeit des Experiments beruhen auf der endlichen Zahl an Photonen, die zur Verfügung stehen, und den kleinen mechanischen Schwingungen, die an den hängenden Spiegeln durch Erschütterungen und durch die reflektierten Laserstrahlen verursacht werden. Vorbeifahrende Züge, Meereswellen und das Wetter verursachen alle relativ große Störungen, können aber mit Sorgfalt und Detailgenauigkeit im ausreichenden Umfang beseitigt werden. Das ist brillante Wissenschaft im Geiste des Henry Cavendish.

Abbildung 5.5 zeigt nicht nur, wie sich die Verformung beim Durchgang der Welle innerhalb eines Sekundenbruchteils verändert hat, sondern auch die theoretische Vorhersage, wie das Signal aussehen sollte, wenn es von zwei kollidierenden Schwarzen Löchern stammt. Der Grad an Übereinstimmung ist wunderbar. Die größer werdenden Ausschläge spiegeln die Beschleunigung der Schwarzen Löcher wider, als sie sich auf spiralförmigen Bahnen einander näherten. Und der letzte Teil der Kurve, in dem die Ausschläge schließlich zum Erliegen kommen, entspricht der Schlussphase, in der die beiden Schwarzen Löcher zu einem verschmolzen sind.

Nachdem weitere Signale am 26. Dezember 2015 und 4. Januar 2017 gemessen wurden, bei denen Schwarze Löcher mit acht und 14 Sonnenmassen bzw. 20 und 30 Sonnenmassen verschmolzen, wurde im August 2017 erstmals ein Signal mit drei Detektoren gemessen. Besonders spannend ist die Messung GW170817 vom 17. August 2017 (Stand April 2018), bei der Gravitationswellen, die durch das Verschmelzen zweier Neutronensterne entstanden sind, gemessen wurden. Zeitgleich konnte das Fermi Gamma-ray Space Telescope einen kurzen Gammablitz registrieren, sodass den detektierten Gravitationswellen erstmals ein sichtbarer Gegenpart zugeordnet werden kann. Für ihre Beiträge zum LIGO-Detektor und die Beobachtung der Gravitationswellen erhielten Rainer Weiss, Barry Barish und Kip Thorne 2017 den Nobelpreis für Physik.

[1] Der prozentuale Fehler sinkt im Mittel mit $1/N^{1/2}$, wobei N die Zahl der Messungen ist.

lativitätstheorie – sein Mut hatte ihn nicht verlassen. „Ich habe… wieder etwas verbrochen in der Gravitationstheorie, was mich ein wenig in Gefahr bringt, in einem Tollhaus interniert zu werden", schrieb er in einem Brief an seinen Freund Paul Ehrenfest. Treten wir nun mit der gebührenden Demut in Einsteins Fußstapfen. Es wird sich lohnen, weil nun ein Triumph folgt. Einsteins Theorie sagt die Existenz der Galaxienrotverschiebung voraus der wir im vorherigen Kapitel begegnet sind! Und mehr noch: Die Theorie sagt auch den Urknall voraus!

Wenn wir alles über die Verteilung der Materie und Energie im Universum wissen, können wir diese Information in Einsteins Gleichungen einsetzen und erhalten die Geometrie der Raumzeit. Dann können wir uns fragen, ob es irgendwelche beobachtbaren Folgen dieser Geometrie gibt und an ihnen die Theorie überprüfen. Und genau das werden wir nun tun.

Natürlich gibt es keine Möglichkeit, die Positionen aller Materie im Universum zu kennen. Es fällt ja schon schwer, den Überblick über ein Paar Socken zu behalten. Aber das hindert uns nicht. Nun folgt ein Beispiel für gutes wissenschaftliches Arbeiten. Wir werden eine vereinfachende Annahme treffen. Wenn unsere Annahme falsch ist, werden wir das wie immer beim Vergleich unserer Vorhersagen mit Experimenten oder Beobachtungen der Natur feststellen.

Abbildung 5.6 zeigt eine Karte der Galaxien, die von der Erde aus zu sehen sind. Thomas Jarrett, ein Astronom am Caltech-Institut, hat sie aus verschiedenen Datenbanken zusammengestellt. Es lohnt sich, das Bild genauer zu betrachten, denn es ist bemerkenswert und lässt uns bescheiden werden. Es sind so viele Galaxien zu sehen, dass größtenteils nur Galaxienhaufen und Galaxiensuperhaufen markiert wurden. Allein der Virgo-Haufen in rund 53 Millionen Lichtjahren Entfernung enthält mehr als 1300 Galaxien. In Abbildung 5.7 ist eine langbelichtete Aufnahme des Haufens zu sehen, die am European Southern Observatory in Chile entstanden ist. Sie zeigt ein Gewimmel von Galaxien: filigrane Lichtwolken aus Milliarden Welten.

Der Himmel ist mit Galaxien übersät, verteilt nach einem scheinbar zufälligen Muster. Auf große Distanzen betrachtet wirken sie wie gleichmäßig verteilt – der Schlüssel, den wir für unsere Annahme brauchen. Wir werden davon ausgehen, dass die Materie im Universum gleichmäßig verteilt ist. Bei kleinen Entfernungen stimmt das natürlich nicht: Im Sonnensystem steckt die Materie in der Sonne und einigen Planeten. Aber wir werden annehmen, dass bei „ausreichend großen" Entfernungen das Universum gleichförmig ist. Anders gesagt: Wenn wir uns vorstellen, die Galaxien in einem Raumvolumen zu zählen, das ausreichend groß ist, um viele Galaxien zu enthalten, dann wird ihre Zahl sich kaum verändern, wenn wir ein anderes, genauso großes Raumvolumen an einem anderen Ort im Universum auswählen.

Fachsprachlich bezeichnet man das als eine homogene und isotrope Materieverteilung: überall und in jeder Richtung gleich. Es ist die ultimative Formulierung des kopernikanischen Prinzips. Wir befinden uns im Universum an keinem speziellen Ort – und auch niemand anderes.

Wollen wir die Form der gesamten Raumzeit berechnen, wissen wir, was zu tun ist. Wir stecken unsere homogene, isotrope Materieverteilung in die rechte Seite von Einsteins Feldgleichungen und schauen, was links herauskommt. Erfreulicherweise können wir einige Ergebnisse sofort erkennen, ohne tatsächlich rechnen zu müssen.

Eine perfekt gleichmäßige Materieverteilung im gesamten Universum führt zu einer perfekt gleichmäßigen Raumzeit. Galaxien, Sterne und Planeten verzerren die Raumzeit in ihrer unmittelbaren Umgebung im Vergleich zum perfekt gleichmäßigen Durchschnitt. Stellen Sie sich das wie einen Golfball vor: eine perfekt glatte Kugel mit kleinen Dellen, den Dimples, die lokal die Oberfläche leicht verzerren. Die lokalen Vertiefungen des Golfballs entsprechen der Art und Weise, wie die lokalen Masseansammlungen Vertiefungen in der Raumzeit erzeugen. Die Sonne erzeugt eine winzige Vertiefung. Eine Galaxie eine größere. Wenn wir die großräumige Struktur des Universums betrachten wollen, sind wir an diesen Vertiefungen nicht interessiert. Wir interessieren uns für die gleichmäßige Raumzeit, die das Universum als Ganzes darstellt.[24]

Wir können nun darüber nachdenken, wie eine „perfekt gleichmäßige Raumzeit" aussehen würde. Es stellt sich heraus, dass es nur drei Möglichkeiten gibt, die wir als „flach", „sphärisch" und „hyperbolisch" bezeichnen werden. (Sie müssen etwas Mathematik können, um zu beweisen, dass es keine weiteren Möglichkeiten gibt.) Erinnern wir uns,

[24] Wir werden uns in Kapitel 8 ernsthaft mit den Vertiefungen befassen.

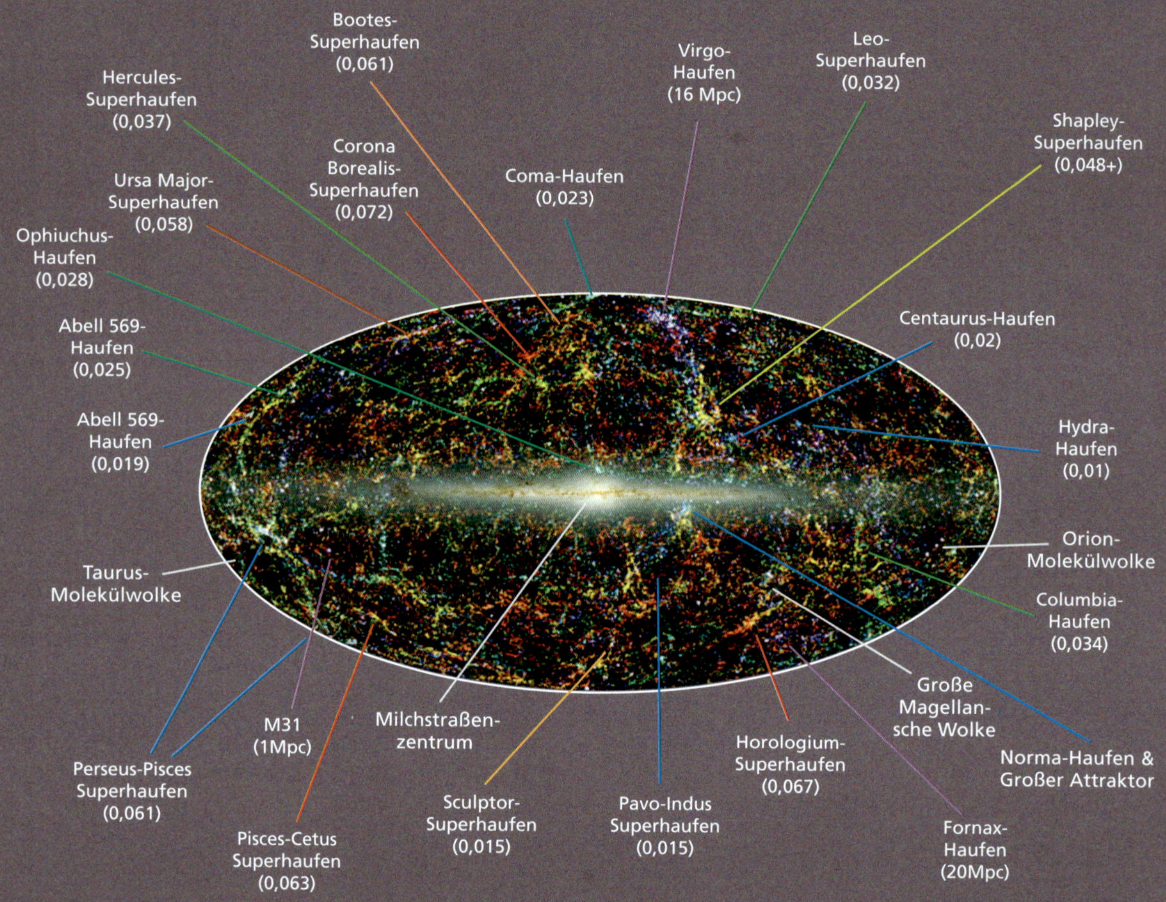

Abbildung 5.6
Panoramabild des beobachtbaren Universums, erstellt aus dem XSC-Katalog mit 1,5 Millionen Galaxien und dem PSC-Katalog mit 0,5 Milliarden Sternen der Milchstraße, welche entlang der Kartenmitte zu sehen ist. Die Galaxienfarben spiegeln ihre Rotverschiebung wider.

Abbildung 5.7
Eine langbelichtete Aufnahme des Virgo-Galaxienhaufens, aufgenommen von der Europäischen Südsternwarte. Die grauen Bereiche im Bild sind uninteressant – sie sind durch die Retusche heller Vordergrundsterne entstanden.

dass die Raumzeit vierdimensional ist, mit drei Raumdimensionen und einer zeitlichen Dimension, sodass wir uns das nur schwer vorstellen können. Zum Glück gibt es diese drei Möglichkeiten von flach, sphärisch und hyperbolisch auch bei zwei räumlichen Dimensionen; sie sind in Abbildung 5.8 skizziert. Wir hatten ausgangs die Annahme gemacht, dass es keine ausgezeichneten Orte oder Richtungen im Universum gibt. Das muss bedeuten, dass die Form der Raumzeit, wie wir sie aus Einsteins Gleichungen erhalten haben, keine bestimmten Orte oder Richtungen aufweist. Es ist leicht einzusehen, dass es auf einer flachen Ebene keine besonderen Punkte oder Richtungen gibt. Ebenso gibt es keine besonderen Punkte oder Richtungen auf einer Kugeloberfläche, die zweite der drei Möglichkeiten. Die dritte und letzte Möglichkeit ist ein Sattel, was eigentlich eine invertierte Kugel ist. Die Krümmung der Oberfläche ist überall dieselbe, aber die Oberfläche ist nicht wie bei einer Kugel nach außen gewölbt (konvex), sondern nach innen (konkav). Die drei Möglichkeiten in der vierdimensionalen Raumzeit sind analog dazu. Diese Analogie ist für uns gut genug, um ein paar Galaxien auf die Oberflächen der Gebilde zu zeichnen. Unter der Annahme von Homogenität und Isotropie sind dies die drei möglichen Universen und unsere Vorstellung, dass sie zeigen, wie der Raum zu einem beliebigen Zeitpunkt gekrümmt ist, kann als korrekt angenommen werden.

Es ist eindrucksvoll, dass wir eine Aussage über die möglichen Geometrien der Raumzeit anhand einer so allgemeinen Argumentation treffen können, aber wir gehen noch weiter. Abbildung 5.9 stellt ein hypothetisches flaches Universum zu drei verschiedenen Zeitpunkten dar (wir hätten genauso gut eine der beiden anderen Geometrien auswählen können). Die Abbildung besagt, dass unser Modelluniversum im Verlauf der Zeit gleichmäßig gedehnt wird – so wie man ein Gummituch durch Ziehen an seinen Kanten in alle Richtungen dehnen könnte. Im Wesentlichen kann der Raum im Verlauf der Zeit nur schrumpfen oder expandieren, wenn er flach, sphärisch oder hyperbolisch bleiben soll. An diesem Punkt unserer Argumentation wissen wir nicht, ob der Raum, in dem wir leben, expandiert, kontrahiert oder unveränderlich bleibt. Denken Sie daran, dass Einstein uns dazu ermutigt hat, uns den Raum als etwas Verformbares vorzustellen: Durch die Anwesenheit von Materie und Energie kann und wird er verzerrt. Dies ist der Ursprung

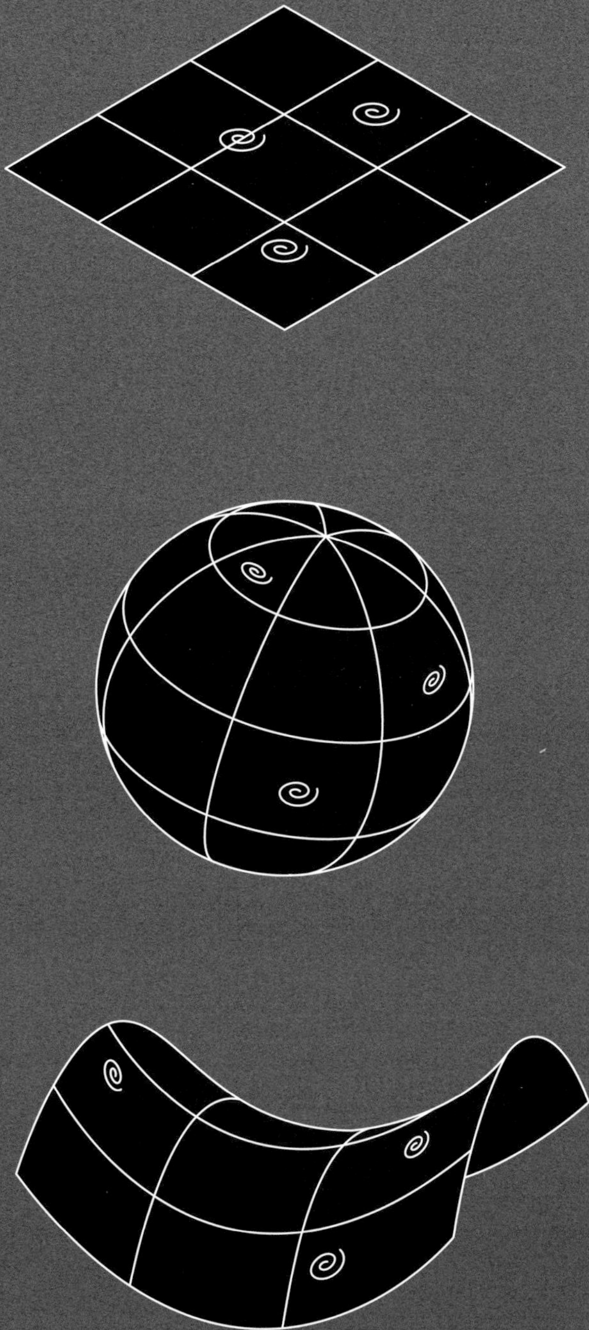

Abbildung 5.8
Die drei möglichen Geometrien in zwei Dimensionen, einige Galaxien sind eingezeichnet.

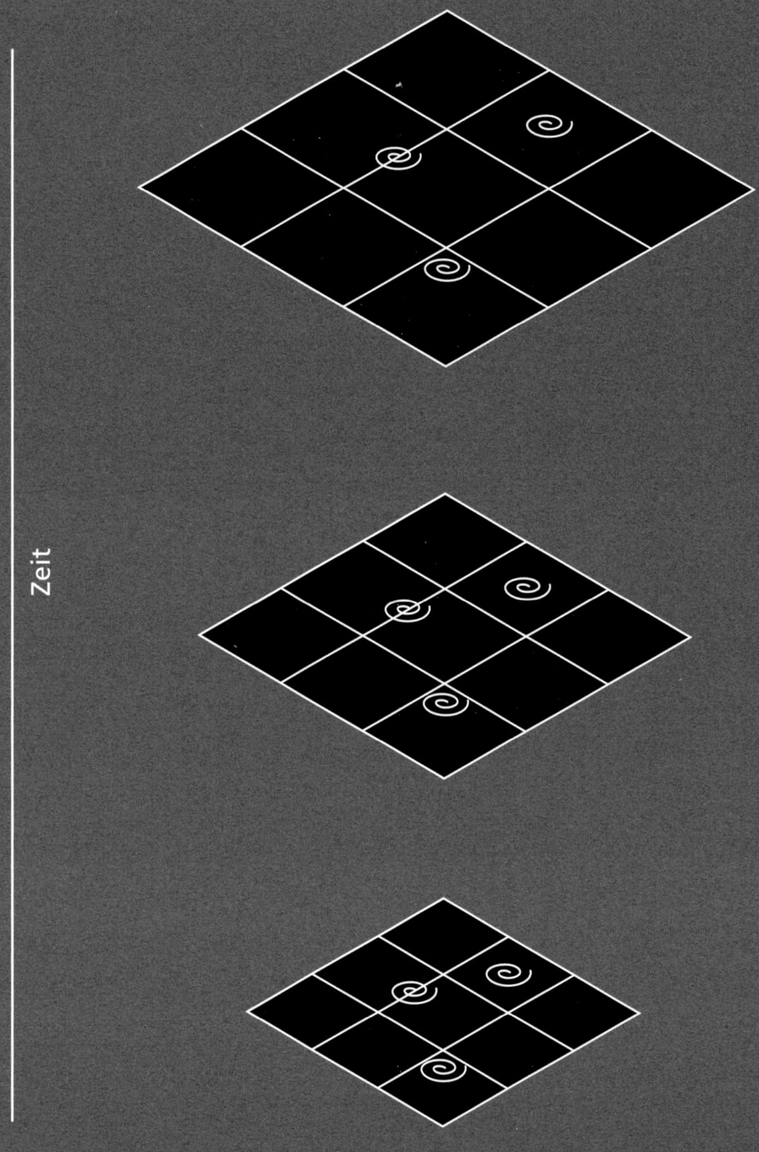

Abbildung 5.9
Das flache Universum der vorherigen Abbildung, gedehnt zu drei verschiedenen Zeitpunkten.

der Planetenbahnen und der Grund dafür, dass Gegenstände zu Boden fallen, wenn man sie loslässt. Die Vorstellung, dass sich der Raum als Reaktion auf die enthaltene Materie und Energie dehnen und verzerren kann, sollte nicht zu absonderlich klingen.

Nun ist es an der Zeit für die Frage, was die komplette Maschinerie der Allgemeinen Relativitätstheorie besagt. Wir möchten genau wissen, wie sich das Universum im Lauf der Zeit ausdehnt oder zusammenzieht. Wissen wir das erstmal, dann wissen wir alles über die Entwicklung des Raums in einem perfekt gleichförmigen Universum. (Fragen zu Abweichungen von der Annahme, dass das Universum überall gleich ist, behandeln wir in Kapitel 8.)

Stellen Sie sich zwei Punkte im Universum vor, die zu einem bestimmten Zeitpunkt einen gewissen Abstand voneinander haben. Einsteins Gleichungen besagen, wie sich dieser Abstand im Lauf der Zeit verändert. Mit anderen Worten: Sie besagen, wie sich das Universum ausdehnt oder schrumpft. Es mag wenig überraschen, dass die genaue Antwort davon abhängt, in welcher der drei Geometrien wir leben und womit das Universum ausgefüllt ist. Aber eine Schlussfolgerung ist ziemlich schwer zu verhindern: In Einsteins Allgemeiner Relativitätstheorie neigen Abstände dazu sich zu verändern. Das ist äußerst wichtig, weil daraus sofort folgt, dass unser Universum voller Sterne und Galaxien sehr wohl expandieren oder kontrahieren kann.

Wenn man es nicht besser weiß, überrascht die Vorstellung eines expandierenden Universums und man könnte fragen, ob die Gleichungen auch die Möglichkeit eines statischen Universums zulassen. Einstein stellte diese Frage. 1917 zeigte er, dass ein Universum ohne Expansion oder Kontraktion (gerade so) vorstellbar ist, aber dafür musste er die kosmologische Konstante Λ einführen, die wir kurz erwähnten, als wir uns erstmals mit den Feldgleichungen befasst hatten. Einstein fügte die kosmologische Konstante einfach deshalb ein, weil es für ihn keinen offensichtlichen Grund gab, weshalb sie ausgeschlossen werden sollte. Selbst heute ist nicht wirklich verstanden, was die kosmologische Konstante auf einer grundlegenderen Ebene darstellt. Eine Möglichkeit ist, sie sich als seltsame Materieform vorzustellen. Gewöhnliche Materie, aus der Sterne, Planeten, Galaxien und Menschen bestehen, setzt sich aus Teilchen zusammen. Fangen wir einige dieser Teilchen in einer Kiste, sausen sie herum, stoßen an die Wände, üben so einen Druck aus und versuchen deshalb die Kiste auszudehnen. Einsteins seltsame Materie kann man sich so vorstellen, dass sie genau das Gegenteil macht: Sie würde die Wände der Kiste nach ihnen saugen, statt gegen sie zu drücken. Das mag gekünstelt klingen und Einstein verwarf die kosmologische Konstante später tatsächlich als seine „größte Eselei". Die Historiker streiten darüber, was Einstein damit meinte. Eine Möglichkeit ist, dass er diese Worte wählte, weil er so viel Zeit mit der Allgemeinen Relativität verbracht hatte, um ein statisches Universum zu beschreiben, obwohl er aufgrund seiner Gleichungen die naheliegende Vorstellung eines expandierenden Universums hätte in Betracht ziehen sollen. Durch diese für ihn untypische Blindheit verpasste er es, den Urknall vorherzusagen.

Aber zwei von Einsteins Zeitgenossen, der Russe Alexander Friedmann und der Belgier Georges Lemaître, deuteten die Zeichen richtig. Unabhängig voneinander leiteten sie korrekt aus Einsteins Allgemeiner Relativitätstheorie ab, dass ein Universum wie das unsrige expandieren oder kontrahieren muss.

Alexander Friedmann war der Erste, der die Vorstellung eines expandierenden[25] Universums in Betracht zog. Er verwendete Einsteins Gleichungen um eine Beziehung zu formulieren, die als Skalenfaktor des Universums bezeichnet wird. Dies ist eine Zahl, die besagt, wieviel Raum gedehnt wird oder schrumpft relativ zu seiner aktuellen Größe – in einem expandierenden Universum ist der Skalenfaktor in der Vergangenheit kleiner als eins und in der Zukunft größer als eins. Der Zusammenhang wird heutzutage von Kosmologen genutzt und – wenig überraschend – als Friedmann-Gleichung bezeichnet. Wir befassen uns in Exkurs 10 (S. 137–138) ausführlich mit dieser Gleichung. Friedmann führte die Rechnungen 1922 für eine sphärische Geometrie der Raumzeit und 1924 für eine hyperbolische Geometrie durch. Die Möglichkeit einer flachen Geometrie diskutierte er nicht und äußerte sich auch nicht zu astronomischen Konsequenzen. Stattdessen interessierte ihn der Nachweis, dass Einsteins statische Lösung (was einem Skalenfaktor ent-

[25] Obwohl „expandierendes Universum" die gängige Formulierung ist, wäre „sich ausdehnendes Universum" wohl die bessere.

spricht, der zeitlich unveränderlich wäre) nicht zwangsläufig richtig ist. Lemaître entdeckte 1927 erneut die Friedmann-Gleichung, betrachtete jedoch, da er sich auf eine sphärische Geometrie konzentrierte, ebenfalls keine Lösung für den flachen Raum. Lemaîtres Lösung im Jahr 1927 beschrieb ein unendlich altes sphärisches Universum mit einem stetig wachsenden Skalenfaktor.

Trotz dieser maßgeblichen Beiträge waren weder Friedmann noch Lemaître unter Wissenschaftlern bekannt. So wurden ihre Arbeiten nach den Veröffentlichungen zunächst weitgehend ignoriert, teils wegen der verbreiteten Voreingenommenheit zugunsten eines statischen Universums, die der ehrwürdige Einstein vertrat, aber auch aus profaneren Gründen: Lemaîtres Veröffentlichung war auf Französisch in den relativ unbedeutenden *Annales de la Société Scientifique de Bruxelles* erfolgt und wurde daher selten gelesen. Friedmann war derweil 1925 an Typhus gestorben, bald nachdem er seine Arbeit veröffentlicht hatte. Doch 1930 begann der bekannte britische Physiker Arthur Eddington Lemaîtres Veröffentlichung bekannt zu machen, nachdem er festgestellt hatte, dass Einsteins statisches Universum implausibel ist: Selbst die winzigste Störung der idealisierten Bedingungen, die Einstein postuliert hatte, hätten das Universum zum Expandieren oder Kontrahieren gebracht. Die Aufregung legte sich schließlich 1933, als Howard Percy Robertson, ein Physiker in Princeton, eine wunderbare Veröffentlichung schrieb, in der er sorgfältig alle möglichen mathematischen Lösungen der Friedmann-Gleichung aufführte. Er kam auf 18. Sie umfassten die verschiedenen logischen Möglichkeiten für einen flachen, sphärischen oder hyperbolischen Raum mit verschieden großen kosmologischen Konstanten. Robertsons Schlussfolgerung lautete, dass, nur unter Verwendung von Einsteins Gleichungen und der reinen Logik, ein Universum mit Materie ausschließlich wie folgt sein kann:

(I) von endlichem Alter und künftig ewiger Expansion;

(II) von endlichem Alter und einer Expansion für eine bestimmte Zeitspanne, gefolgt von einer anschließenden Kontraktion;

(III) von unendlichem Alter, ewig expandierend (die Expansionsgeschwindigkeit müsste sich in einer fernen Zukunft immer mehr der Null annähern);

(IV) von unendlichem Alter, ohne Expansion oder Kontraktion;
(V) von unendlichem Alter, zunächst kontrahierend, dann expandierend.

Bei den Lösungen mit einem Universum, das ein endliches Alter hat, muss es in der Vergangenheit eine Zeit gegeben haben, in der das Universum unendlich dicht war – also der durchschnittliche Abstand zwischen zwei beliebigen Teilchen null war. Die Gleichungen beginnen zu versagen, wenn der Abstand zwischen den Teilchen sehr klein wird. Aber die Vorstellung, dass es eine Zeit gab, in der das Universum äußerst dichtgepackt mit Teilchen war, ist eine stabile Vorhersage. Diese besondere Zeit in der Entwicklung des Universums bezeichnen wir inzwischen als Urknall. Szenario (iii) ist die Lösung, die Lemaître 1927 fand, und Szenario (iv) ist Einsteins statische Lösung. Szenario (ii) ist interessant, weil es irgendwann in der Zukunft zu einem „Big Crunch" („Großes Zusammenkrachen", eine Art umgekehrter Urknall) kommt, und Szenario (i) ist interessant, weil es das Universum ist, in dem wir tatsächlich leben. Das werden wir nun herausfinden.

Exkurs 10: Die Friedmann-Gleichung

Die Friedmann-Gleichung ist zweifellos die wichtigste Gleichung der Kosmologie. So sieht sie aus:

$$H^2 = \frac{8\pi G}{c^4}\rho - K\frac{c^2}{a^2 R^2}$$

Die Gleichung besagt, wie schnell der Raum expandiert, wenn der Skalenfaktor des Universums gleich a ist. Wir haben die Gleichung so formuliert, dass der Skalenfaktor a = 1 dem heutigen Zeitpunkt entspricht. Wenn das Universum expandiert, war a in der Vergangenheit kleiner als eins und wird in der Zukunft größer als eins werden. Die Friedmann-Gleichung besagt genau, wie sich a im Lauf der Zeit verändert. Lassen Sie uns nun jeden Term nacheinander aufgreifen. Links vom Gleichheitszeichen steht H, der Hubble-Parameter: Er besagt, wie schnell der Raum zu einem bestimmten Zeitpunkt expandiert und ist gleich der relativen Änderungsrate des Skalenfaktors a. In Kapitel 6 werden wir den aktuellen Wert von H selbst messen – und feststellen, dass er ungefähr gleich 70 km/s/Mpc ist, was bedeutet, dass der Raum (heute) so expandiert, dass sich zwei Objekte in einem Megaparsec Abstand zueinander mit 70 Kilometern pro Sekunden voneinander entfernen. Da angenommen wird, dass der Raum (im Mittel) überall gleich ist, heißt das, dass sich Objekte, die zwei Megaparsec auseinander sind, derzeit mit einer Geschwindigkeit von 140 Kilometern pro Sekunde voneinander entfernen. Und so weiter. Wenn wir wissen, wie sich H in der Vergangenheit geändert hat, und wenn wir wissen, wie es sich in der Zukunft ändern wird, dann wissen wir auch, wie sich der Skalenfaktor a in der Vergangenheit geändert hat und wie er sich in der Zukunft ändern wird. Mit anderen Worten: Wir werden alles wissen, was es über die Entwicklung der Expansion des Universums zu wissen gibt – einer der Heiligen Grale der Kosmologie.[1]

Nun kommen wir zur Seite rechts vom Gleichheitszeichen. Der erste Ausdruck hängt von Newtons Gravitationskonstante G ab und von der durchschnittlichen Massendichte des Universums, die als ρ bezeichnet ist. Es ist die Menge an Masse und Energie in jedem Kubikmeter Raum, gemittelt über das Universum. Beim zweiten Ausdruck kommt die Geometrie des Raums ins Spiel. Das Symbol K behält nur das Vorzeichen im Auge: Es ist gleich +1 (entsprechend einer sphärischen Geometrie) oder –1 (hyperbolische Geometrie) oder – falls der Term fehlt – gleich 0 (entsprechend einer flachen Geometrie). Die Lichtgeschwindigkeit ist c und R ist die Krümmung des Universums, die präzisiert werden muss, wenn das Universum sphärisch oder hyperbolisch ist, weil wir wissen müssen, wie groß die Kugel oder der Sattel ist (ein zweidimensionaler hyperbolischer Raum sieht wie ein Sattel aus).

[1] Wenn Ihnen die Grundlagen der Infinitesimalrechnung vertraut sind, ist es einfacher zusagen, dass $H = \dot{a}/a$ ist, mit $\dot{a} = da/dt$. Dann bekommen wir a als eine Funktion der Zeit t durch Wurzelziehen auf jeder Seite der Gleichung und Integration.

Die Gleichung besagt also, dass der Raum mit einer Geschwindigkeit expandiert, die durch die Menge an Material festgelegt ist, die er enthält, und durch seine Form. Das ist das Wesentliche aus Einsteins Gleichungen.

Wenn Sie Lust haben mit der Friedmann-Gleichung herumzuspielen, dann möchten Sie wissen, wie die mittlere Massendichte vom Skalenfaktor abhängt, denn sie hängt eindeutig von ihm ab. Wenn Sie keine Lust haben, dann können Sie den Rest des Absatzes problemlos überspringen. Im Fall von Materieteilchen, etwa Protonen oder Dunkle Materie, wird die Zahl der Teilchen pro Einheitsvolumen sinken, wenn sich der Raum dehnt. Das bedeutet, dass die Dichte gleich der heutigen Dichte geteilt durch a^3 ist (stellen Sie sich vor, die Dichte zu bestimmen, indem Sie messen, wieviel Materie in einem Würfel ist – und dann schrumpft oder wächst der Würfel um einen Faktor a; sein Volumen wird dann entsprechend um einen Faktor a^3 schrumpfen oder wachsen). Im Fall von Licht[2] ist es etwas anders: Es trägt zu ρ durch seine Energie bei, und die entsprechende Massendichte ergibt sich durch Teilen der Energie pro Einheitsvolumen durch c^2. So unterscheidet sich Einsteins Gravitationstheorie von Newtons: Einstein erkannte, dass Masse und Energie zur Gravitation beitragen. Sie nehmen womöglich an, dass der heutige Beitrag des Lichts zu ρ ebenfalls durch a^3 geteilt werden müsste, um seinen Beitrag zu einem anderen Zeitpunkt zu bestimmen. Aber in Wirklichkeit muss er durch a^4 geteilt werden, denn Licht wird rotverschoben, wenn der Raum expandiert (oder blauverschoben, wenn er kontrahiert); das bedeutet, seine Energiedichte steigt oder fällt umgekehrt proportional zum Skalenfaktor. Der letzte verbleibende Beitrag zu ρ kommt von der Energie, die im leeren Raum gespeichert sein kann, zum Beispiel in Verbindung mit einer kosmologischen Konstante. Dieser Beitrag zur Massendichte verändert sich nicht, wenn das Universum expandiert oder kontrahiert, es ist also ein konstanter Beitrag zu ρ. Nun können Sie weitermachen und die Friedmann-Gleichung mit einem Computer lösen (das Integral, das Sie bearbeiten müssen, ist zu schwer, um es von Hand zu lösen). Wenn Sie die heutigen Massendichten kennen, die mit Licht, Materie und kosmologischer Konstante in Verbindung stehen, dann reichen die obigen Informationen aus, um den Wert des Skalenfaktors a zu jeder Zeit zu berechnen. Wir werden die heutigen Massendichten in Kapitel 7 ermitteln.

[2] Oder tatsächlich beliebiger anderer Materie, die sich mit nahezu Lichtgeschwindigkeit bewegt.

DER URKNALL

Zum Teil ist Einsteins Allgemeine Relativität so erstaunlich, weil sie mehr oder weniger ein Beispiel für reines Nachdenken ist, ausgelöst durch das Grübeln über die Allgemeingültigkeit des freien Falls. Es ist wunderbar, dass wir die Entwicklung von Einsteins glücklichstem Gedanken bis hin zu Robertsons Klassifikation möglicher Entwicklungen des Universums nachzeichnen können – dass wir diesen einfachen, äußerst eleganten Gedanken in unbekanntes und unerwartet reichhaltiges Terrain verfolgen können.

Dieses Buch ist – natürlich – eines über das Universum, in dem wir leben und nicht über ein rein imaginäres Universum, wie schön es auch sein mag. Inzwischen ist die Allgemeine Relativität mit außerordentlicher Genauigkeit überprüft worden. Der im vergangenen Kapitel behandelte Nachweis der Gravitationswellen durch LIGO ist das jüngste, bemerkenswerteste Beispiel. Nun lautet unser Ziel den Umfang nachzuweisen, in dem das Universum als Ganzes in Einsteins Rahmen passt. Wir müssen also Hinweise sammeln, die die Vorstellung stützen, dass wir in einem expandierenden Universum leben, das mit einem Urknall begonnen hat.

Unsere erste Aufgabe ist es daher zu ermitteln, ob das Universum heute noch expandiert und falls ja, die Geschwindigkeit dieser Expansion zu messen. Wir haben bereits einen Hinweis bekommen, dass unser Universum expandiert: die Art und Weise, wie das Licht ferner Galaxien rotverschoben ist. Laut der Allgemeinen Relativität tritt das auf, weil die Expansion des Universums die Berge und Täler der Lichtwellen auseinanderzieht. Das bedeutet, dass die Wellenlänge des Lichts, das aus einer fernen Galaxie in der Milchstraße ankommt, um denselben Betrag länger (d. h. rotverschoben) ist, um den sich der Abstand zwischen zwei Galaxien während der Reisedauer des Lichts vergrößert hat. Der Raum dehnt sich und das Licht dehnt sich mit ihm. Wenn die Rotverschiebung durch die Expansion des Universums verursacht wird, können wir voraussagen, dass das Licht von den fernsten Galaxien die größte Rotverschiebung haben sollte. Denn dieses Licht war länger unterwegs, sodass sich auch der Raum mehr ausgedehnt hat. Schauen wir, ob sich diese Eigenschaften bestätigen lassen, indem wir den Blick auf einige echte Daten werfen.

Wir werden die NASA Extragalactic Database nutzen, die im Web frei verfügbar ist, um zu überprüfen, wie die Rotverschiebungen in einer Galaxienstichprobe von den Abständen abhängen. Bislang haben wir in diesem Buch versucht, selbst zu messen, weshalb ein Blick in die Datenbank wie eine Schummelei klingen mag, aber es ist nur ein bisschen geschummelt. Einem Amateurastronomen mit einem ausreichend großen Fernrohr, das einige tausend Euro kostet, einem Spektrografen, einer Digitalkamera und einem Laptop ist es durchaus möglich, die Rotverschiebungen von Galaxien zu messen, wenn sie nicht weiter als 100 Megaparsec entfernt sind; Extrem argwöhnische oder vorbildlich engagierte Leser, die der Datenbank nicht trauen, ermutigen wir daher zu diesem Vorgehen. Falls Sie also aus irgendeinem Grund den Rotverschiebungsdaten nicht glauben, sollten Sie tatsächlich diesen Weg verfolgen, denn so erfahren Sie, dass Ihre Meinung falsch ist und die Datenbank stimmt. Die Erkenntnis, dass man falsch lag, ist eine der wichtigsten Fähigkeiten des Menschen, geschweige denn eines Wissenschaftlers, die man entwickeln sollte.

Um zu überprüfen, wie die Rotverschiebung vom Abstand einer Galaxie abhängt, brauchen wir genaue Entfernungsmessungen an fernen Galaxien. Sie sind für einen Amateur schwieriger durchzuführen. Wie wir gesehen haben, lässt sich die Cepheiden-Methode auf Galaxien anwenden, die nahe genug sind, um sie noch in einzelne Sterne aufzulösen. Bei weiter entfernten Galaxien lassen sich Supernovae verwenden, was allerdings nur bei den Galaxien klappt, in denen wir zufällig eine Supernova sehen. Für eine umfassende Übersicht über die Entfernungen der Galaxien benötigen wir also wirklich eine andere Methode, um die Abstände zu diesen Galaxien zu messen.

Abbildung 6.1
Die Andromeda-Galaxie, unser galaktischer Nachbar.

Es gibt mehrere weit verbreitete Methoden, die Entfernungen solcher Galaxien zu ermitteln. Eine der genausten wurde 1977 von den nordamerikanischen Astronomen R. Brent Tully und Rick Fisher entwickelt. Die Tully-Fisher-Beziehung lässt sich auf die Entfernungsbestimmung von Spiralgalaxien anwenden, die so heißen, weil sie wie schöne Spiralen aussehen. Das Milchstraßensystem und die Andromeda-Galaxie sind beide Spiralgalaxien – in Abbildung 6.1 ist eine Aufnahme der Andromeda-Galaxie zu sehen; sie ist eine scheibenförmige Ansammlung aus Sternen, die um eine Achse durch ihr Zentrum rotiert. Die Methode von Tully und Fisher nutzt die gemessene Helligkeit einer Spiralgalaxie und die „Breite" ihrer Spektrallinien[26] aus, um zu bestimmen, wie weit weg die Galaxie ist. Das Verfahren wird in Exkurs 11 erklärt, doch im Geiste dieses Buchs hätten wir auch gerne eine einfache Methode à la Ogmore-by-Sea, um zu überprüfen, ob die ausgeklügelteren Entfernungsmessungen einen Sinn ergeben.

Hier ist unsere einfache Methode. Da alle Spiralgalaxien einander ziemlich ähneln, werden wir dreist behaupten, dass sie alle ungefähr dieselbe Größe haben. Unter dieser Annahme können wir die Entfernungen zu allen abschätzen, wenn wir den Abstand zu einer kennen. Wenn eine Galaxie aus der irdischen Perspektive zum Beispiel halb so groß wie die Andromeda-Galaxie erscheint, dann nehmen wir an, dass sie doppelt so weit entfernt ist, und so weiter. Die Aussage, dass alle Spiralgalaxien genau dieselbe Größe haben, kann eine gute Näherung sein oder keine gute. Aber wir könnten begründeter Weise erwarten, dass der Unterschied in den Größen nicht so gravierend ist, dass er alles überlagert. Auf jeden Fall können wir überprüfen, ob unsere Methode im Licht der exakten Daten bestehen kann, wir haben ja die genauen Entfernungsmessungen aus der NASA-Datenbank. Der Winkeldurchmesser der Andromeda-Galaxie am Himmel beträgt 6200 Bogense-

[26] Vergegenwärtige Sie sich, dass die Spektrallinien, die eine Galaxie emittiert, dem emittierten Linienmuster entsprechen. Jede Linie steht für einen speziellen atomaren Übergang, der zur Emission oder Absorption von Licht einer ganz bestimmten Wellenlänge führt. Jede Spektrallinie ist bei dieser speziellen Wellenlänge sehr schmal, aber trotzdem hat sie noch eine „Breite". Das bedeutet, dass es eine geringe Streuung in der Wellenlänge um die Mittelwellenlänge gibt. Sie können diese geringe Streuung in der Wellenlänge auf den Abbildungen am Ende des Kapitels 4 erkennen (die Zacken sind nicht superscharf). In dieser Breite stecken wichtige Informationen, wie Tully und Fisher erkannt haben.

GALAXIE	ROTVER-SCHIEBUNG	WINKELDURCH-MESSER (BOGEN-SEKUNDEN)	ABGESCHÄTZTE ENTFERNUNG (MPC)	GEMESSENE ENTFERNUNG (MPC)
NGC 5505	0,00164	694	7,1	8,3 ± 1,8
NGC 7171	0,009069	164	30	41 ± 4
UGC 00465	0,0159	88	56	66 ± 3
NGC 1073	0,00403	230	22	14 ± 2
NGC 1313	0,00157	440	11	4
NGC 3887	0,00403	217	23	19 ± 2
NGC 3684	0,00388	126	39	24 ± 2
NGC 0011	0,0146	127	39	55 ± 4
NGC 7280	0,00615	138	36	23 ± 2
NGC 0150	0,00528	113	43	20 ± 3
UGC 6533	0,0179	84	59	84 ± 4
NGC 0251	0,0152	108	45	64 ± 3
NGC 0337	0,00549	197	25	22 ± 2
NGC 4535	0,00655	410	12	17 ± 3
NGC 4712	0,0146	146	34	74 ± 9
NGC 3668	0,0117	102	46	62 ± 5

Tabelle 6.1: Eine Liste aus 16 Spiralgalaxien mit ihren Rotverschiebungen, Winkelausdehnungen am Himmel und den Abständen von der Erde. Die Spalte „gemessene Entfernung" ist die beste Einschätzung von Berufsastronomen (hauptsächlich unter Verwendung der Tully-Fisher-Beziehung). Die Spalte „abgeschätzte Entfernung" ist unsere einfache Abschätzung, bei der wir für alle Spiralgalaxien dieselbe Größe angenommen haben. Die genannten gemessenen Entfernungen sind mit Unsicherheiten versehen, an denen wir ablesen können, wie genau die Messungen waren.

kunden[27] und ihre Entfernung von der Erde – ermittelt aus Messungen an Cepheiden-Veränderlichen – ist 780.000 Parsec bzw. 2,5 Millionen Lichtjahre. Unser alter Bekannter NGC 4535 hat einen Winkeldurchmesser von 410 Bogensekunden. Wenn wir annehmen, dass er dieselbe lineare Größe wie die Andromeda-Galaxie hat, muss er 15-mal weiter weg sein als sie, was einer Entfernung von 12 Mpc entspricht. Insgesamt

[27] Es ist gar nicht so offensichtlich, wie die Größe einer Galaxie bemessen werden sollte, da man genau abwägen muss, wo der „Rand" der Galaxie ist. Auch die Entscheidung für eine bestimmte Wellenlänge des Lichts, in der die Messungen durchgeführt werden, ist von großer Bedeutung. Wir nutzen die sogenannte „2 MASS"-Messmethoden, die im nahen Infrarotbereich des Spektrums gemacht werden. Genau genommen ist es für unsere Zwecke aber nicht wichtig, welche Methode wir nutzen, sofern wir sie konsistent einsetzen und für jede Galaxie dieselbe Methode wählen.

Exkurs 11: Die Tully-Fisher-Beziehung

Mit der Tully-Fisher-Beziehung kann ermittelt werden, wie weit weg eine ferne Spiralgalaxie ist. Sie nutzt einen Zusammenhang zwischen der Rotationsgeschwindigkeit einer Spiralgalaxie und ihrer Helligkeit aus. Gemäß Newtons Gravitationsgesetz wird die Geschwindigkeit, mit der ein ferner Stern das Zentrum einer Galaxie umrundet, durch die Galaxienmasse bestimmt, siehe Exkurs 5 (S. 64). Das ergibt Sinn, weil massereichere Galaxien eine größere Gravitationsanziehung ausüben, sodass Sterne sie schneller umrunden können, ohne diesen Galaxien abhanden zu kommen. Aber die Wellenlänge des Lichts, das ein Stern emittiert und das auf der Erde beobachtet wird, hängt auch zum Teil davon ab, wie schnell sich ein Stern in Bezug zur Erde bewegt. Im Detail: Das Licht wird leicht blauverschoben, wenn sich der Stern auf die Erde zubewegt, und leicht rotverschoben, wenn er sich von der Erde wegbewegt. Die Änderung der Farbe (Wellenlänge) entsteht hier also nicht durch die Ausdehnung des Raums. Vielmehr entsteht sie aus ziemlich demselben Grund, aus dem das hochtönende Martinshorn eines schnell fahrenden Rettungswagens tiefer klingt, nachdem er an einem vorbeigefahren ist. Man bezeichnet das als Doppler-Effekt. Er entsteht, weil die Schallwellen, die vom Martinshorn ausgehen, zusammengedrückt werden (kürzere, blauverschobene Wellenlänge), wenn sich der Rettungswagen nähert, und gedehnt werden (längere, rotverschobene Wellenlängen), wenn er sich entfernt. Da Licht ebenfalls eine Wellenbewegung ist, tritt der Doppler-Effekt genauso auf. Im Fall einer Spiralgalaxie führt diese geringe Wellenlängenverschiebung für uns auf der Erde zu Spektrallinien, die nicht völlig scharf sind, sondern etwas verbreitert – ein Teil des Lichts der Spektrallinie ist blau-, der andere rotverschoben. Wie stark die Verbreiterung ausfällt, wird durch die Geschwindigkeit der Sterne bestimmt, was – wie soeben gesagt – mit der Galaxienmasse zusammenhängt. Hinzu kommt, dass die Lichtmenge, die eine Galaxie emittiert, von ihrer Masse abhängt, was ziemlich offensichtlich ist, weil massereichere Galaxien mehr Sterne enthalten. Da die Doppler-Verbreiterung der Spektrallinien und die Lichtmenge, die die Galaxie emittiert, beide von der Galaxienmasse abhängen, muss es einen Zusammenhang zwischen der Größe der Doppler-Verbreiterung und der Lichtmenge geben, die eine Galaxie emittiert, d.h. schneller rotierende Galaxien werden breitere Spektrallinien haben und massereicher sein. Dieser Zusammenhang lässt sich ausnutzen, um die Entfernung einer Galaxie zu ermitteln, indem ihre Helligkeit auf der Erde gemessen wird (fernere Galaxien werden lichtschwächer sein). Voraussetzung ist, dass wir diese Methode der Entfernungsbestimmung zunächst an ein paar Galaxien mit einer unabhängigen Messung kalibrieren, etwa mit der Cepheiden-Methode.

haben wir 16 Spiralgalaxien zufällig aus der NASA-Datenbank ausgewählt. Ihre Entfernungen und Rotverschiebungen haben wir in Tabelle 6.1 aufgeführt. Fotografien dieser Galaxien sind in Abbildung 6.2 zu sehen. Diese 16 Galaxien sind nichts Besonderes, außer dass alle Spiralen mit Rotverschiebungen zwischen 0,001 und 0,02 sind.

Wir hatten als obere Grenze 0,02 gewählt, weil wir die Galaxien ohne Hilfsmittel als Spiralen erkennen können wollten. So wird eine Methode à la Ogmore-by-Sea möglich, mit der sich die Abstände zum Milchstraßensystem abschätzen lassen. Wie wir gesehen haben, bedeutet eine größere Rotverschiebung eine größere Entfernung und damit eine kleinere Galaxie am Himmel. Beim Blick auf Abbildung 6.2 sehen Sie, dass unsere am stärksten rotverschobene Galaxie, UGC 6533, gerade noch als Spirale erkennbar ist. Bei Galaxien in größeren Entfernungen könnten wir Mühe haben, sie als Spiralen zu erkennen. Als Folge könnten wir uns systematisch verschätzen, weil wir Spiralen auswählen würden, die größer als der Durchschnitt sind und daher leichter zu sehen.

Es gibt auch Spiralgalaxien mit Rotverschiebungen, die kleiner als 0,001 sind. In der Tat hat unser Nachbar, die Andromeda-Galaxie, eine negative Rotverschiebung von −0,001. Dies bedeutet, dass das Licht in den blauen Bereich des Spektrums verschoben ist – die Andromeda-Galaxie rast also auf uns zu und wird uns in rund vier Milliarden Jahren treffen. Die Blauverschiebung der Andromeda-Galaxie entsteht durch den Doppler-Effekt, den wir in Exkurs 11 (S. 144) erklärt hatten. Wir können die Blauverschiebung der Andromeda-Galaxie verstehen, wenn wir akzeptieren, dass Galaxien nicht nur durch die Expansion des Universums mitgerissen werden. Sie bewegen sich auch wegen lokaler gravitativer Wechselwirkungen, so wie die Erde die Sonne umrundet und die Sonne das Milchstraßenzentrum. Diese Eigenbewegung der Galaxien müssen wir genauso berücksichtigen wie ihre Bewegung aufgrund der Expansion des Raums: Tut man das, führt es zu einer zusätzlichen Doppler-Verschiebung ins Rote oder Blaue, die der Rotverschiebung durch die Expansion des Universums überlagert ist. Im Fall der Andromeda-Galaxie dominiert unterm Strich die Blauverschiebung, weil uns die Galaxie so nahe steht, dass sich das expandierende Universum auf ihr Licht sehr wenig auswirkt. Doch bei ausreichend weit entfernten Galaxien sind die kosmologischen Rotverschiebungen groß genug, um jegliche Doppler-Verschiebung aufgrund der Eigenbewegung zu überlagern. Aus diesem Grund haben wir nur Galaxien ausgewählt, die weiter als vier Megaparsec entfernt sind, was einer Rotverschiebung oberhalb von 0,001 entspricht.

Die groben Entfernungen der anderen Galaxien in Tabelle 6.1 haben wir auf dieselbe Weise ermittelt, wie wir das bei NGC 4535 ausgearbeitet hatten. Sie tauchen in der Spalte „abgeschätzte Entfernung" auf. Diese müssen mit den Zahlen verglichen werden, die in der Spalte „gemessene Entfernung" stehen und von Berufsastronomen ermittelt wurden.

Die uns am nächsten stehende Galaxie in der Liste ist NGC 1313 in einer Entfernung von etwa vier Megaparsec und einer Rotverschiebung von 0,00157. Die fernste Galaxie ist UGC 6533, deren Rotverschiebung mit 0,0179 um einen Faktor zehn größer ist. Der Blick auf die Tabelle zeigt, dass die fernsten Galaxien die größten Rotverschiebungen haben und bei den anderen Galaxien scheint es so zu sein, dass größere Rotverschiebungen mit größeren Abständen einhergehen. Das stimmt mit dem überein, was wir für ein expandierendes Universum erwarten. Um unsere Beobachtung zu verdeutlichen, sollten wir die Daten in einem Schaubild darstellen – und das haben wir in Abbildung 6.3 getan.

Das Muster in den Daten fällt sofort ins Auge: Alle Punkte verteilen sich entlang einer Geraden. In Abbildung 6.4 zeigen wir Edwin Hubbles Version dieses typischen Diagramms, das er 1929 angefertigt hat. Hubbles senkrechte Achse unterscheidet sich leicht von unserer, weil er seine Ergebnisse in Form von Radialgeschwindigkeiten der Galaxien dargestellt hat, statt als Rotverschiebungen. Wie wir gleich sehen werden, ist die Radialgeschwindigkeit gleich der Rotverschiebung multipliziert mit der Lichtgeschwindigkeit. Also reichen Hubbles Daten bis zu Rotverschiebungen von 0,003 (1000 km/s geteilt durch 3×10^5 km/s).

In den Diagrammen von Hubble und uns sind durch die Datenpunkte Geraden gezeichnet. Es sind „best fit"-Geraden, das heißt sie sind die optimalen Geraden, die sich durch die Daten ziehen lassen. Die Daten der 16 Galaxien liegen in der Nähe der Geraden. Aber weil die Entfernungen der Galaxien mit Unsicherheiten behaftet sind, lautet die Beschreibung des Dargestellten, dass die Daten mit der Geraden in Einklang stehen. Damit meinen wir, dass die Gerade uns eine bessere Messung der Entfernungen als die Tully-Fisher-Messungen liefert, wenn wir

Abbildung 6.2
Die 16 Spiralgalaxien, die für die Messung der Expansionsgeschwindigkeit des Raums verwendet wurden.

NGC 0011
NGC 1073
NGC 0337
NGC 5055

NGC 1313
NGC 3668
NGC 4535
NGC 7280

NGC 0251
NGC 0150
NGC 4712
NGC 7171

NGC 3887
NGC 3684
UGC 0465
UGC 6533

den Rotverschiebungswerten der Galaxien trauen. Zum Beispiel besagt die Tabelle 6.1, dass NGC 0011 eine Rotverschiebung von 0,0146 und eine gemessene Entfernung von 55 Mpc hat. Aber aus dem linken Diagramm in Abbildung 6.3 ist anhand der Geraden ersichtlich, dass die Entfernung womöglich etwas zu gering ist und der aktuelle Wert eher bei 65 Mpc liegt. Um das zu tun, müssen Sie wissen, dass der Datenpunkt von NGC 0011 der sechste Punkt von rechts ist.[28]

Die Gerade im linken Diagramm entspricht der Gleichung $z = 2{,}23 \times 10^{-4}\ \text{Mpc}^{-1} \times d$, wobei d die Entfernung ist und z die Rotverschiebung. Damit können wir die Entfernung zu jedem astronomischen Objekt bestimmen, indem wir einfach die Rotverschiebung messen – und indem wir die Rotverschiebung anschließend durch $2{,}23 \times 10^{-4}$ teilen, um die Entfernung in Megaparsec zu ermitteln (das ergibt 65,5 bei NGC 0011). Diese Methode stellt für Astronomen ein weiteres Verfahren dar, um die Abstände von weit entfernten Objekten zu ermitteln. Streng genommen sollten wir die Methode nur auf Objekte anwenden, deren Rotverschiebungen zwischen 0,001 und 0,02 liegen, denn wir hatten keine Daten außerhalb dieses Bereichs eingezeichnet.[29]

Die Größe $2{,}23 \times 10^{-4}\ \text{Mpc}^{-1}$ wird Steigung bzw. Neigung der Geraden genannt. Sie ist – jenseits der Kalibrierung der Beziehung zwischen Rotverschiebung und Entfernung – eine sehr wichtige Zahl, weil sie uns sagt, wie schnell der Raum expandiert. Lassen Sie uns nun nachvollziehen, warum dem so ist.

Von einer Galaxie, deren Entfernung d beträgt, benötigt das Licht die Zeit d/c, um zur Erde zu gelangen, wobei c die Lichtgeschwindigkeit ist. Während dieser Zeitspanne hat sich das Universum um denselben

[28] Machen Sie sich keine Gedanken, dass die Unsicherheit in der Entfernung von NGC 0011 mit nur vier Mpc angegeben ist; ein Fehler von zehn Mpc ist nur 2,5-mal so groß wie diese Unsicherheit, was nicht so unwahrscheinlich ist, dass wir uns Sorgen machen sollten (zumal es auch eine gewisse Unsicherheit bei der Ausgleichgeraden gibt). Es gibt ein etabliertes Verfahren, wie die Unsicherheiten von Messungen zu interpretieren sind. Damit werden wir uns hier allerdings nicht befassen.

[29] Wenn wir zu größeren Rotverschiebungen gehen (etwa ab 1,0), versagt die Gleichung irgendwann tatsächlich, weil die Punkte nicht mehr entlang einer Geraden liegen. Selbst dann können Astronomen die Rotverschiebungen noch verwenden, um Entfernungen ermitteln. Wir kämen hier zu weit vom Thema ab, wenn wir diskutieren würden, wie sie das genau machen. So viel sei gesagt: Wenn wir die mittlere Materiezusammensetzung des Universums kennen, was wir Ende des nächsten Kapitels können werden, dann sagt uns die Friedmann-Gleichung, wie sich der Skalenfaktor des Universums mit der Zeit geändert hat. Diese Information reicht aus, um die Entfernung zu jedem Objekt bekannter Rotverschiebung zu bestimmen.

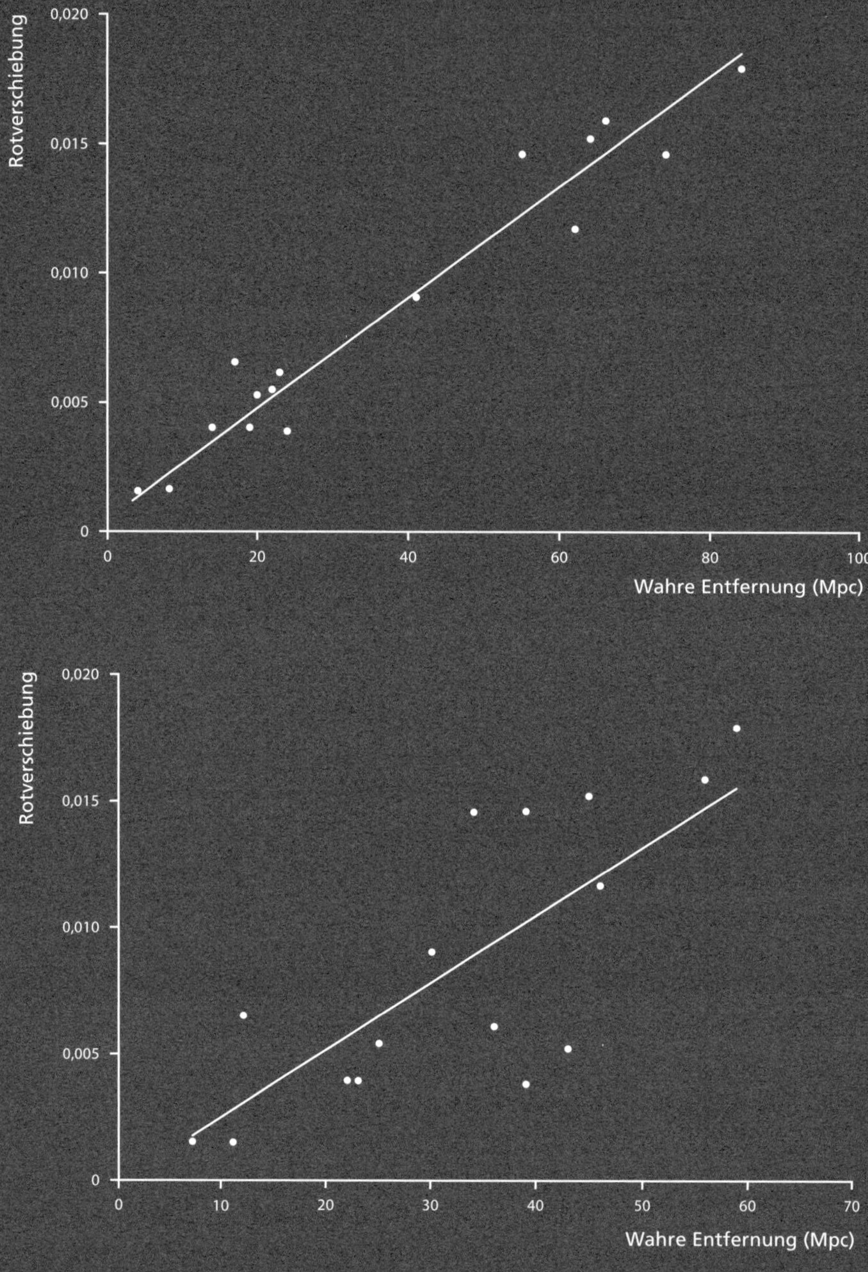

Abbildung 6.3
Die Rotverschiebung der Spiralgalaxien aus unserer Stichprobe, gezeichnet gegen ihren Abstand von der Erde. Das Schaubild oben ist ein Hubble-Diagramm anhand der Entfernungen, die Berufsastronomen ermittelt haben. Das Schaubild unten ist das Hubble-Diagramm unserer abgeschätzten Galaxienentfernungen, unter der Annahme, dass sie dieselbe Größe haben.

Faktor wie das Licht ausgedehnt, was der Rotverschiebung z entspricht. Das bedeutet, dass die Galaxie sich von der Erde um den Abstand $z \times d$ in der Zeitspanne t/c entfernt hat, d. h. die Galaxie entfernt sich mit der Geschwindigkeit $v = zd/(d/c) = cz$ von der Erde. Dies ist die Rezessionsgeschwindigkeit, die Hubble auf der senkrechten Achse anstelle der Rotverschiebung aufgetragen hat. Hubbles Schaubild zeigt das, was inzwischen als Hubble-Gesetz bezeichnet wird – es besagt, dass die Rezessionsgeschwindigkeit einer Galaxie $v = Hd$ ist, mit H gleich der Steigung aus dem Hubble-Diagramm. H wird als Hubble-Konstante bezeichnet und ist eine der wichtigsten Größen in der Physik, weil sie – wie wir gleich sehen werden – besagt, wie schnell sich der Raum dehnt. In Hubbles ursprünglichen Daten hatte H einen Wert von rund 500 km/s/Mpc (was Sie direkt aus dem Diagramm ablesen können). Laut unserem Schaubild ist H gleich der Lichtgeschwindigkeit multipliziert mit der Steigung unserer Geraden, d. h. 3×10^5 km/s $\times 2{,}23 \times 10^{-4}$ Mpc^{-1} = 67 km/s/Mpc. Unser Ergebnis stimmt eindeutig nicht mit dem von Hubble überein. Der Grund für die Abweichung ist Hubble selbst, der die Entfernungen seiner Galaxien zu niedrig einschätzte, genauso wie bei der korrekten Feststellung, dass der Andromeda-Nebel weit außerhalb unserer Galaxis liegt (S. 93). Gleichwohl war dieses Diagramm der erste experimentelle Hinweis auf die Expansion des Universums.

Eine Hubble-Konstante von 67 km/s/Mpc bedeutet, dass sich eine Galaxie in einer Entfernung von 1 Mpc von der Erde wegen der Expansion des Raums mit einer Geschwindigkeit von 67 km/s von der Erde entfernt (und eine Galaxie in 10 Mpc bewegt sich mit 670 km/s von uns weg). Dieser lineare Zusammenhang zwischen Rotverschiebung (oder Rezessionsgeschwindigkeit) und Entfernung ist genau das, was wir erwarten würden, wenn sich der Raum mit konstanter Geschwindigkeit ausdehnt. Das bedeutet, unsere Daten der Spiralgalaxien bestätigen, dass sich der Raum mit einer konstanten Geschwindigkeit ausgedehnt hat, zumindest in den vergangenen 300 Millionen Jahren (weil wir uns nur Galaxien bis in 100 Mpc Abstand angeschaut haben und die Reisezeit des Lichts dieser Galaxien nur knapp über 300 Millionen Jahren liegt).

Es gibt eine schöne Veranschaulichung, wie Hubbles Gesetz zustande kommt: Man zeichnet viele Punkte auf die Oberfläche eines Ballons und bläst ihn auf. Die Punkte entfernen sich alle voneinander, während sich

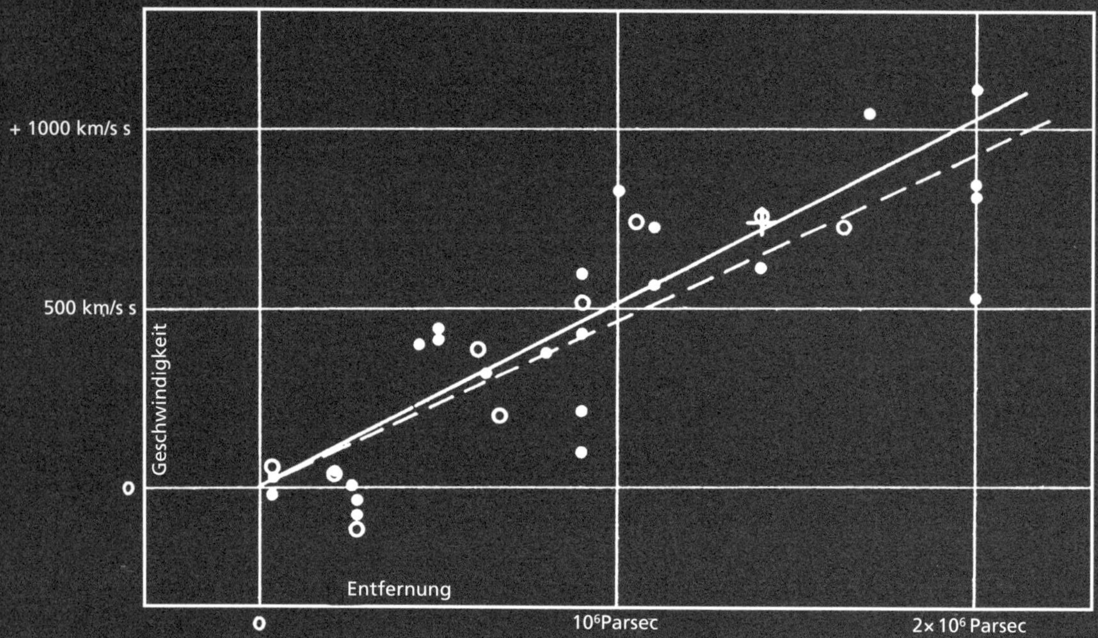

Abbildung 6.4
Edwin Hubbles ursprüngliches Diagramm. Die Geschwindigkeiten, mit der sich nahe gelegene Galaxien von der Erde entfernen, stehen an der y-Achse und ihre Entfernungen an der x-Achse.

die Ballonhülle dehnt. Die Punkte, die am weitesten auseinanderliegen, entfernen sich am schnellsten voneinander. Bleibt die Expansionsrate des Ballons konstant, wird für die Ballon-Hubble-Konstante immer derselbe Wert bei jedem Punkt gemessen – von jedem Punkt aus. Daher bekommen wir eine Gerade im Ballon-Hubble-Diagramm. Ersetzen Sie „Punkt“ durch „Galaxie“ und Sie bekommen, was wir in unseren Daten der Spiralgalaxien sehen. Die Oberfläche des Ballons ist ein zweidimensionales Beispiel. Ein dreidimensionales Beispiel ist ein Kuchen mit Rosinen, der in einem Ofen gebacken wird. Während sich der Kuchen ausdehnt, entfernen sich die Rosinen im Teig voneinander. Der Urknall wäre dann wie der Augenblick, in dem wir mit der Zubereitung eines riesigen (womöglich unendlich großen), dichten Teigs beginnen. Also ähnelt unser Universum eher dem Kuchenbacken als dem Aufblasen eines Ballons. Dies löst eines der gängigen kosmologischen Missverständnisse auf. Die Beobachtungstatsache, dass alle Galaxien jenseits unserer nächsten Nachbarn scheinbar von uns weg rasen, bedeutet nicht, dass wir im Mittelpunkt des Universums sind – genauso wie sich über keinen Punkt auf der Oberfläche eines Ballons sagen lässt, dass er im Mittelpunkt des Ballons liegt. Vielmehr stützen die Daten die Vorstellung, die aus der Allgemeinen Relativität herrührt: Die Galaxien bewegen sich in einem Universum, dessen Raum expandiert.

Um die Analyse abzuschließen, lassen Sie uns einen Blick auf das rechte Diagramm in Abbildung 6.3 werfen, das auf unsere einfachen Abschätzungen der Galaxienentfernungen zurückgeht. Mit ihm erhalten wir eine Hubble-Konstante von $H = 79$ km/s/Mpc. Das ist befriedigend nahe am genauen Ergebnis. Und obwohl die Daten sehr viel stärker um die Gerade streuen als beim linken Diagramm, ist der allgemeine Trend zu höheren Rotverschiebungen mit steigenden Entfernungen noch erkennbar. Die deutliche Übereinstimmung zwischen den beiden Ansätzen zeigt, dass unsere Annahme, alle Spiralgalaxien seien ungefähr gleich groß, im Grunde nicht allzu schlecht war. Wenn eine einfache Annahme ein ungefähr richtiges Ergebnis liefert, das von einer genaueren Analyse untermauert wird, dann ist das befriedigend. Es ist eine Art Plausibilitätsprüfung. Es ist sogar noch befriedigender, wenn wir erfahren, dass die genaueste Bestimmung der Hubble-Konstante, die mit Daten des Planck-Satelliten der European Space Agency gelungen ist, einen Wert von 67,8 ± 0,9 km/s/Mpc liefert. Das ist hervorragende Physik: Jeder mit einem angemessen großen Fernrohr und einer Ausrüstung im Wert von einigen tausend Euro kann von seinem Garten aus nachweisen, dass das Universum expandiert und er kann die Geschwindigkeit dieser Expansion messen.[30]

Lassen Sie uns das kurz zusammenfassen. Wir haben anhand der Beobachtungsdaten von 16 Spiralgalaxien in Entfernungen zwischen vier und 84 Mpc ermittelt, dass das Universum in den vergangenen rund 300 Millionen Jahren mit einer konstanten Geschwindigkeit expandiert ist. Wir wissen das, weil die Daten in unserem Hubble-Diagramm entlang einer Geraden liegen. Das stimmt mit unseren Erwartungen überein, die auf der Allgemeinen Relativität beruhen. Dabei hoffen wir, dass es Sie gegenwärtig nicht allzu sehr umtreibt, dass wir eine Datenbank und keine eigenen Messungen verwendet haben. Wenn unsere Erforschung des Universums anspruchsvoller wird, kommen wir unvermeidlich an den Punkt, an dem die notwendigen Messungen mehr als eine Kamera und eine Karte von Ogmore-by-Sea erfordern. Wäre dem nicht so, müssten wir keine Milliarden Euro für hochentwickelte Teleskope und den Large Hadron Collider ausgeben. Das Zeitalter des einsam experimentierenden Wissenschaftlers ist fast vorbei – mit Sicherheit in der Teilchenphysik und der Kosmologie, weil alle einfachen Messungen bereits gemacht worden sind. Zugegeben, dadurch geht etwas die Romantik verloren. Am Ende des 18. Jahrhunderts schrieb der britische Dichter William Wordsworth über die Newton-Statue am Eingang des Trinity College in Cambridge:

> Wenn ich von meinem Bett aus schaute,
> konnt‘ ich sehn im Schein des Mondes
> und der Lieblingssterne die Vorkapelle,
> wo das Abbild stand von Newton,
> haltend stillen Blicks sein Prisma
> mit marmorn‘ Fingerzeig von einem Geist,
> der ständig reist durch unbekanntes Meer des Denkens, ganz allein.

---

[30] Alle 16 Spiralgalaxien, die wir ausgewählt hatten, kann ein leidenschaftlicher Amateur beobachten und vermessen.

Dennoch fehlt die Romantik nicht völlig. Zwar haben experimentelle Kollaborationen den Einzelnen beim Sammeln präziser Daten über das Universum abgelöst, aber wir können noch immer ihre Ergebnisse nachvollziehen oder uns gar an den Kollaborationen beteiligen. Wenn wir etwas Zeit investieren, um nachzuvollziehen, wie die Daten erarbeitet wurden, dann stellen wir fest, dass wir die Messungen verstehen. Daher gibt es keinen Grund, warum wir mit diesen Daten nicht allein durch das sonderbare Meer des Denkens reisen sollten, um uns selbst von der Wahrhaftigkeit dieser bemerkenswerten Vorstellungen über die Realität zu überzeugen, die die heutige Wissenschaft erzeugt. Daher werden wir uns ab jetzt stark auf Daten stützen, die heutige Teams von Astronomen sammeln, während wir uns rasch den Grenzen unseres aktuellen Verständnisses nähern.

Wir haben noch ein Stück Weg vor uns, bevor wir den Urknall begründen können. Denn obwohl uns der Nachweis gelungen ist, dass das Universum zumindest in den vergangenen 300 Millionen Jahren mit derselben Geschwindigkeit expandierte, schließt dieser Nachweis nur Szenario (iv) in Robertsons Liste aus – das statische, ewige Universum, das Einstein selbst favorisiert hatte. Nun ist es an der Zeit, uns den Hinweisen zuzuwenden, laut denen das Universum seit fast 14 Milliarden Jahren expandiert ist.

Wir werden dies unter der Annahme tun, dass es tatsächlich einen Urknall gegeben hat, und dann erforschen wir, was die Konsequenzen dieser Annahme wären. Natürlich ist weitgehend bekannt, dass es ziemlich viele Hinweise auf den Urknall gibt. Aber eine Vermutung anzustellen und dann zu schauen, wohin sie uns führt, verdeutlicht den Prozess, wie moderne Wissenschaft häufig funktioniert. So wie es der berühmte theoretische Physiker Richard Feynman formuliert hat, als er die Suche nach neuen Naturgesetzen beschrieb:

> Im Allgemeinen suchen wir nach einem neuen Gesetz mit Hilfe des folgenden Verfahrens: Zunächst vermuten wir es. Dann berechnen wir die Folgen der Vermutung, um zu sehen, was das Gesetz, das wir vermutet haben, bedeuten würde, wenn es zuträfe. Dann vergleichen wir das Ergebnis der Berechnung mit der Natur, durch Experiment oder Erfahrung, vergleichen es direkt mit der Beobachtung, um zu

> sehen ob es stimmt. Wenn es nicht mit dem Experiment überstimmt, ist es falsch. In dieser einfachen Aussage liegt der Schlüssel zur Wissenschaft. Es macht keinen Unterschied, wie klug Sie sind, wer die Vermutung angestellt hat oder wie sein Name ist – wenn es nicht mit dem Experiment übereinstimmt, ist es falsch. Das ist alles.

Unsere Vermutung lautet, dass wir in einem expandierenden Universum endlichen Alters leben, womit wir sagen, dass es einst einen Urknall gegeben hat. Anders gesagt vermuten wir, dass unser Universum auf Robertsons Liste entweder Fall (i) ist (expandiert für immer in der Zukunft) oder Fall (ii) (expandiert und kontrahiert dann zu einem Big Crunch). Unsere Vermutung wird uns dazu zwingen, eine Vorhersage für die relativen Häufigkeiten von Wasserstoff und Helium im Universum zu treffen. Das Ergebnis der Berechnung können wir mit der Natur vergleichen, so wie es Feynman ausdrückte, um zu sehen, ob es Bestand hat.

Wenn unser Universum mit einem Urknall begonnen hat und seitdem ständig expandiert, dann hat es eine Zeit in der fernen Vergangenheit gegeben, zu der zwei beliebige Punkte nahe beisammen waren. Die Teilchen, aus denen die fernsten Sterne bestehen, wären auf einen Zentimeter den Teilchen nahe gekommen, aus denen Ihr Körper besteht. Natürlich müssen sie einst noch näher als einen Zentimeter beisammen gewesen sein, aber ein Zentimeter ist schon atemberaubend genug. Der Punkt ist, dass es in einem Universum, welches während seiner gesamten Existenz expandiert, eine Zeit gegeben haben muss, zu der alles in einem Zustand sehr hoher Dichte zusammengequetscht war. Stellen Sie sich vor, dass alle Planeten unseres Sonnensystems in einem Volumen von der Größe einer Erbse zusammengedrückt werden, nicht zu vergessen alle Sterne im Milchstraßensystem und alle Galaxien am Himmel. Soweit es Teilchenphysiker ermitteln konnten, sind die Teilchen eines Atoms ohne wahrnehmbare Größe, weshalb die Vorstellung, alle Teilchen des beobachtbaren Universums seien in einem winzigen Bereich eingeschlossen, nicht so verrückt ist, wie sie klingt. Jedenfalls müssen wir unserer Fantasie vorläufig gar keinen so freien Lauf lassen. Wir müssen nur annehmen, dass zu einem bestimmten Zeitpunkt, vor langer Zeit, das Universum eine viel größere Dichte hatte als heute. Allein diese Vorstellung wird sich als sehr fruchtbar erweisen.

Im Übrigen ist die Aussage, dass das gesamte beobachtbare Universum einst auf einen winzigen Raumbereich verdichtet war, nicht die gleiche wie die Aussage, dass – zum Zeitpunkt des Urknalls – das Universum aus einem winzigen Raumbereich heraus explodiert ist. Der Begriff „beobachtbar" macht den Unterschied aus: Das beobachtbare Universum ist eine Ansammlung aus Dingen, von deren Existenz wir wissen, weil wir sie sehen.[31] Es mag im Universum noch mehr geben, aber wir können den Rest nicht sehen, weil das Licht „nur" 300.000 Kilometer pro Sekunde schnell ist und nicht die Zeit hatte, um uns von sehr fernen Objekten zu erreichen. Wir wissen daher nicht, wie groß das Universum ist – es könnte unendlich groß sein und wäre in diesem Fall auch zum Zeitpunkt des Urknalls unendlich groß gewesen. Um das zu veranschaulichen, kehren wir zu der Analogie des Kuchenbackens zurück. Kurz nach dem Urknall waren die Teilchen dicht beisammen; währen die Zeit weiter verging, dehnte sich der „Kuchen" und die Teilchen bewegten sich (wie die Rosinen) auseinander. Diese Analogie legt die Vorstellung nahe, dass der Urknall etwas ist, was überall im Raum passierte – und führt vielleicht zum neuen Begriff des Großen Dehnens. Darüber hinaus gibt es keinen Grund, warum der „Kuchen" anfangs nicht unendlich groß gewesen sein soll: Er kann trotzdem expandieren und es lässt sich noch immer beobachten, wie sich die Teilchen auseinanderbewegen, während die Zeit vergeht.

Richten wir unsere Aufmerksamkeit nun auf die physikalischen Bedingungen, während das Universum so viel dichter als heute war und alle Teilchen so extrem dicht beisammen. Wir können sofort sagen, dass es sehr heiß war. Die Vorstellung, dass sich ein Gas erwärmt, wenn es in einem kleineren Volumen komprimiert wird, ist jedem vertraut, der schon mit einer Luftpumpe einen Fahrradreifen aufgepumpt hat. Stellen wir uns eine Reise in die Vergangenheit vor. Die Verdichtung von Gas und Gestein zu Sternen und Planeten sowie die Bildung von Galaxien aus Sternen werden rückgängig gemacht. Wenn wir weit genug zurückgehen, werden selbst Atome, die aus Protonen, Neutronen und

[31] Damit meinen wir, dass wir von ihrer Existenz wissen können, wenn wir gewisse raffinierte Messgeräte und unseren Verstand nutzen. Die Augen sind nur eines aus einer ganzen Palette an „Sehgeräten", die Wissenschaftlern zur Verfügung stehen. Daher zählt die Dunkle Materie zum beobachtbaren Universum dazu.

Elektronen bestehen, durch die sengende Hitze auseinanderbrechen. Wir gehen also zurück in eine Zeit, in der das Universum ein heißes, dichtes, strukturloses Gas aus Elementarteilchen war – aus Protonen, Neutronen, Photonen, Elektronen und Neutrinos. Die Temperatur liegt nun bei ungefähr einer Milliarde Grad und das Universum ist nur wenige Sekunden alt.[32] Wahrscheinlich gab es auch einige Teilchen der Dunklen Materie. Aber wir wissen, dass sie nur sehr schwach mit der gewöhnlichen Materie wechselwirken, was bedeutet, dass sie keine Hauptrolle in dem Drama spielen, das wir gerade beschreiben. Wenn Sie uns das nicht abkaufen – womit wir leben könnten, weil wir bislang keinerlei Belege dafür geliefert haben – dann können wir wenigstens annehmen, dass sich die Dunkle Materie passiv verhält und schauen, welche Vorhersagen sich ergeben.

Wir haben die Uhr auf die Zeit zurückgedreht, zu der das Universum eine Milliarde Grad hatte, weil uns die Frage nach dem Ursprung und der Häufigkeit der chemischen Elemente wie dem Helium interessiert. Damals war der Zeitpunkt, zu dem die ersten Atomkerne aus den ursprünglichen Protonen und Neutronen entstanden sind. Obwohl wir annehmen, dass solche Bedingungen einst im Universum herrschten (eine Hypothese, die unsere vorherige Beobachtung eines laufend expandierenden Universums nahegelegt hat), haben wir sicherlich noch keine Vorstellung von der Physik, die bei diesen Temperaturen abläuft. Alles was wir nun beschreiben werden, ist sehr gut überprüft, es ist erprobte Kernphysik.

Ein freies Neutron existiert nicht sehr lange. Es hat eine typische Lebensdauer von etwa zehn Minuten. Danach zerfällt es in ein Proton, ein Elektron und ein Neutrino. Der Begriff „frei" ist hier entscheidend, denn Neutronen können unendlich lange existieren, wenn sie zusammen mit Protonen Atomkerne bilden. Und in der dichten, eine Milliarde Grad heißen Suppe kann ein Neutron, bevor es zerfällt, durchaus mit einem Proton zusammenstoßen. Die beiden werden durch die Wirkung

[32] Um das auszurechnen, müssen wir die Friedmann-Gleichung für den Skalenfaktor lösen und Messungen nutzen, wie jene, die wir im nächsten Kapitel beschreiben, um die heutige Zahl der Teilchensorten pro Einheitsvolumen mengenmäßig zu bestimmen. Die Aussage, dass das Universum eine Sekunde alt ist, bedeutet wirklich, dass eine Sekunde vorher alle Teilchen direkt übereinander wären, wenn keine neue Physik ins Spiel kommt, die die Situation verändert.

der starken Kernkraft zusammenbleiben und einen Deuteriumkern bilden. Als die Suppe viel heißer war, brach das Deuterium rasch wieder auseinander, aber unterhalb von einer Milliarde Grad ist es stabil. Dann können Deuteriumkerne mit weiteren Protonen und anderen Deuteriumkernen zu Heliumkernen verschmelzen – und schließlich geringe Mengen an Lithiumkernen bilden.

Etwa drei Minuten nach dem Urknall fiel die Temperatur durch die Expansion des Universums unter die Grenze, bei der solche Kernfusionen auftreten können und die Erzeugung der ersten Elemente endete wieder. Dieser Prozess wird als Urknall-Nukleosynthese bezeichnet. Berechnungen in Kernphysiklehrbüchern besagen, was dabei entstanden ist: bezogen auf die Masse ungefähr 25 Prozent Helium und 75 Prozent Wasserstoff sowie Spuren von Deuterium und Lithium. Ihre Menge lässt sich berechnen, vorausgesetzt wir kennen das Verhältnis zwischen der Zahl der Photonen und der Gesamtzahl der Protonen und Neutronen im Universum. Umgekehrt ermöglichen die Berechnungen uns, das Verhältnis von Photonen zu Protonen zu bestimmen, wenn wir die Deuteriummenge messen können.

Dass die Sonne grob 27 Prozent Helium enthält, abgesehen von dem Helium, das in ihrem Innern produziert worden ist, ist ein ermutigender Anfang. Doch die Aufgabe, die kernphysikalischen Berechnungen und die astronomischen Beobachtungen genau miteinander zu vergleichen, ist nicht ganz einfach, vor allem weil die Sterne in Ihren Zentralbereichen Wasserstoff zu Helium verschmelzen. Wenn Sternen der Brennstoff ausgeht und sie explodieren, werden die neu entstandenen Kerne in alle Richtungen verstreut und verfälschen die Bedingungen, die von der Urknall-Nukleosynthese herrühren. Da der Grad der Verunreinigung durch tote Sterne nicht genau bekannt ist, umgehen Astronomen diese Unsicherheit, indem sie Bereiche im Universum identifizieren, in denen sich die Aktivität der Sterne nicht so stark ausgewirkt hat. Eine Möglichkeit, diese Bereiche zu erkennen, ist, sich die Häufigkeit von Elementen wie Sauerstoff anzuschauen. Sauerstoff kann nur in Sternen entstanden sein. Wenn in einer Region des Alls sehr wenig Sauerstoff vorkommt, können wir folgern, dass die Erzeugnisse der stellaren Kernfusion diesen Bereich noch nicht verunreinigt haben. Es gibt Bereiche, die als HII-Regionen (gesprochen als „H zwei“) bezeichnet werden, vor allem in Zwerggalaxien, die diese Anforderung erfüllen. Astronomen können sich auch sehr ferne, helle Objekte anschauen, die als Quasare bezeichnet werden. Manche von ihnen sind mehr als zehn Milliarden Lichtjahre entfernt. Wir sehen diese Objekte heute, wie sie weniger als vier Milliarden Jahre nach dem Urknall waren. Das ist keine ausreichend lange Zeitspanne für viel stellare Nukleosynthese, weshalb Quasare in einem unverfälschteren Umfeld existieren. Wie vorhergesagt enthalten diese Regionen 25 Prozent Helium und 75 Prozent Wasserstoff.

Die genausten Messungen des Deuteriumanteils im jungen Universum beruhen auf den Quasaren: Demnach gibt es für jede Million Wasserstoffkerne etwa 30 Deuteriumkerne. Die anfängliche Elementhäufigkeit lässt sich auch durch die Beobachtung des Lichts messen, das von den äußeren Schichten sehr alter Sterne stammt. Es spiegelt die ursprüngliche Zusammensetzung der Gaswolken wider, aus denen diese Sterne entstanden sind. Im Milchstraßensystem gibt es Sterne, die deutlich älter als zehn Milliarden Jahre sind. Einige von ihnen, die als Lithium-Plateau-Sterne bezeichnet werden, lassen sich für die Messung des Lithiumanteils im jungen Universum nutzen. In den äußeren Schichten dieser Sterne kommt etwa ein Lithiumkern auf zehn Milliarden Wasserstoffkerne.

Die gute Übereinstimmung zwischen den beobachteten und den vorhergesagten relativen Mengen an ursprünglichem Helium und Wasserstoff dient als unser erster Beleg für ein Universum, das nicht nur seit 300 Millionen Jahren expandiert ist (was unser Hubble-Diagramm zeigte), sondern mindestens seitdem es ein heißes Plasma mit einer Milliarde Grad war (ein Plasma ist ein heißes Gas aus elektrische geladenen Teilchen). Die theoretischen Berechnungen können auch die ursprünglichen Häufigkeiten von Deuterium und Lithium erklären.[33] Wir sagten, dass diese Häufigkeiten nur vorhersagbar sind, wenn wir das Photonen-Protonen-Verhältnis kennen: Ein durchschnittliches Verhältnis von 1,7 Milliarden Photonen pro Proton oder Neutron im Universum ist der Wert, der die Vorhersagen mit den Beobachtungen

[33] Die theoretische Vorhersage fällt für Lithium eigentlich etwas zu hoch im Vergleich zu den Daten aus. Aber die Messung ist keine einfache Sache und es gibt eine ziemlich große Unsicherheit bei den physikalischen Abläufen, daher wird die Abweichung für kein allzu ernstes Problem gehalten.

in Übereinstimmung bringt. Wir werden in Kapitel 8 mit einer völlig anderen Methode die Gegenprobe machen.

Die Urknall-Nukleosynthese endete nach wenigen Minuten und legte die ursprünglichen Elemente fest, die inzwischen über das Universum verteilt sind – für gewöhnlich als Wolken aus Atomen, aber gelegentlich als Sterne. An dieser Stelle müssen wir einige Worte über den Ursprung der anderen, schwereren, Elemente verlieren. Sie sind sehr viel später im Universum entstanden, als Folge der Kernfusion in den Zentralbereichen der Sterne. Die ersten Sterne sind aus dem ursprünglichen Wasserstoff und Helium entstanden. Während ihres Brennens verschmolzen diese Sterne die Atomkerne in ihrem Innern zu schwereren Elementen wie Kohlenstoff oder Sauerstoff. So konnten Elemente entstehen, die nicht schwerer als Eisen sind. Die schwereren Elemente dagegen, inklusive Gold und Silber, wurden auf noch spektakulärere Weise gebildet. Nach einigen Milliarden Jahren geht massereichen Sternen der Brennstoff aus, sodass sie sterben. Die massereichsten explodieren als Supernovae – die Öfen, in denen die schwersten Elemente geschmiedet werden. Zudem verteilen Supernovae die neu entstandenen Elemente im Weltraum und sorgen so für die Entstehung von Planeten wie den unsrigen. Deshalb enthält die äußere Schicht der Sonne etwas mehr Helium als die ältesten Sterne in der Milchstraße. Sterne existierten und starben bereits, bevor die Sonne entstanden war, und reicherten sie mit Helium an – sowie mit Sauerstoff, Stickstoff, Eisen und weiteren Elementen jenseits von Wasserstoff, die wir im Sonnenspektrum sehen. Erneut erweist sich unsere Beschreibung der Natur als widerspruchsfrei.

Lassen Sie uns nun die Entwicklung des Universums von diesen ersten Minuten an im weiteren Zeitverlauf verfolgen, um zu schauen, ob wir irgendwas anderes ableiten können, das zu beobachtbaren Folgen führen könnte und die Vorstellung eines Urknalls zusätzlich stützt. Der nächste wichtige Meilenstein taucht auf, wenn sich das Universum so weit abgekühlt hat, dass die Elektronen mit den ursprünglichen Atomkernen als Atome zusammenbleiben. Das passiert bei einer Temperatur von einigen tausend Grad. Dank irdischer Labore verstehen wir diesen Vorgang heute sehr gut. Bevor sich das Universum auf diese Temperatur abgekühlt hatte, war es größtenteils ein strukturloses Plasma, das hauptsächlich aus Photonen und Neutrinos bestand, mit einer winzigen Beimischung an leichten Kernen und Elektronen. Zu ausreichend frühen Zeiten, als das Plasma noch zu heiß war, sausten die Elektronen und Kerne zu schnell herum, um in Atomen zusammenzubleiben (sie können aufgrund ihrer gegenseitigen elektrischen Anziehung zusammenbleiben, denn sie haben entgegen gesetzte Ladungen). Doch als das Universum abkühlte, bewegten sich die Teilchen langsamer. So wurde es immer wahrscheinlicher, dass ein Elektron in einer Bahn um einen Kern gebunden wurde – ein Atom konnte entstehen. Dieses charakteristische Ereignis – die Entstehung von atomarem Wasserstoff und Heliumatomen – hatte sehr dramatische Folgen für die Photonen im Universum.

Mit der Bildung der Atome änderte sich alles. Vor diesem Zeitpunkt waren Photonen nicht in der Lage weitere Strecken zurückzulegen, bevor sie mit einem Elektron oder einem Atomkern zusammenstießen, da sie stark an elektrisch geladenen Teilchen gestreut werden.[34] Aber nachdem sich fast alle geladenen Teilchen zu elektrisch neutralen Atomen zusammengeschlossen hatten, änderte sich dieser Zustand: An Atomen werden Photonen nicht so einfach gestreut. Deshalb wurde das lichtundurchlässige Universum nun durchsichtig. Dieses Ereignis wird als Rekombination bezeichnet und fand 380.000 Jahre nach dem Urknall statt.[35] Es ist ein Schlüsselmoment in der Entwicklung unseres Universums und hinterließ seinen glorreichen Abdruck am Himmel.

Abbildung 6.5 zeigt drei Momentaufnahmen in der Entwicklung des Universums. In der ersten Zeichnung sind die Wege der Photonen erkennbar, wenn sie von geladenen Teilchen im heißen Plasma abgelenkt werden. In der zweiten Zeichnung haben wir die Uhr auf einen Zeitpunkt nach der Rekombination gestellt: Die Photonen bewegen sich nun geradeaus. Sie tun das, bis sie mit etwas zusammenstoßen, aber die meisten sind bis zum heutigen Tag unterwegs, da das Universum ziemlich leer ist und das Gas aus neutralem Wasserstoff und Helium ständig dünner wird. Die letzte der drei Zeichnungen zeigt einige dieser alten

---

[34] Wie Photonen genau mit geladenen Teilchen wechselwirken, ist Stoff der Quantenelektrodynamik (QED), eine Theorie, die Richard Feynman, Julian Schwinger und Sin-Itiro Tomonaga Ende der 1940er entwickelt haben. Um die QED geht es in unserem Buch *The Quantum Universe*.

[35] Wie im Fall der Nukleosynthese berechnen wir diesen Zeitpunkt durch Lösen der Friedmann-Gleichung. Wir müssen zudem schlichte Atomphysik anwenden, um die Temperatur zu ermitteln, bei der sich Elektronen tendenziell mit Kernen zu Atomen verbinden

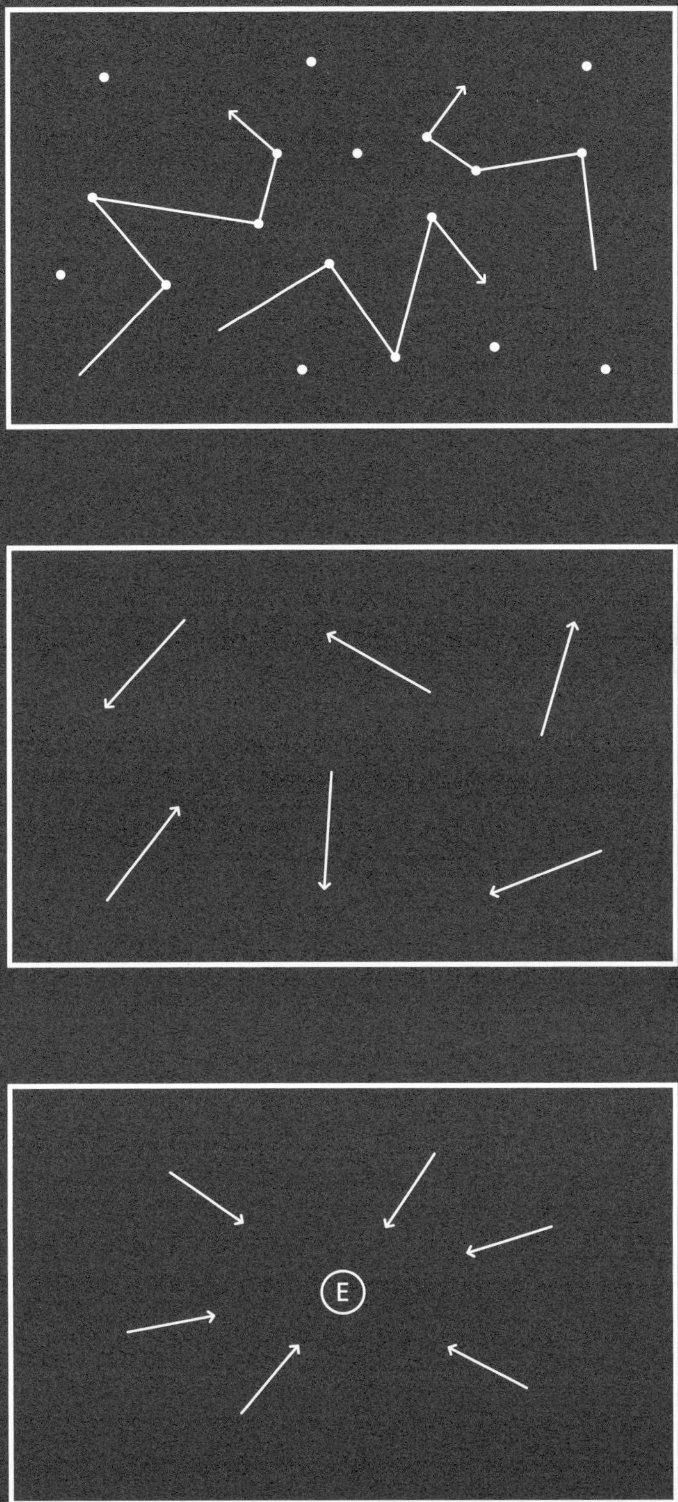

Abbildung 6.5
Der Ursprung der kosmischen Mirowellenhintergrundstrahlung.

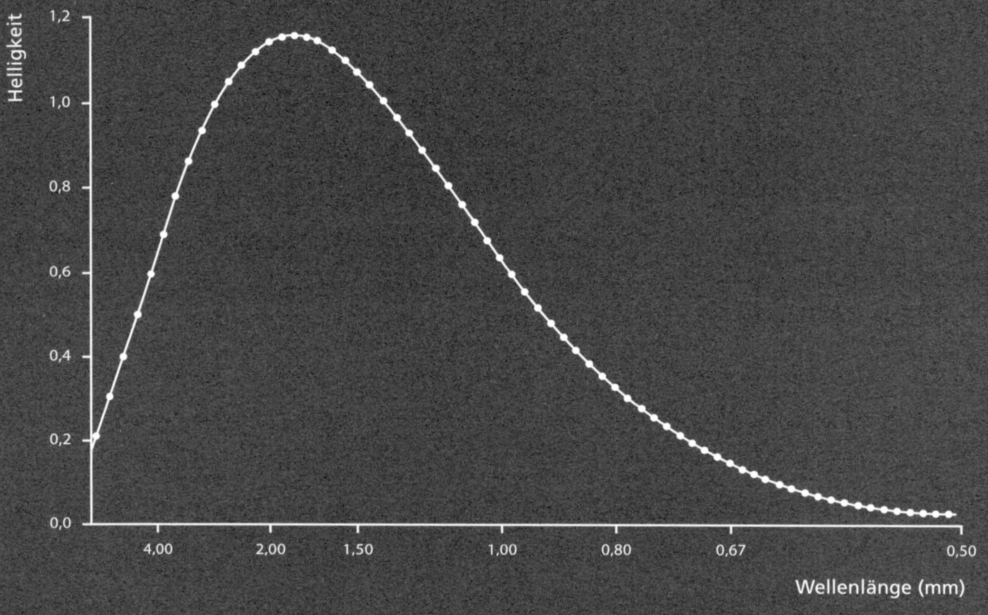

Abbildung 6.6
Die Messungen der kosmischen Mirowellenhintergrundstrahlung durch COBE zeigen, dass die Erde von Mikrowellen bei einer Temperatur von 2,73 Kelvin geflutet wird.

Photonen, wie sie nun auf der Erde ankommen. Die Möglichkeit, dass solche Photonen existieren, ist eine sehr frappierende Vorstellung. In den Worten der Princeton-Physiker Robert Dicke, Jim Peebles, Peter Roll und David Wilkinson, damals im Jahr 1964: „Könnte das Universum voller Schwarzkörperstrahlung von einem möglichen Zustand hoher Temperatur sein?"

Dicke und seine Kollegen machten diese Beobachtungen, unmittelbar nachdem sie die Nachricht vernommen hatten, dass Arno Penzias und Robert Wilson in den Bell Laboratories in New Jersey einen unerwarteten Mikrowellenhintergrund mit einem Teleskop nachgewiesen hatten. Dass die Photonen der kosmischen Hintergrundstrahlung heute als Mikrowellen beobachtet werden können, ist genau wie erwartet, weil die Expansion des Raums seit dem Zeitpunkt der Rekombination die Photonen zu Mikrowellenlängen rotverschoben hat. Mitte der 1960er gab es zwingende Belege für das, was heute als kosmischer Mikrowellenhintergrund bezeichnet wird. Die Erde wird mit genau der Art von Mikrowellenstrahlung geflutet, die für ein Universum erwartet wird, das eine heiße Phase durchläuft, bevor sich Atome bilden.

Interessanterweise entstand die Vorstellung von einem Universum, das heute von einer kosmischen Mikrowellenhintergrundstrahlung erfüllt ist, Jahrzehnte vor der nobelpreiswürdigen Entdeckung durch Penzias und Wilson. In einem unglaublichen Ausbruch an Schaffenskraft schrieben George Gamow, Ralph Alpher, Robert Herman und Hans Bethe 1948 insgesamt elf wissenschaftliche Veröffentlichungen, in denen sie die Theorie der Urknall-Nukleosynthese entwickelten.[36] Gamow und seine Kollegen waren mit diesen Vorstellungen ihrer Zeit weit voraus. Die Veröffentlichungen blieben bis zur Entdeckung des kosmischen Mikrowellenhintergrunds im Jahr 1964 größtenteils unbeachtet.

Der kosmische Mikrowellenhintergrund und seine Eigenschaften sind genau untersucht worden und werden es noch immer. Das älteste Licht ist eine Fundgrube, denn es bietet den irdischen Astronomen eine Gelegenheit, Daten über das Geschehen kurz nach dem Urknall zu sammeln. Wir werden uns in Kapitel 8 intensiver mit den Kostbar-

[36] Für einen faszinierenden, aber fachlichen Überblick siehe P. J. E. Peebles: *Discovery of the Hot Big Bang: What Happened in 1948*, *European Physical Journal*, H39 (2014), S. 205–223

keiten des kosmischen Mikrowellenhintergrunds befassen. Fürs Erste konzentrieren wir uns auf die offensichtlichen Merkmale dieser alten, gedehnten Wellen vom Anbeginn der Zeit, die wir nun auf der Erde als Mikrowellen nachweisen.

Abbildung 6.6 zeigt eine Messung des kosmischen Mikrowellenhintergrunds zu Beginn der 1990er, gemacht vom Satelliten Cosmic Background Explorer (COBE). Zu sehen ist, wie verschieden die Wellenlängen der auf der Erde ankommenden Mikrowellen sind. Die Höhe der Kurve zeigt die Helligkeit der Mikrowellen an, die Form besagt, wie sie sich auf verschiedene Wellenlängen verteilt. Wir sehen, dass die am häufigsten auftretende Wellenlänge bei etwa zwei Millimetern liegt. Im Schaubild wird deutlich, dass die gemessenen Datenpunkte vollkommen mit den theoretischen Erwartungen – die glatte durchgezogene Linie – übereinstimmen.

Die glatte Kurve ist das Ergebnis einer Berechnung, die Max Planck erstmals Ende des 19. Jahrhunderts durchführte. Er war ein brillanter deutscher Physiker, der auch bei der frühen Entwicklung der Quantenphysik eine zentrale Rolle gespielt hat. Die Kurve entspricht dem Lichtspektrum, das ein Objekt emittiert, wenn es auf eine Temperatur von 2,73 Kelvin, etwas mehr als –270 Grad Celsius, abgekühlt worden ist. Diese erstaunliche Übereinstimmung zwischen Max Plancks Berechnung und den COBE-Messungen ist das, was Dicke und seine Kollegen erwartet hatten, als sie von Schwarzkörperstrahlung sprachen. Hier wird der Fachbegriff „schwarzer Körper“ verwendet, um zu beschreiben, wie sich die Energie eines Gases auf seine einzelnen Teilchen verteilt, wenn alle Bestandteile des Gases dieselbe Temperatur haben. Weil die Photonen des kosmischen Mikrowellenhintergrunds von dem ursprünglichen Plasma herrühren, sollten sie ein nahezu ideales Schwarzkörperspektrum zeigen. Genau das hat COBE gesehen.

Die vorhergesagte Beobachtung eines nahezu perfekten Schwarzkörperspektrums für Mikrowellen ist unser zweites, sehr zwingendes Beweisstück für den Urknall.

Also zusammengefasst: Die Urknall-Nukleosynthese und die Existenz eines kosmischen Mikrowellenhintergrunds liefern zwingende Hinweise, die unsere Vorstellung von einem vor langer Zeit heißen, dichten Universum stützen. Doch wir können uns viel weiter vorwagen, weil Einsteins Gleichungen uns ebenfalls eine genaue Beschreibung von der Entwicklung des Universums liefern – von seinen ersten Augenblicken bis in die ferne Zukunft. Vorausgesetzt, wir können die wesentlichen Bestandteile des heutigen Universums ermitteln. Um das zu tun, müssen wir das Universum wiegen.

DAS WIEGEN DES UNIVERSUMS

Wir wenden uns nun der Aufgabe zu, eine Bestandsaufnahme des Universums zu machen. Wir wollen wissen, welche Arten von Materie in ihm existieren und in welchem Mengenverhältnis, wie viel Energie in den elektromagnetischen Wellen steckt und ob es noch etwas Verborgenes da draußen gibt. Diese Bestandsaufnahme ist entscheidend, weil uns die Friedmann-Gleichung genau sagt, was diese verschiedenen Sorten von Materie – durch ihre Gravitationswirkung – zur Expansion des Universums beitragen. Wir werden berechnen können, wie sich der Skalenfaktor mit der Zeit verändert hat und wie er sich in der Zukunft verändern wird. Dann werden wir genau wissen, wann der Urknall geschehen ist und was uns die Zukunft bringt: Wird das Universum für immer expandieren oder wird es schließlich kollabieren? Durch die Beantwortung dieser beiden bedeutsamen Fragen wird es uns wiederum möglich, unter Robertsons berechneten Universen das zu ermitteln, in dem wir tatsächlich leben. Unser Fokus liegt nun auf dem Verständnis, wie sich die Expansion des Universums entwickelt hat. Aber wie so oft in der Wissenschaft werden wir auf diesem Weg einige Überraschungen erleben.

Wir haben die Friedmann-Gleichung in Exkurs 10 (S. 137–138) beschrieben – und ein Blick lohnt sich, falls Sie es bislang noch nicht getan haben. Sie müssen die Gleichung nicht verstehen; alles, was Sie verstehen müssen, ist, dass die genaue Art und Weise, in der das Universum expandiert, durch die Art und die Menge an Material bestimmt wird, das in ihm steckt.

Von der Beobachtung, dass der kosmische Mikrowellenhintergrund ein Gas aus Photonen mit der Temperatur 2,73 Kelvin ist, können wir mit etwas statistischer Mechanik auf dem Niveau eines Studiums ableiten, dass es heute im Durchschnitt 410 Photonen des kosmischen Mikrowellenhintergrunds pro Kubikzentimeter Raum gibt. Dies legt wiederum den Schluss nahe, dass die gesamte Energie dieser Photonen in einem Würfel von einem Kubikkilometer Größe knapp über ein 40-Millionstel Joule beträgt (4×10^{-14} J/m^3). Verglichen zum Alltag ist das eine winzige Energiedichte: Eine ideale Glühlampe mit zehn Watt strahlt zehn Joule Lichtenergie pro Sekunde ab.[37] Der gravitative Einfluss dieser Energiedichte ist so, dass er die Expansionsgeschwindigkeit des Universums leicht bremst.

Wegen der Rechnungen werden wir die Energiedichten in Massendichten umwandeln, indem wir sie durch das Quadrat der Lichtgeschwindigkeit dividieren. Macht man das, erhält man eine Massendichte von $4{,}5 \times 10^{-31}$ kg/m^3. Die Bedeutung einer mittleren Massendichte ist für massenbehaftete Teilchen offensichtlich (für Protonen oder Elektronen): Wir brauchen nur die Gesamtmasse der Teilchen in irgendeinem Raumbereich zu ermitteln und dann durch das Volumen dieses Bereichs dividieren. Photonen sind anders, weil sie Energie, aber keine Masse haben. Diese Besonderheit ist eine Eigenschaft in Einsteins Spezieller Relativitätstheorie, deren Details hier unwichtig sind. Alles, was wir wissen müssen, ist, dass die Energie der Photonen eine gravitative Wirkung auf die Entwicklung des Universums hat – und dass sich diese Wirkung durch einen Beitrag zur Gesamtmassendichte[38] des Universums, die heute $4{,}5 \times 10^{-31}$ kg/m^3 beträgt, berücksichtigen lässt.

Wie wir in Abbildung 5.8 (S. 131) sahen, gibt es drei Möglichkeiten für die Geometrie des Universums, wenn man annimmt, dass Materie und Energie gleichmäßig verteilt sind (wir bezeichneten das als homogenes, isotropes Universum). Wenn die mittlere Massendichte exakt einem sehr speziellen Wert entspricht, der als kritische Dichte bezeichnet wird, besagt die Friedmann-Gleichung, dass der Raum flach ist. Wenn

[37] Die Energiedichte der Photonen des kosmischen Mikrowellenhintergrunds ist viel größer als die der Photonen, die einen anderen Ursprung haben, etwa in Sternen.

[38] Bezugnehmend auf Exkurs 10 (S. 137–138) trägt die Massendichte der Photonen zu der mit ρ bezeichneten Größe auf der rechten Seite der Friedmann-Gleichung bei.

die mittlere Massendichte die kritische Dichte übertrifft, ist das Universum sphärisch gekrümmt und wenn die mittlere Massendichte kleiner ist als die kritische Dichte, dann ist das Universum hyperbolisch.[39] Mit dem Wert der Hubble-Konstante, den wir in unserer Analyse der Spiralgalaxien abgeleitet haben, H = 70 km/s/Mpc, ergibt sich eine kritische Dichte von 9×10^{-27} kg/m^3. Man kann sich das schön veranschaulichen, weil ein Proton $1{,}67 \times 10^{-27}$ kg wiegt: Die kritische Dichte entspricht im Durchschnitt etwas mehr als fünf Protonen pro Kubikmeter Raum (dass wir gerade Protonen für diesen Vergleich verwenden, hat keinen tieferen Sinn; es ist dasselbe wie die Aussage, dass ein typischer asiatischer Elefantenbulle so viel Masse hat wie etwa 30 Menschen). Nach aktuellem Wissensstand machen die Photonen viel weniger als die kritische Dichte aus, was bedeutet, dass wir in einem Universum mit hyperbolischer Geometrie leben würden, falls es außer Photonen nichts anderes gäbe. Es würde für immer expandieren. Aber natürlich besteht das Universum aus mehr als nur Licht.

Da wir wissen, wieviel Energie die Photonen im Universum haben, können wir sofort ableiten, wie viel die Neutrinos mitführen. Möglich ist das, weil Neutrinos und Photonen zusammen mit den restlichen Teilchen im wenige Sekunden alten Universum bei derselben Temperatur herumgestoßen wurden. Die Energiedichte der Neutrinos ist etwas geringer als die der Photonen. Die Gründe nennen wir in Exkurs 12 (S. 170). Neutrinos und Photonen sind für eine heutige Massendichte von ungefähr $7{,}5 \times 10^{-31}$ kg/m^3 verantwortlich.

Wir erwähnten im vergangenen Kapitel, dass die Berechnungen zur Urknall-Nukleosynthese nur mit den Beobachtungsdaten übereinstimmen, wenn es im heutigen Universum 1,7 Milliarden Photonen für jedes Proton oder Neutron gibt. Bei unseren Untersuchungen des kosmischen Mikrowellenhintergrunds haben wir nur 410 Photonen pro Kubikmeter Raum entdeckt. Fasst man diese Informationen zusammen, so sollte ungefähr ein Proton oder Neutron in jeweils vier Kubikmetern Raum anzutreffen sein. Nun dürften Protonen und Neutronen den wesentli-

[39] In Exkurs 10 können Sie sehen, wie die Dichte des Universums die Geometrie beeinflusst. Wenn zum Beispiel ρ größer als $3H^2/8\pi G$ ist, dann muss K eine positive Zahl sein, was einer sphärischen Geometrie entspricht. Sie können die Zahlen einsetzen, um den Zahlenwert der kritischen Dichte zu ermitteln und so prüfen, ob es der im Text genannte Wert ist.

chen Teil der gewöhnlichen Masse im Universum ausmachen, denn sie sind beide etwa 2000-mal schwerer als das einzige andere gewöhnliche Materieteilchen, das Elektron.[40] Plötzlich kommen wir zu einer Vorhersage: Die Materie im Universum, aus der alle Sterne, Gaswolken und Galaxien bestehen, sollte sich auf insgesamt 4×10^{-28} kg/m^3 summieren. Lässt sich das nicht bestätigen, dann wird die von uns beschriebene Urknalltheorie scheitern.

Das ist ziemlich beeindruckend: Wir behaupten gerade, dass wir genau wissen, wie viele Photonen, Neutrinos, Protonen, Neutronen und Elektronen im heutigen Universum durchschnittlich in jedem Kubikmeter vorhanden sind. Mehr noch: Wir behaupten zu wissen, wie sich diese Protonen und Neutronen zu Wasserstoff, Deuterium, Helium und einem kleinen bisschen Lithium zusammengeschlossen haben.

Aus diesen Zutaten hat sich alles gebildet, was uns vertraut ist. Natürlich würden wir diese Zahlen gerne mit einer völlig anderen wissenschaftlichen Herangehensweise untermauern. Es ist einer der Höhepunkte der modernen Kosmologie, dass wir dazu in der Lage sind – wie wir im nächsten Kapitel sehen werden. Vorerst müssen wir weitermachen, denn es gibt im Universum mehr als nur Licht und gewöhnliche Materie.

Die ältesten soliden Hinweise, dass es eine andere Art von Materie gibt als die, die mit Teleskopen zu sehen ist, stammen aus dem Jahr 1933. Erschienen sind sie in einer Veröffentlichung des Schweizer Astronomen Fritz Zwicky. Er hatte bemerkt, dass sich die Galaxien des Coma-Galaxienhaufens[41] schneller als erwartet bewegen. Die Galaxien eines Haufens bewegen sich auf Umlaufbahnen wegen ihrer gegenseitigen gravitativen Anziehung, so wie die Erde die Sonne umrundet, außer, dass die vorherrschenden Abstände erheblich größer sind: Für gewöhnlich sind Galaxien einige Millionen Lichtjahre auseinander. Mit Newtons Gesetz können wir die Gesamtmasse eines Galaxienhaufens abschätzen, wenn wir wissen, wie schnell sich jede Galaxie bewegt. Das ähnelt stark dem Beispiel, dem wir im vorherigen Kapitel begegnet sind,

---

[40] Wir brauchen das Wort „gewöhnlich", weil es im Universum mehr als Atome, Photonen und Neutrinos gibt, wie wir in Kürze sehen werden.

[41] Das Milchstraßensystem ist Mitglied eines anderen Galaxienhaufens, der als Lokale Gruppe bezeichnet wird. Er enthält rund 50 kleine Galaxien plus zwei große Spiralgalaxien (das Milchstraßensystem und die Andromeda-Galaxie).

Exkurs 12: Die Energiedichte der Neutrinos

Während sich das Universum abkühlte, beendeten die Neutrinos ihre Wechselwirkung mit allem anderen früher als die Photonen, weil die schwache Kernkraft über viel kürzere Abstände wirkt als die elektromagnetische Kraft. Als das Universum expandierte wurde es also so verdünnt, dass die Neutrinos keine Gelegenheit mehr zum Wechselwirken hatten. Dies geschah bei einer Temperatur von etwa zehn Milliarden Kelvin, ungefähr 10^{-5} Sekunden nach dem Urknall. Auch wenn die Neutrinos nicht mehr wechselwirkten, fiel ihre Temperatur weiter, während das Universum expandierte, genauso wie die Temperatur der Photonen fiel. Heute ist die Temperatur der Neutrinos etwas geringer als die Photonentemperatur, weil das Photonengas in Folge eines Vorgangs, der als Elektron-Positron-Paarvernichtung bezeichnet wird, leicht erwärmt wurde, nachdem die Neutrinos nicht mehr wechselwirkten. Bei diesem Prozess trifft ein Elektron auf ein Positron (ein Antimaterie-Elektron), beide verschwinden und werden durch zwei Photonen ersetzt.[1] Auf diese Weise sind zusätzlich einige Photonen entstanden, die die vorhandenen Photonen im Vergleich zu den Neutrinos leicht erwärmten. Falls Sie sich fragen, wie Photonen und Neutrinos verschiedene Temperaturen haben können, bedenken Sie, dass dies möglich ist, weil die Neutrinos tatsächlich ihre Wechselwirkung mit allem beendet haben. Das bedeutet, sie haben keine Möglichkeit mehr, Energie mit anderen Teilchen im Universum auszutauschen. Als Folge liegt die ursprüngliche Neutrinotemperatur etwas unter zwei Kelvin. Die Neutrinos erzeugen am Himmel einen kosmischen Neutrinohintergrund mit einer Rotverschiebung von ungefähr 10^{10} und es wäre wunderbar, einen Detektor zu bauen, der ihn sieht. Leider übersteigt das unsere aktuellen Möglichkeiten.

[1] Sie erinnern sich vielleicht an Kapitel 2: Die Elektron-Positron-Paarvernichtung war für die 1,02 Megaelektronenvolt Energie in der Kernfusionskette verantwortlich, die im Innern der Sonne zur Erzeugung von Helium führte.

als wir die Tully-Fisher-Beziehung für Sterne in einer Galaxie behandelt haben. Es ähnelt auch der Art und Weise, wie wir in Kapitel 3 die Sonnenmasse aus dem Newtonschen Gesetz und der Beobachtung der Planetenbahnen abgeleitet haben. Wenn wir in Exkurs 11 (S. 144) das Wort „Stern" durch „Galaxie" und das Wort „Galaxie" durch „Galaxienhaufen" ersetzen, können wir sogar die Geschwindigkeit einer typischen Galaxie im Haufen ableiten, indem wir die Doppler-Verschiebung des emittierten Lichts beobachten. Wissen wir die Geschwindigkeit der Galaxie, können wir die Masse des Galaxienhaufens berechnen. Zwicky entdeckte, dass die Masse des Coma-Galaxienhaufens viel größer ist, als es allein seine sichtbaren Bestandteile vermuten lassen. Das vom Galaxienhaufen abgestrahlte Licht entspricht ungefähr dem Licht von 30 Billionen Sonnen, während die berechnete Masse so groß ist wie die von 4500 Billionen Sonnen! Ein ziemlicher Unterschied.

Astronomen sprechen von einer Masse-Leuchtkraft-Beziehung, was der Gesamtmasse dividiert durch die gesamte Lichtabgabe entspricht. Im Fall des Coma-Galaxienhaufens ist sie ungefähr 4500/30 = 150. Unsere Sonne hat in diesen Einheiten eine Masse-Leuchtkraft-Beziehung von Eins.[42] Durch eine so große Masse-Leuchtkraft-Beziehung ist sofort klar, dass der Großteil der Masse des Coma-Galaxienhaufens nicht in sichtbarer Materie stecken kann, das Licht abstrahlt. Eine naheliegende Annahme ist, dass sie in dunklen Objekten wie erloschenen Sternen oder schwarzen Löchern stecken könnte. Aber wir werden gleich sehen, dass dies nicht die ganze Geschichte sein kann. Was es auch immer ist, es gibt offenbar viel dunkles Material zu berücksichtigen – was Zwicky überraschte. Zudem wissen wir inzwischen, dass der Coma-Galaxienhaufen kein Einzelfall ist. Die größten Galaxienhaufen haben Masse-Leuchtkraft-Beziehungen von etwa 250.

Die Masse-Leuchtkraft-Beziehung ist eine besonders nützliche Größe. Wenn wir ihren Mittelwert für das gesamte Universum wissen, können wir sie zusammen mit der Messung der mittleren Leuchtkraft des Raums verwenden, um die mittlere Massendichte des Raums abzuleiten. Die mittlere Leuchtkraft des Raums entspricht 130 Millionen Sonnen pro Kubikmegaparsec. Wenn also die mittlere Masse-Leuchtkraft-Be-

[42] Das entspricht 5100 Kilogramm pro Watt.

ziehung für das Universum 250 ist, dann folgt daraus, dass die Materiedichte gleich 250 × 130 Millionen Sonnenmassen in jedem Kubikparsec beträgt. Da unsere Sonne eine Masse von 2×10^{30} kg hat, resultiert daraus eine mittlere Materiedichte von 22×10^{-28} kg/m^3. Sie könnten berechtigterweise einwenden, dass die Masse-Leuchtkraft-Beziehung eines Galaxienhaufens nicht das gleiche ist wie die Masse-Leuchtkraft-Beziehung des ganzen Universums, weil wir sie nicht direkt messen können. Das stimmt: Tatsächlich liegt für unser Sonnensystem die Masse-Leuchtkraft-Beziehung sehr nahe bei eins, weil die Sonne den Großteil der Masse ausmacht und das meiste Licht abstrahlt. Umgekehrt wird die Masse-Leuchtkraft-Beziehung in der Umgebung eines Schwarzen Lochs oder eines erloschenen Sterns sehr groß sein, weil da viel Masse, aber wenig Licht ist. Doch je größer der Raumbereich ist, über den wir mitteln, desto eher ähnelt er dem Verhalten des Universums in seiner Gesamtheit. Bei den allergrößten Galaxienhaufen dürfen wir also eine annehmbare Abschätzung der mittleren Masse-Leuchtkraft-Beziehung des Universums erwarten.

Eine Massendichte von 22×10^{-28} kg/m^3 ist mehr als fünfmal so groß wie die Zahl, die wir für die Massendichte der gewöhnlichen Materie ermittelt hatten. Das bedeutet, dass die Materie im Universum vorwiegend aus etwas anderem besteht als aus den Erzeugnissen der Urknall-Nukleosynthese. Wichtig ist das, weil dadurch die Möglichkeit ausscheidet, dass die unsichtbare Materie von erloschenen Sternen oder Schwarzen Löchern oder einem anderem nicht leuchtenden atomar aufgebauten Material besteht. Denn die Massendichte der gewöhnlichen Materie, die wir aus der Urknall-Nukleosynthese abgeschätzt haben, beschränkt sich nicht auf die Materie, die wir sehen können. Dieses neue Material nennen wir Dunkle Materie.

Natürlich ist das eine ziemlich kühne Schlussfolgerung. Wir haben anscheinend eine neue Materiesorte erfunden, einfach weil unsere Berechnungen und Beobachtungen nicht übereinstimmten. Das wäre eine berechtigte Kritik, wenn es nicht viele andere Möglichkeiten gäbe, mit denen sich die Materiemenge in Galaxien und Galaxienhaufen bestimmen lässt – alle liefern dasselbe Ergebnis. In den 1970ern offenbarte eine Reihe von Beobachtungen, bei denen die US-amerikanische Astronomin Vera Rubin Pionierarbeit geleistet hat, dass sich in vielen Galaxien Ster-

Abbildung 7.1
Im Geschossgalaxienhaufen ist zu sehen, wie das heiße Gas (rot) gegenüber dem Großteil der Masse, die aus dem Gravitationslinseneffekt folgt (blau), verschoben ist.

ne und Gas rascher auf ihren Umlaufbahnen bewegen, als man erwartet hätte, wenn es nur leuchtende Materie in diesen Galaxien gäbe. Bei den Galaxienhaufen sind die Ergebnisse die gleichen – außer dass es dort nicht Sterne, sondern ganze Galaxien sind, die sich scheinbar zu schnell bewegen. Die Analyse von Rubins Galaxienrotationskurven zeigte, dass bis zu 90 Prozent der Masse in einer Galaxie nicht leuchtet. Bis vor kurzer Zeit war das der maßgebliche Hinweis auf die Dunkle Materie.

Der einschneidende Hinweis auf die Existenz der Dunklen Materie stammt von der Beobachtung der Nachwehen einer heftigen kosmischen Kollision. Dabei haben zwei Galaxienhaufen einander mit einigen Millionen Kilometern pro Stunde durchpflügt. Abbildung 7.1 zeigt mehrere überlagerte Bilder vom sogenannten Geschossgalaxienhaufen. Beim Hintergrund handelt es sich um eine Kompositaufnahme, die im sichtbaren Licht mit den 6,5-Meter-Magellan-Teleskopen in Chile und dem Hubble-Weltraumteleskop gemacht wurde. Die roten Flecken sind ein Bild desselben Objekts, aufgenommen mit dem Röntgensatelliten Chandra. Zu sehen ist, wo sich das heiße Gas befindet (durch Nachweis der Röntgenstrahlen, die es emittiert); es glüht bei einer Temperatur von etwa 100 Millionen Grad. Die blauen Flecken zeigen den Ort, wo sich der Großteil der Masse im Galaxienhaufen befindet, abgeleitet mit einem Verfahren, das den sogenannten Gravitationslinseneffekt ausnutzt – eine geniale Anwendung der Allgemeinen Relativität. Raum und Zeit werden durch die Anwesenheit der Materie des Geschossgalaxienhaufens verzerrt. Das bedeutet, dass das Licht von einem Objekt, das aus irdischer Perspektive hinter dem Galaxienhaufen liegt, auf dem Weg zu uns durch die verzerrte Raumzeit hindurch muss. Abbildung 7.2 zeigt ein effektvolleres Beispiel für den Gravitationslinseneffekt. Der Galaxienhaufen Abell 2218 verzerrt das Licht ferner Galaxien, die hinter ihm liegen, sodass sie wie verschmierte Lichtbögen aussehen. Die Wirkung ähnelt dem Blick durch die Unterseite eines Weinglases auf einen Gegenstand. So wie wir die Form des Weinglases aus der Art der Verzerrung des Anblicks ableiten können, so können wir auch die Form der Raumzeit anhand der verzerrten Bilder ableiten. Mit der Allgemeinen Relativität ist es uns dann möglich, die Materieverteilung in dem dazwischen liegenden Galaxienhaufen zu bestimmen, denn die Allgemeine Relativität besagt, welche Verteilung nötig ist, um die Raumzeit auf die beobachtete Weise zu verzerren. Gelegentlich lassen sich die Massen der Galaxienhaufen ebenfalls mit dem Gravitationslinseneffekt bestimmen und die Ergebnisse stimmen sehr gut mit den Massen überein, die aus den Umlaufgeschwindigkeiten ihrer Mitgliedsgalaxien abgeleitet werden, so wie das erstmals Zwicky in den 1930ern tat. Wie gehabt tut es gut, wenn man dieselbe Sache auf verschiedene Weisen messen kann.

In Abbildung 7.1 wird klar, dass sich der Großteil der Masse im Geschossgalaxienhaufen nicht in der Umgebung des heißen Gases befindet. Ohne sich auf Dunkle Materie zu berufen, ist das unerklärlich, denn das Gros der Masse, das wir sehen können, befindet sich in der Nähe des heißen Gases – was bedeutet, dass die blauen und roten Bereiche in Abwesenheit der Dunklen Materie übereinanderliegen sollten.[43] Deutlich zu sehen ist, dass der am weitesten rechts liegende Galaxienhaufen von links nach rechts durchgepflügt ist: Sie können die hinter ihm liegende Stoßwelle im Röntgenlicht erkennen. Während der Kollision wurde das heiße Gas beider Haufen wie erwartet abgebremst, weil heißes Gas aus elektrisch geladenen Teilchen besteht, die intensiv miteinander wechselwirken und gestreut werden. Dagegen wurde der Großteil der Masse beider Galaxienhaufen offensichtlich viel weniger von der Kollision in Mitleidenschaft gezogen: Anscheinend hat er den Zusammenstoß kaum gespürt, sich fast unverändert durch den Raum weiterbewegt und dabei einen anderen Galaxienhaufen mit mehr als einer Million Kilometern pro Stunde durchquert. Durch die Kollision wurde das Gros der gewöhnlichen Materie des Galaxienhaufens, das im heißen Gas steckt, vom Großteil der Masse getrennt, die als schwach wechselwirkende Dunkle Materie vorliegt.

Inzwischen ist die Existenz der Dunklen Materie sehr überzeugend nachgewiesen worden, auch wenn wir nicht wissen, um was es sich bei

[43] Vielleicht haben Sie bemerkt, dass es nur wenige Galaxien im Bereich des heißen Gases gibt (viel mehr Galaxien sind in den blauen Bereichen). Doch lassen Sie sich nicht irritieren: Astronomen wissen sehr genau, dass im Universum der Großteil der gewöhnlichen Masse (d. h. ohne Dunkle Materie) im Gas steckt, nicht in Sternen. Aus der Intensität der Röntgenstrahlen können die Astronomen ermitteln, wie viel Masse im Gas steckt (mehr Gas bedeutet mehr Röntgenstrahlung) – und es ist beträchtlich mehr als in den Sternen der Galaxien. Die Galaxien in Abbildung 7.1 liegen dort, wo sich die Dunkle Materie befindet, weil sie im Gegensatz zum Gas eher selten intensiv miteinander wechselwirken. Sie sind der unwichtige Teil in der Aufnahme des Geschossgalaxienhaufens.

Abbildung 7.2
Die Aufnahme des Hubble-Weltraumteleskops vom Galaxienhaufen Abell 2218 zeigt gravitativ verzerrtes Licht von Objekten, die hinter dem Haufen liegen.

ihr tatsächlich handelt. Die einfachste Idee wäre, von einer neuen Teilchenart auszugehen, die bislang nicht auf der Erde beobachtet wurde. Das ist ziemlich plausibel: Anzunehmen, dass die einzigen existierenden Teilchen, diejenigen sind, die wir bereits beobachtet haben, würde an Arroganz grenzen. Wie wir gesehen haben, wechselwirkt die Dunkle Materie wohl nur nennenswert mit der Gravitation. Deshalb bezeichnen wir sie als dunkel. Es wäre vorstellbar, dass sie auch jenseits der Gravitation schwach mit gewöhnlichen Teilchen wechselwirkt, sodass es irgendwann möglich sein könnte, die Dunkle Materie in irdischen Teilchenphysiklaboratorien zu erzeugen und/oder nachzuweisen. Diese Möglichkeit ist wirklich ernsthaft in Betracht gezogen worden, nicht zuletzt weil einige der gängigeren Konzepte in der Teilchenphysik die Existenz solcher Teilchen der Dunklen Materie vorhersagen – und diese Konzepte stützen sich auf keine astronomische oder kosmologische Begründung. Wie wir im nächsten Kapitel sehen werden, lässt sich die Dunkle Materie auch aus der Art und Weise ableiten, wie Galaxien im gesamten Universum aggregieren sowie aus der Feinstruktur des kosmischen Mikrowellenhintergrunds.

Nun ist ein guter Zeitpunkt für eine Zusammenfassung, wo wir inzwischen bei unserer Suche nach dem Inhalt des Universums angekommen sind. Wir haben herausgearbeitet, dass gegenwärtig:

- **(I)** Photonen und Neutrinos zu einer durchschnittlichen Massendichte $7{,}5 \times 10^{-31}$ kg/m^3 beitragen;
- **(II)** es ungefähr 4×10^{-28} kg/m^3 gewöhnliche Materie gibt, die aus Atomkernen und Elektronen besteht;
- **(III)** die Summe der Dunklen Materie und der gewöhnlichen Materie im Mittel 22×10^{-28} kg/m^3 beträgt, was bedeutet, dass allein die Dunkle Materie etwa 18×10^{-28} kg/m^3 beiträgt.

Da die Summe dieser Massendichten etwa 30 % der kritischen Dichte (9×10^{-27} kg/m^3) ausmacht, besteht noch immer die Möglichkeit, dass wir in einem hyperbolischen Universum leben. Aber wir müssen etwas Seltsames festhalten: Die kritische Dichte entspricht etwa fünf Protonen pro Kubikmeter, während die Gesamtsumme aus Dunkler Materie und gewöhnlicher Materie mit etwa 1,5 Protonen pro Kubikmeter zu Buche schlägt. Warum ähneln sich diese Zahlen so stark? Ohne Vorwissen hätten wir uns diese Zahlen problemlos als weit auseinander liegend vorstellen können: eine Billion Protonen pro Kubikmeter zum Beispiel oder vielleicht auf jedes Megaparsec ein Proton. Dass die beobachtete Dichte ungefähr bei der kritischen Dichte liegt, riecht nach Fügung – oder vielleicht ist es der Schlüssel. Was auch immer der Grund ist, gewiss bedeutet das für unser Universum, dass es fast flach ist.

Die ersichtliche Gleichheit überrascht umso mehr, weil laut der Friedmann-Gleichung der Unterschied zwischen der Materiedichte und der kritischen Dichte im Lauf der Zeit größer werden sollte.[44] Das bedeutet, dass, wenn die Dichte gegenwärtig fast kritisch ist, und dem ist so, sie in der Vergangenheit noch näher an der kritischen gelegen haben muss. Das ist ein Beispiel für ein Feinabstimmungsproblem in der Physik. Es sieht so aus, als ob die Materiedichte im Universum beim Urknall sehr genau eingestellt worden ist, damit genau das Universum entstehen konnte, das wir heute sehen. Um es anders zu sagen: Damit wir uns heute in einem fast flachen Universum befinden, muss der Raum im Moment des Urknalls „unendlich nahe an flach" gewesen sein. Kosmologen bezeichnen das als das Problem der Flachheit.

Viele Kosmologen denken viel lieber über ein gänzlich flaches Universum nach, in dem die Dichte gleich der kritischen Dichte ist, als über ein annähernd flaches. Auf den ersten Blick mag das nach Befangenheit klingen. Warum sollte ein Wissenschaftler mit einem Universum zufriedener sein, das exakt die kritische Dichte hat, als mit einem, das 30 Prozent von ihr erreicht? Die Erklärung für diese scheinbare Befangenheit lautet, dass es einen sehr einfachen Grund gibt, warum das Universum flach erscheinen sollte. Zumal selbst ein gekrümmtes Universum flach wirken würde, wenn es ausreichend groß ist.

Der Zusammenhang zwischen Flachheit und Größe des Universums ist leicht einzusehen. Wenn sich jemand nur auf einem kleinen Teil der Erdoberfläche aufhalten darf, kann er leicht der Täuschung erliegen,

---

[44] Das erkennen Sie nicht durch einen Blick auf die Gleichung, Sie müssen sie lösen. Grob gesagt wird eine Krümmung des Raums im Lauf der Zeit immer deutlicher (d. h. die Dichte weicht zunehmend von der kritischen Dichte ab). Wenn wir gegenwärtig also keine Krümmung wahrnehmen, dann hätten wir mit ziemlicher Gewissheit auch keine in der Vergangenheit wahrgenommen (d. h. die Dichte lag in der Vergangenheit näher an der kritischen).

Abbildung 7.3
Links: M 3 ist einer der hellsten Kugelsternhaufen am Himmel. Mit einer Entfernung von mehr als 30.000 Lichtjahren ist er an der nördlichen Himmelshalbkugel mit einem Fernglas zu sehen. Er enthält ungefähr eine halbe Million Sterne. Rechts: Omega Centauri ist der größte Kugelsternhaufen unserer Galaxis.

dass die Erde flach ist – einfach weil sie groß ist. Genauso können wir leicht zu dem Schluss kommen, dass das Universum flach ist, wenn wir Astronomie in einem kleinen Bereich eines viel größeren Universums betreiben. Sie können diesen Gedanken in der Friedmann-Gleichung finden (schauen Sie nochmals Exkurs 10 an): Macht man R größer, wird der Term, der von der Geometrie des Raums abhängt, kleiner. In dem Fall erschiene das Universum flach, obwohl es im großen Maßstab nicht flach wäre. Die Frage, warum die Dichte des Universums so nahe an der kritischen Dichte liegt, wird dann durch die Frage ersetzt, warum das Universum so groß ist. Wie wir in Kapitel 1 angedeutet haben, ist ein riesiges Universum die natürliche Folge der Inflationstheorie. Vielleicht verstehen Sie nun den Grund, warum ein Kosmologe lieber davon ausgeht, dass wir in einem sehr flachen Universum leben, dessen Massendichte sehr nahe bei der kritischen Dichte liegt, als von einem Universum mit 30 Prozent der kritischen Massendichte. Im extra flachen Fall lautet die Aufgabe „einfach", eine Theorie (wie die Inflation) zu finden, um ein Universum zu erhalten, das drastisch größer als das beobachtbare ist. Diese Überlegung ist viel einfacher als die Suche nach einer Theorie, die genau zu jenem Universum passt, in dem der Radius R zufällig fast dieselbe Größe hat wie das beobachtbare Universum. Offensichtlich müssen wir das Problem, das wir uns mit der Annahme einhandeln, dass wir in einem sehr flachen Universum anstatt in einem ungefähr flachen leben, bei den fehlenden 70 Prozent der Massendichte berücksichtigen. Bemerkenswerterweise scheint die theoretische Annahme eines sehr flachen Universums zu stimmen, obwohl der Hinweis für einen Beleg aus einer ziemlich unerwarteten Richtung kommt: Gegen Ende des 20. Jahrhunderts erhob sich Einsteins kosmologische Konstante wie der Phönix aus der Asche.

Wir sind der kosmologischen Konstante damals in Kapitel 5 begegnet, als wir festgestellt haben, dass Einstein sie erfolglos in seine Gleichung der Allgemeinen Relativität einzufügen versucht hatte, um ein funktionierendes Modell eines nicht expandierenden Universums zu entwerfen. Seit Einstein sie als seine größte Eselei verworfen hatte, stand die Möglichkeit, dass eine kosmologische Konstante im Universum eine Rolle spielt, weit unten auf der Prioritätenliste der meisten Kosmologen – bis in die 1990er.

Die Friedmann-Gleichung ermöglicht uns, das Alter des Universums zu berechnen (wenn wir die mittlere Massendichte der verschiedenen Materiearten und die heutige Hubble-Konstante kennen). Das Problem ist, dass eine Materiedichte von nur 30 Prozent der kritischen Dichte und eine Hubble-Konstante von 70 km/s/Mpc darauf hindeuten, dass das Universum jünger als einige seiner Bestandteile ist – was offensichtlich etwas unglücklich wäre. Dieses Problem folgt aus der Altersbestimmung der sogenannten Kugelsternhaufen.

Astronomen mögen Kugelsternhaufen, weil sie zu den spektakulärsten Objekten am Nachthimmel gehören, die sich mit kleinen Fernrohren betrachten lassen. Es sind großartige kugelförmige Ansammlungen aus Sternen und es gibt im Milchstraßensystem viele von ihnen. Das linke Bild in Abbildung 7.3 ist eine Aufnahme von Messier 3 (M 3) im nördlichen Sternbild Jagdhunde. Dieses Bild wurde von unserem Freund Bill Chamberlain gemacht, der kürzlich im zarten Alter von 70 Jahren die Astronomie zu seinem Hobby gemacht hat. Einer der spektakulärsten und am besten untersuchten Kugelhaufen ist Omega Centauri, der größte Kugelhaufen unserer Galaxis. Er ist nur 15.800 Lichtjahre weit weg und enthält zehn Millionen Sterne, was ihn zu einem hellen, schönen Objekt macht. Ein umwerfendes Bild von Omega Centauri, aufgenommen vom European Southern Observatory auf La Silla (Chile), ist ebenfalls in Abbildung 7.3 zu sehen. Astronomen können das Alter solcher Haufen wie M 3 bestimmen, indem sie die Farbe und Helligkeit der Mitgliedssterne untersuchen. Im Fall von M 3 haben sie ein Alter von etwa 11,4 Milliarden Jahren ermittelt.

Um solche Systeme zu untersuchen, ordnen die Astronomen die Sterne in einem Diagramm gemäß der Farbe (die direkt von der Oberflächentemperatur abhängt) und Helligkeit an. Man bezeichnet diese Diagramme als Hertzsprung-Russell-Diagramme (HRD)[45]: Abbildung 7.4 zeigt das HRD von Omega Centauri (rechts) und der Plejaden (links). Es sind sehr schöne Diagramme, weil die Sterne eindeutig nicht zufällig verteilt sind. Im Fall der Plejaden liegt die Mehrzahl der Sterne auf

[45] Das Hertzsprung-Russell-Diagramm ist nach Ejnar Hertzsprung und Henry Norris Russell benannt, die erstmals Sterndaten auf diese Weise dargestellt haben – unabhängig voneinander im Jahr 1911.

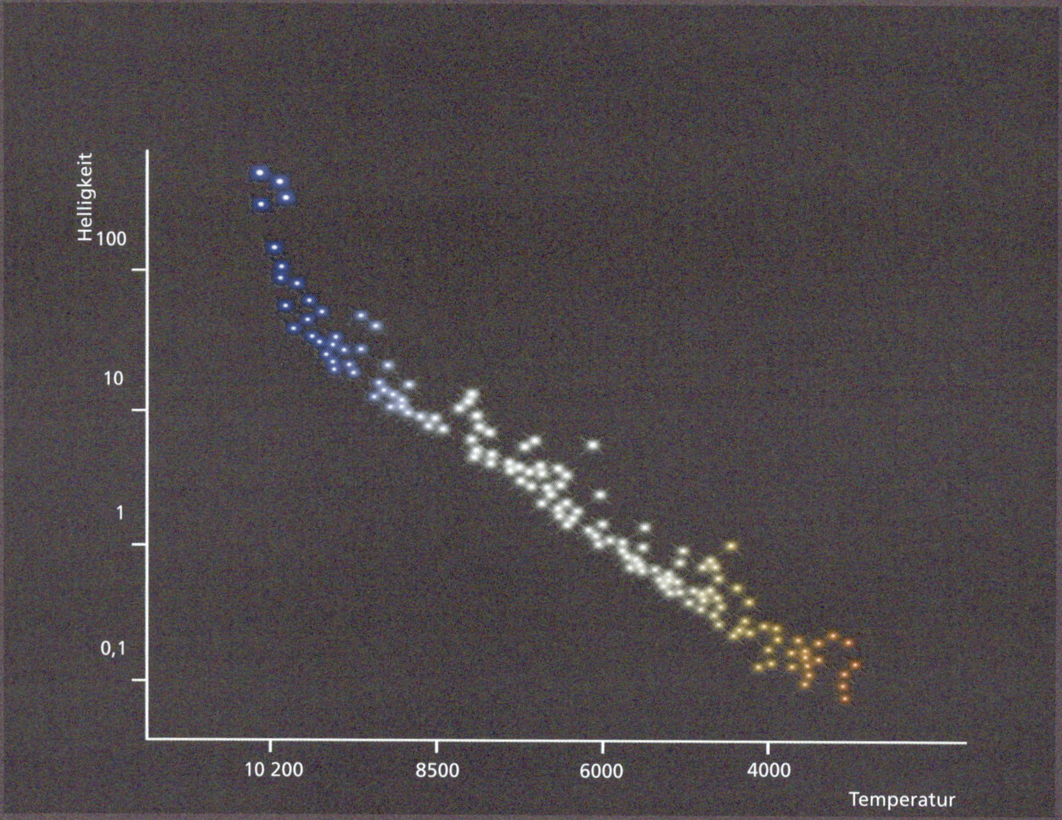

Abbildung 7.4
Mit Hertzsprung-Russell-Diagrammen lässt sich das Alter von Sternhaufen bestimmen. Das linke Diagramm stammt von den Plejaden, das rechte von Omega Centauri.

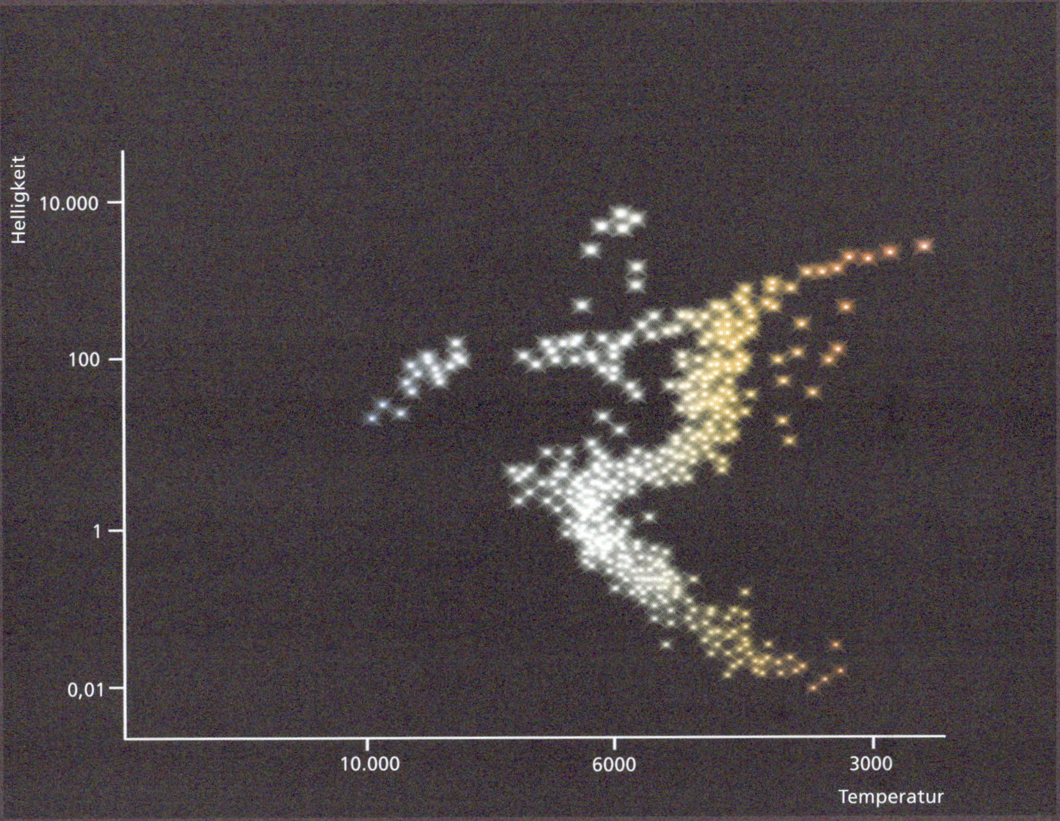

Helligkeit
10.000
100
1
0,01
10.000
6000
3000
Temperatur

einer geschwungenen Linie; die heißen, blauen Sterne sind die hellsten und die kühlen, roten Sterne sind die schwächsten. Diese Linie wird als Hauptreihe bezeichnet. Im Fall von Omega Centauri ist sie nicht so ausgeprägt. Vielmehr knickt sie ab und zeigt damit an, dass Omega Centauri eine nennenswerte Population heller, roter Sterne enthält. Diese Sterne werden als rote Riesen bezeichnet.

Die dem HRD zugrunde liegende Physik ist einfach zu begreifen. Hauptreihensterne – wie übrigens auch unsere Sonne einer ist – verbrennen in ihrem Innern Wasserstoff zu Helium. Die bei diesen Fusionsreaktionen frei werdende Energie erzeugt den Druck, der dem nach innen gerichteten Zug der Gravitation entgegenwirkt. Solange der Stern Brennstoff hat, existiert er in einem stabilen Zustand. Massereichere Sterne müssen mehr Hitze produzieren, um den erforderlichen Druck zu erzeugen, der dem nach innen gerichteten Zug der Gravitation entgegenzuwirken hat. Sie sind heißer und bläulicher, was zu Lasten des Brennstoffverbrauchs geht. Dagegen müssen massearme Sterne weniger Energie erzeugen und sind daher lichtschwächer, rötlicher und verbrennen ihren Brennstoff langsamer. Wenn den Sternen ihr Wasserstoffvorrat letztendlich ausgeht, ziehen sie sich zusammen, sodass sich ihr Zentralbereich aufheizt – nun können sie mit dem Heliumbrennen beginnen. Dadurch entstehen einige der schwereren Elemente, unter anderem Sauerstoff und Kohlenstoff. Wegen der extrem erhitzten Zentralbereiche dehnen sich die äußeren Schichten des Sterns aus und kühlen ab. Das führt zu den kühlen, aber hellen Sternen, den roten Riesen, die oben rechts im HRD zu sehen sind. Die Geschichte der Sternentwicklung ist also im HRD angelegt. Die entscheidende Beobachtung für uns: Wenn einem Stern der Wasserstoffvorrat ausgeht, dann verlässt er die Hauptreihe Richtung Riesenast. Bei Omega Centauri ist diese Entwicklung schon auffällig weiter fortgeschritten als bei den Plejaden.

Helle, blauweiße Sterne verlassen die Hauptreihe als Erste, gefolgt von gelben Sternen wie unserer Sonne. Zurück bleiben nur sehr langlebige rote Zwergsterne: Sie haben genug Brennstoff für ein Mehrfaches des heutigen Alters des Universums. Den roten Riesen geht nach relativ kurzer Zeit der Kernbrennstoff vollständig aus. An diesem Punkt kollabieren ihre Zentralbereiche entweder zu einem weißen Zwerg oder im Fall der massereichsten Sterne zu einem Neutronenstern oder einem

Schwarzen Loch. Weiße Zwerge sind lichtschwache, blauweiße Sternüberreste, die unten links im HRD liegen. Vielleicht verstehen Sie nun, wie Astronomen aus einem HRD das Alter des Sternhaufens bestimmen können. Ältere Haufen enthalten eine große Zahl roter Riesen und weißer Zwerge sowie weniger Sterne auf der Hauptreihe. Dagegen sind in sehr jungen Haufen alle Sterne auf der Hauptreihe und es gibt keine roten Riesen.

Allein mit diesem Wissen ist es eindeutig, dass die Plejaden wesentlich jünger als Omega Centauri sind, weil sie keine roten Riesen enthalten, aber eine große Gruppe junger, heller, blauer Sterne. Dagegen sind die roten Zwerge, roten Riesen und ein paar weiße Zwerge in Omega Centauri gang und gäbe. Die Astronomen können sehr viel mehr ableiten als nur das relative Alter der Haufen, denn sie verstehen die Sternentwicklung. In Kapitel 2 hatten wir das Alter der Sonne aufgrund unseres kernphysikalischen Wissens ermittelt. Dasselbe können wir bei den Sternhaufen tun. Schauen Sie sich zum Beispiel das HRD von Omega Centauri an: Sie erkennen, dass keine gelben, sonnenähnlichen Sterne mehr auf der Hauptreihe liegen. Da wir wissen, dass gelbe Hauptreihensterne wie unsere Sonne eine Lebensdauer von etwa zehn Milliarden Jahren haben, muss Omega Centauri älter als zehn Milliarden Jahr sein. Tatsächlich ist er 11,5 Milliarden Jahre alt.

Dieses Alter ist interessant, weil es nur geringfügig über dem Alter eines Universums liegt, das derzeit mit 70 km/s/Mpc expandiert und nur Materie mit einer Dichte von 30 Prozent der kritischen Dichte enthält – laut Friedmann-Gleichung wäre so ein Universum 11,3 Milliarden Jahre alt. Das Problem wird jedoch noch größer, da es andere Kugelhaufen mit einem Alter von mehr als zwölf Milliarden Jahren gibt. Dieses Problem lässt sich auf einen Schlag lösen, wenn wir annehmen, dass das Universum eine kosmologische Konstante hat, deren Größe einer Massendichte entspricht, die 70 Prozent der kritischen Massendichte ausmacht. Das hat die beiden Vorteile, dass das ermittelte Alter des Universums eher bei 14 Milliarden Jahren liegt und die resultierende Massendichte auf 100 Prozent steigt, wie es sich für ein flaches Universum gehört. Mitte der 1990er sahen sich Kosmologen durch weitere Daten – wie die, die sich aus der Theorie der Galaxienentstehung ergeben, was wir im nächsten Kapitel behandeln werden – bestärkt, dass es also doch eine kosmologische Konstante geben könnte. Doch erst 1998 neigte endgültig die Mehrzahl der Kosmologen zur kosmologischen Konstante.

In jenem Jahr veröffentlichten zwei Gruppen von Astronomen ihre Ergebnisse zur Rotverschiebungs-Entfernungs-Beziehung von Supernovae des Typs 1A. So wie wir es im vergangenen Kapitel bei der Messung der aktuellen Expansionsgeschwindigkeit des Universums getan haben, fertigten sie ein Hubble-Diagramm an – doch anstelle von Spiralgalaxien verwendeten sie Supernovae des Typs 1A. Rufen Sie sich nochmals ins Gedächtnis, dass diese explodierenden Sterne besonders nützlich für Astronomen sind, weil sie alle auf dieselbe Weise explodieren. Das bedeutet, wir können ihre beobachtete Helligkeit verwenden, um zu messen, wie weit sie weg sind. Da Supernovae über sehr große Entfernungen zu sehen sind, kann man mit ihnen ermitteln, wie das Universum in den vergangenen Jahrmilliarden expandiert ist. Das geht bei weitem besser als mit Spiralgalaxien.

Das Supernova Cosmology Project und das High-Z Supernova Search Team veröffentlichten ihre Beobachtungen, nachdem sie mehrere Jahre lang Daten von einigen Zehntausend Supernovae gesammelt hatten. Die Teams stellten fest, dass die am weitesten entfernten Supernovae deutlich lichtschwächer als erwartet waren – was heißt, dass sie weiter weg sind, als in einem Universum zu erwarten wäre, in dem die Materie dominiert. Am besten passte zu den Daten, dass das Universum seine Expansion nicht abbremst, sondern sogar noch beschleunigt. In einem Universum, das nur gewöhnliche Materie und Dunkle Materie enthält, würde die anziehende Gravitation der Materie die Expansionsgeschwindigkeit immer weiter senken, also wäre eine Abbremsung die Regel. Eine beschleunigte Expansion hingegen ist das Markenzeichen einer kosmologischen Konstante. Zweifellos ist der entscheidende Punkt der Supernovae-Messungen, dass sie sich erklären lassen, wenn die Massendichte durch eine kosmologische Konstante 70 Prozent der kritischen Dichte ausmacht. Anders gesagt scheint das Universum tatsächlich flach zu sein – die Ahnung der Theoretiker stimmt.

Gleichbedeutend mit der kosmologischen Konstante wird häufig der Begriff der Dunklen Energie verwendet. Der geheimnisvoll klingende Name erweckt den Eindruck, dass es womöglich eine tiefergehende Erklärung für die Ursache einer beschleunigten Expansion des Universums gibt – vielleicht existiert etwas, das sich als Wirken einer kosmologischen Konstante äußert. Es gibt unzählige Ideen, aber bislang keine zwingende Erklärung, was die Dunkle Energie sein könnte – es könnte einfach eine kosmologische Konstante sein. Eine Idee lautet, dass der leere Raum an sich eine Quelle der Energie ist (als Vakuumenergie bezeichnet) – eine Idee, die Teilchenphysikern sehr vertraut ist. Wir werden ihr im nächsten Kapitel wieder begegnen. Aber es gibt ein ernsthaftes Problem mit dem Begriff der Vakuumenergie: Die Berechnungen der Teilchenphysiker sagen tendenziell eine kosmologische Konstante voraus, die viel größer als die beobachtete ist. Aus diesem Grund neigen Teilchenphysiker zu der Annahme, dass die kosmologische Konstante eigentlich null ist und dass ihre Deutung als Vakuumenergie falsch ist. Sie ziehen den Wert null vor, weil für einen Theoretiker die Vorstellung einfacher ist, dass sich aufgrund derzeit unbekannter Physik wie durch ein Wunder alle großen Zahlen gegenseitig aufheben und exakt nichts zurückbleibt, als dass sich aufgrund derzeit unbekannter Physik wie durch ein Wunder *fast* alle großen Zahlen gegenseitig aufheben und *fast* nichts zurückbleibt. Zugegeben, das ist nicht die zwingendste Logik. Aber da sich die Theoretiker keinen Reim auf die Bedeutung der kosmologischen Konstante machen können, hüten sie sich vor Behauptungen, sie existiere tatsächlich in der Natur. Dass die Daten eine von null verschiedene kosmologische Konstante zu erfordern scheinen, zwingt die Kosmologen, sich dem Problem zu stellen. Die Ablehnung einer kosmologischen Konstante durch die Theoretiker war anfänglich so groß, dass der Leiter des High-Z Team, Brian Schmidt, der 2011 gemeinsam mit anderen den Nobelpreis für die Entdeckung verliehen bekommen hat, zunächst befürchtet hatte, die Veröffentlichung der Ergebnisse wären das Ende seiner Laufbahn. Er hatte geglaubt, sie müssten falsch sein.

Hier nun also die aktuelle Bestandsaufnahme des Universums, die wir in diesem Kapitel erarbeitet haben: Die Massendichte (in Prozent der kritischen Dichte) verteilt sich auf fünf Prozent Materie, 25 Prozent Dunkle Materie und 70 Prozent Dunkle Energie. Nun können wir die Frage klären, in welchem von Robertsons Universen wir leben. Wir leben in einem Universum vom Typ (i): Unser Universum hat ein endliches Alter und wird zukünftig für immer weiter expandieren.

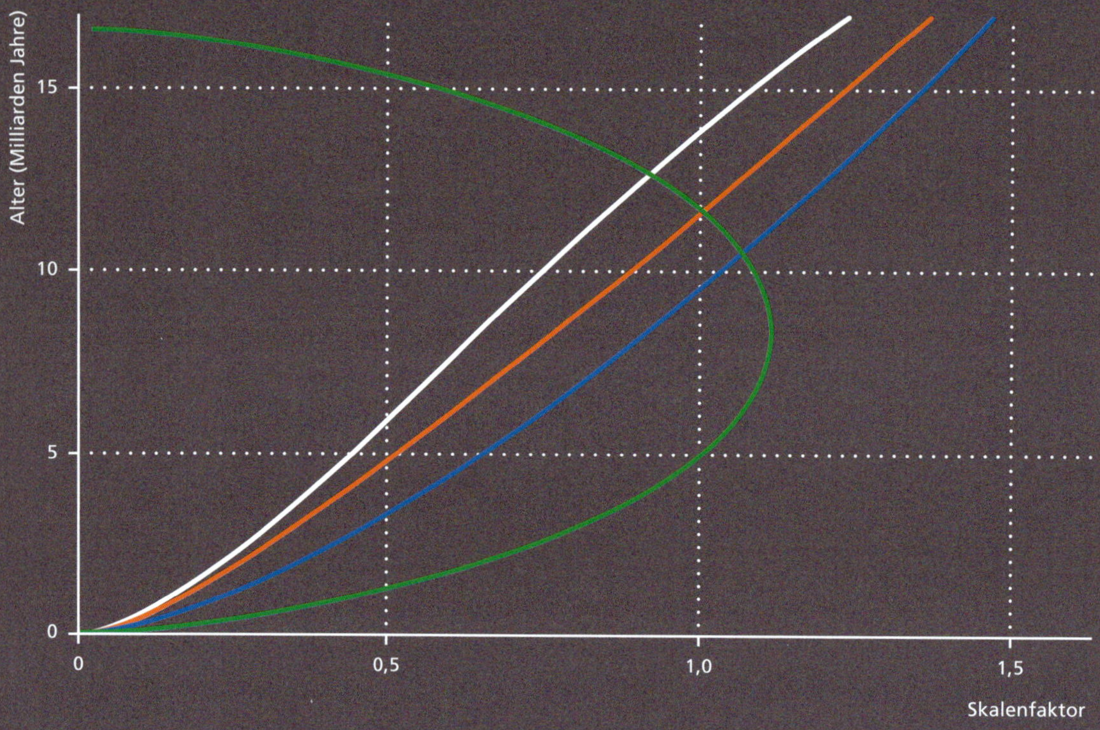

Abbildung 7.5
Die Änderung des Skalenfaktors mit der Zeit. Die weiße Kurve entspricht unserem Universum, d. h. 30 Prozent Materie und 70 Prozent Dunkle Energie. Die rote Kurve ist das gleiche, aber ohne Dunkle Energie, und die blaue entspricht einem Universum mit 100 Prozent Materie. Die grüne Linie entspricht einem Universum ohne Dunkle Energie und einer Materiedichte vom Zehnfachen der kritischen Dichte – wie wir sehen, ist das ein Universum, das mit einem Big Crunch, einem umgekehrten Urknall, endet.

Nachdem wir nun wissen, wie sich die Masse und Energie im Universum auf die verschiedenen Komponenten verteilt, können wir mit der Friedmann-Gleichung seine Expansionsgeschwindigkeit berechnen – für jeden Zeitpunkt nach dem Urknall. Abbildung 7.5 zeigt, wie sich der Skalenfaktor[46] bei vier denkbaren Universen mit verschiedenen Anteilen an Materie und Dunkler Energie mit der Zeit verändert: Unserem Universum entspricht die weiße Linie.

Der heutige Tag ist einem Skalenfaktor von eins gleichzusetzen. Somit können wir ablesen, dass unser Universum fast 14 Milliarden Jahre alt ist. Um genau zu sein, und das müssen wir wegen des nächsten Kapitels, meinen wir damit, dass diese Zeitspanne vergangen ist, seitdem der Skalenfaktor sehr klein war. Wir glauben nicht wirklich, dass die Friedmann-Gleichung stimmt, wenn der Skalenfaktor zu klein wird. Aber wir trauen ihm bis zu dem Punkt, an dem die Temperatur des Universums den Energien entspricht, die am leistungsfähigsten Teilchenbeschleuniger der Erde – dem Large Hadron Collider – untersucht werden. Diese Energien decken sich mit einer Temperatur von etwa 10^{16} Grad Celsius, die bei einem winzigen Skalenfaktor von 10^{-16} geherrscht hat. Das entspricht einem Zeitpunkt, zu dem das heute sichtbare Universum etwa $10^{-16} \times 10$ Milliarden Lichtjahre groß war (also gerade einmal 10 Millionen Kilometer). Es mag so aussehen, als ob wir uns von dem Anspruch entfernen, den eigentlichen Anfang des Universums verstehen zu wollen. Trotzdem behaupten wir kühn, dass wir nun seine Entwicklung ab einem Zeitpunkt beschreiben können, zu der alle erforderliche Materie für die Hunderte Milliarden Galaxien des beobachtbaren Universums in einer Kugel steckte, die bequem in die Erdumlaufbahn gepasst hätte. Aber wir sind zu bescheiden – wir können es noch besser.

Oh – Bevor wir nun dazu kommen, hätten wir fast vergessen, dass Universum zu wiegen. Während ein Kosmologe mit der Aussage zufrieden ist, dass das Universum eine kritische Dichte hat, können wir das Gewicht selbst ausrechnen. Mit der Friedmann-Gleichung ermitteln wir, dass das beobachtbare Universum kugelförmig ist und einen Radius

[46] Vergegenwärtigen Sie sich, dass diese Größe besagt, wie viel der Raum relativ zu seiner heutigen Größe gedehnt oder geschrumpft ist.

von 47 Milliarden Lichtjahren hat – wegen der Expansion des Raums ist der Radius größer als 14 Milliarden Lichtjahre.[47]

Das bedeutet, dass das Volumen des beobachtbaren Universums knapp 4×10^{80} m³ beträgt. Wir hatten herausgefunden, dass die Massendichte 9×10^{-27} kg/m³ beträgt (wenn wir den Beitrag der Dunklen Energie berücksichtigen), sodass die Gesamtmasse des beobachtbaren Universums etwas über 3×10^{54} Kilogramm liegt.[48] Zahlen dieser Größenordnung kann man sich nur schwer vorstellen. Vielleicht hilft es, wenn wir sagen, dass das beobachtbare Universum so viel wiegt wie 3×10^{54} Maß Bier.

[47] Die Tatsache, dass 47 Milliarden Lichtjahre mehr Zeit ist, als seit dem Urknall vergangen ist, multipliziert mit der Lichtgeschwindigkeit (= 14 Milliarden Lichtjahre), rührt daher, dass sich die 47 Milliarden Jahre darauf beziehen, wie weit der Rand des beobachtbaren Universums inzwischen entfernt ist. In der Vergangenheit war dieser Abstand wegen der Expansion des Raums geringer.

[48] Wir haben das Volumen des beobachtbaren Universums mit der Formel $4/3\,(\pi r^3)$ für eine Kugel mit dem Radius r ermittelt. Die Gesamtmasse haben wir dann erhalten, indem wir dieses Volumen mit der Massendichte multipliziert haben.

WAS GESCHAH VOR DEM URKNALL?

Das Universum hat keine homogene Materieverteilung, es ist voller faszinierender Strukturen. Sterne sind gravitativ in wunderbar vielfältigen Galaxien gebunden und die Galaxien bilden feine Netze, die sich über viele Millionen Lichtjahre erstrecken (Abbildung 8.1). Wir möchten nun erforschen, wie solche Strukturen aus dem ursprünglichen Plasma, den Erzeugnissen des Urknalls, entstanden sind. Dafür müssen wir unser Augenmerk auf eine Zeit richten, zu der das gesamte sichtbare Universum auf einen Raumbereich komprimiert war, der viel kleiner als ein Atomkern ist.

Wie wir gesehen haben, war das Universum für den Großteil der ersten 380.000 Jahre nach dem Urknall mit einem fast strukturlosen heißen Plasma ausgefüllt, das aus Elektronen, Atomkernen (hauptsächlich Protonen) und Photonen bestand.[49] Dass das Plasma weitgehend strukturlos war, wissen wir durch die Strahlung, die wir aus dieser Zeit nachweisen können – den kosmischen Mikrowellenhintergrund. Er ist in allen Richtungen fast vollständig gleichförmig. Eine völlige Strukturlosigkeit ist jedoch ausgeschlossen, sonst wäre es für immer so geblieben und es hätten sich keine Galaxien gebildet. An manchen Stellen muss das Universum stets etwas dichter gewesen sein als an anderen Stellen – und eine genauere Untersuchung des kosmischen Mikrowellenhinter-

[49] Dunkle Materie und Neutrinos gab es damals ebenfalls, aber sie wechselwirkten nicht mit den Teilchen im Plasma.

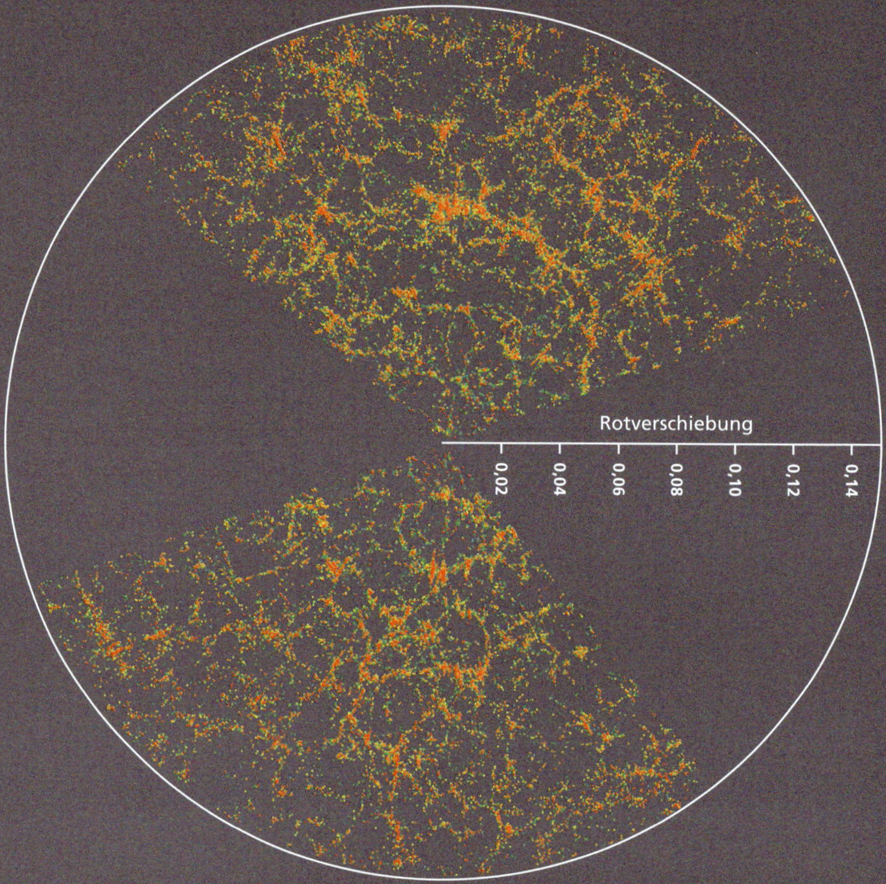

Abbildung 8.1
Eine Karte des Universums, gemacht vom Sloan Digital Sky Survey (SDSS). Die Vermessung deckt etwa ein Drittel des Himmels ab und wurde mit einem optischen 2,5-Meter-Teleskop in New Mexico durchgeführt. Jeder winzige Punkt in der Abbildung entspricht einer Galaxie (jede enthält einige 100 Milliarden Sterne). Die Galaxien versammeln sich entlang dünner Bereiche und lassen große Hohlräume (Voids) frei. Vielleicht ist der größte Triumph der modernen Kosmologie, dass sie die SDSS-Galaxienkarte und die kleinen Schwankungen im kosmischen Mikrowellenhintergrund, dargestellt in Abbildung 8.3, mit ein und derselben Theorie im Einzelnen erklären kann.

grunds ergibt tatsächlich, dass er nicht überall am Himmel genau gleich ist. Der Planck-Satellit der European Space Agency (siehe Abbildung 8.2) markiert den Höhepunkt unserer Beobachtungen des kosmischen Mikrowellenhintergrunds. Abbildung 8.3 zeigt Plancks wunderbare Aufnahme des Lichts aus der Zeit der Rekombination.

Mittels Computersimulationen können wir die Entwicklung des Universums von der Zeit der Rekombination bis zum heutigen Tag nachvollziehen. Während dieser Phase stand die Dunkle Materie im Mittelpunkt. Die Bereiche, in denen die Dunkle Materie eine etwas höhere Dichte hatte als im Durchschnitt, zogen mehr Materie aus ihrem Umfeld an. So kam es, dass während der gesamten Geschichte des Universums die Dunkle Materie, die sich gravitativ zusammenballt, mit der Expansion des Raums, die die entgegengesetzte Wirkung hat, also die Materie verdünnt, konkurriert. Während der ersten 50.000 Jahre nach dem Urknall hatte die Expansion die Oberhand, weil sich der Raum zu schnell ausdehnte, als dass sich die Materie zusammenballen konnte. Danach wuchsen diese kleinen Klumpen aus Dunkler Materie allmählich und zogen nach und nach auch die gewöhnliche Materie an. So entstanden große Wolken aus Atomkernen, die in den nachfolgenden Jahrmilliarden zu Galaxien mit Sternen kollabierten. Diese Entwicklung des Universums, von einer fast gleichförmigen Materieverteilung zu einer klumpigen, ist eine zwangsläufige Folge der Gravitation.

Abbildung 8.4 stellt die Ergebnisse aus zwei Simulationen dar. Das linke Bild, das unser Kollege Scott Kay zur Verfügung gestellt hat, zeigt, wie die Dunkle Materie heute in einem großen Teil eines Universums wie dem unsrigen (d. h. mit derselben Menge an Dunkler Materie, Dunkler Energie und gewöhnlicher Materie) verteilt sein sollte.

Das rechte Bild ist eine Simulation, die im Rahmen des Eagle-Projekts durchgeführt wurde, an dem Kosmologen aus Europa beteiligt sind. Dieses Bild zeigt, wie die gewöhnliche Materie (hauptsächlich Wasserstoffgas) in einem viel kleineren Bereich des Universums verteilt ist – zu sehen sind Ausschnittvergrößerungen, sodass die ungleichmäßige Materieverteilung deutlicher hervortritt. Erstaunlicherweise kann die Eagle-Simulation die Entstehung realistisch aussehender Einzelgalaxien beschreiben.

Abbildung 8.2
Der Planck-Satellit der Europäischen Raumfahrtagentur wurde am 14. Mai 2009 auf einer Rakete des Typs Ariane 5 vom Weltraumbahnhof in Guyana gestartet und am 23. Oktober 2013 außer Betrieb genommen. In diesen Jahren sammelte der Satellit Daten, die die bereits eindrücklichen Messungen des WMAP-Satelliten der NASA verbesserten. WMAP war von 2001–2010 in Betrieb. Er lieferte die ersten detaillierten Messungen der Schwankungen im kosmischen Mikrowellenhintergrund. Heutzutage bieten diese Schwankungen den Kosmologen die Gelegenheit zu erforschen, was bei der Geburt unseres Universums geschah.

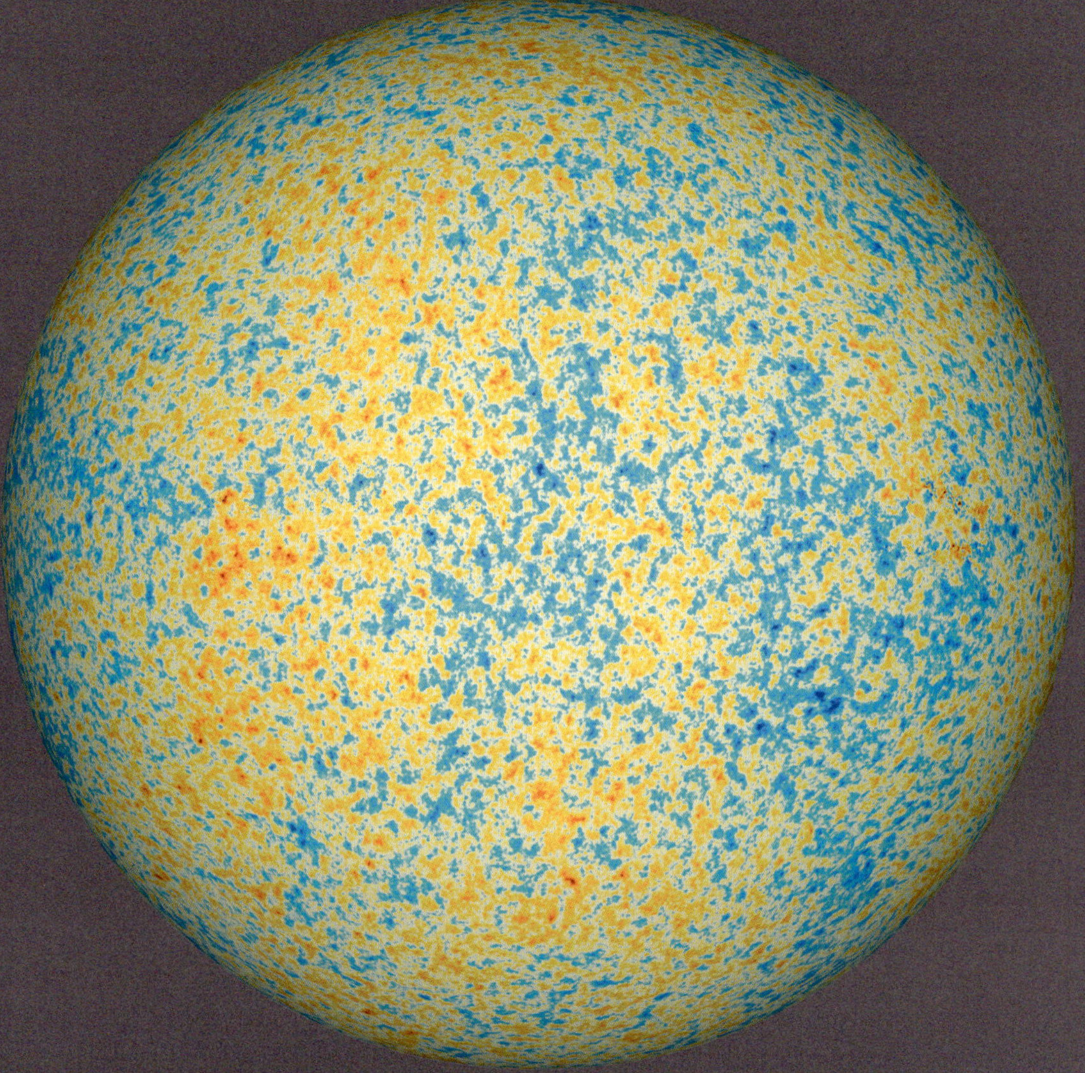

Abbildung 8.3
Plancks Aufnahme der Mikrowellen, mit denen die Erde geflutet wird. Die Mikrowellen haben ihren Ursprung zur Zeit der Rekombination, als das junge, heiße Universum schlagartig lichtdurchlässig wurde. Es ist eine Aufnahme des Universums, als es nur wenige 100.000 Jahre alt war. Die Farben geben die Temperatur des Himmels wieder; das abgekühlte, schwache Nachleuchten des Plasmas. Heiße Bereiche sind rot, kühlere blau. Die Karte zeigt Abweichungen von der durchschnittlichen Temperatur von 2,726 Kelvin bzw. 2,726 Grad über dem absoluten Nullpunkt. Die heißen Bereiche sind um etwa ein Hundertmillionstel Grad heißer als der Durchschnitt, die kühlen Bereiche etwa um ein Hundertmillionstel Grad kühler. Diese Temperaturabweichungen sind winzig und hängen direkt mit den Dichteschwankungen im Plasma zusammen.

Diese Simulationen können wir mit der Karte der Galaxien im realen Universum vergleichen, wie sie Abbildung 8.1 zeigt: Auffällig ist dieselbe ungleichmäßige Materieverteilung. Beachten Sie auch, wie sich die gewöhnliche Materie (der Stoff der Galaxien) tendenziell netzförmig anordnet und genauso verteilt ist wie die Dunkle Materie. Wie oben angemerkt liegt das an der größeren Häufigkeit der Dunklen Materie, deren Gravitation die gewöhnliche Materie anzieht. Die Übereinstimmung zwischen Simulation und Beobachtung sieht auf den ersten Blick gut aus; sie hält auch einer gründlichen mathematischen Analyse stand. Das bedeutet, dass wir unseren Simulationen vertrauen können, um das reale Universum besser zu verstehen.

Die Simulationen zeigen, dass die Dunkle Materie vor allem durch die Gravitation wechselwirkt (wie vermutet), aber auch, dass sie „kalt" sein sollte. Das ist Kosmologen-Jargon: Sie besteht aus Teilchen, die sich langsam bewegen. Simulationen, bei denen die Dunkle Materie „heiß" ist (was der Fall wäre, wenn sie aus schnellen Neutrinos bestünde), ähneln überhaupt nicht Abbildung 8.1; es entstehen nicht einmal Galaxien. Durch Simulationen wie die des Eagle-Projekts bekommen wir ein gutes Verständnis dafür, wie die Inhomogenität des kosmischen Mikrowellenhintergrunds mit der Galaxienverteilung im heutigen Universum zusammenhängt.

Auf diese Weise kehren wir – vielleicht wenig überraschend – zur Theorie der Inflation zurück, der wir kurz im vergangenen Kapitel und in Kapitel 1 begegnet sind. Zunächst möchten wir jedoch betonen, dass der geistige Ursprung der Inflationstheorie nichts mit den Versuchen der Kosmologen zu tun hatte, die Ursachen für Strukturen im Universum zu beschreiben. Wir arbeiten uns also nicht vom heute beobachtbaren Universum zurück und erfinden dabei eine Theorie, um die Strukturen in ihm zu erklären. Vielmehr wenden wir eine bereits existierende Theorie an, die aus vollkommen anderen Gründen entstanden ist.

Zum Teil geht die ursprüngliche Motivation für die Inflationstheorie auf die Lösung zweier Rätsel zurück, die auf den ersten Blick nicht zusammenhängen: das Problem der Flachheit und das Problem des Horizonts. Dem Problem der Flachheit sind wir im vergangenen Kapitel begegnet. Damals stellten wir fest, dass es überhaupt kein Problem gäbe, wenn sich die Bereiche des Universums, die wir gerade erforschen können, nur als winziger (und relativ flacher) Teil eines viel größeren (und gekrümmten) Universums erwiesen. Die Inflation erzeugt dieses Universum durch eine phänomenale Expansionsgeschwindigkeit des Raums – wie das geht, erklären wir in Kürze. Unabhängig von den Einzelheiten wissen wir, dass die Phase der Inflation vor dem Zeitpunkt gewesen sein muss, zu dem sich die ersten Atomkerne bildeten. Sie erinnern sich vermutlich daran, dass das Universum damals eine Temperatur von etwa einer Milliarde Grad hatte. Hätte die Inflation während oder nach der Nukleosynthese stattgefunden, wären die Kerne gleichmäßig verteilt worden, was die gute Übereinstimmung zwischen theoretischen Vorhersagen und Beobachtungen ihrer Verbreitung, die wir in Kapitel 6 behandelten, verdorben hätte.

Das Horizontproblem lässt sich verdeutlichen, wenn man über die Gleichmäßigkeit des kosmischen Mikrowellenhintergrunds nachdenkt – jenem fast perfekten Schwarzkörperspektrum, das wir in Kapitel 6 beschrieben hatten. In jedem Gas aus wechselwirkenden Teilchen wird die vorhandene Energie durch Kollisionen letztlich auf alle Teilchen gleich verteilt. Schnellere Teilchen verlieren Energie, während langsamere energiereicher werden. Nach einer Weile wird das Gas einen unveränderlichen Zustand erreicht haben, den Physiker als thermisches Gleichgewicht bezeichnen. Bei einem Gas im Gleichgewicht ist die Temperatur ein Maß für die durchschnittliche kinetische Energie seiner Teilchen. In der Zeit bevor sich die Photonen des kosmischen Mikrowellenhintergrunds auf ihren ungestörten Weg durch den Raum begaben, war das Universum noch ein heißes Plasma, zu dem auch die Photonen gehörten: Sie stießen mit den Elektronen und Protonen zusammen, sodass sich die Energie gleichmäßig verteilte. Die vom Planck-Satelliten aufgezeichnete Temperatur ist eine direkte Temperaturmessung des heißen Gases, kurz bevor sich die Photonen ungestört auf die Reise begaben.

So weit so gut. Jetzt kommt das Horizontproblem, das in Abbildung 8.5 veranschaulicht ist. Die Photonen des kosmischen Mikrowellenhintergrunds, die heute auf der Erde ankommen, machten sich alle von einer Kugeloberfläche aus auf den Weg, deren Radius der Strecke entspricht, die das Licht in knapp 14 Milliarden Jahren zurücklegen kann. Es ist der blaue Kreis in Abbildung 8.5, den Kosmologen als „Oberfläche der letzten Streuung" bezeichnen. Nun betrachten wir zwei Photonen,

Abbildung 8.4
Links ist eine Computersimulation über die Verteilung der Dunklen Materie in einem 3200 Megaparsec großen Abschnitts des simulierten Universums zu sehen (mit einer Tiefe von 32 Mpc). Die helleren roten Bereiche entsprechen mehr Dunkler Materie, die dunkleren Bereiche Hohlräumen (Voids). Rechts ist eine Computersimulation des Eagle-Projekts. Sie zeigt die Verteilung der gewöhnlichen Materie in einem 100 Megaparsec großen Abschnitt des simulierten Universums (mit einer Tiefe von 20 Mpc). Die Helligkeiten entsprechen der Gasdichte, während die Farben die Temperatur anzeigen (rot ist heißer). Anhand der Vergrößerungen erkennen wir, dass sich die feinsten Einzelheiten als genau simulierte Einzelgalaxien erweisen.

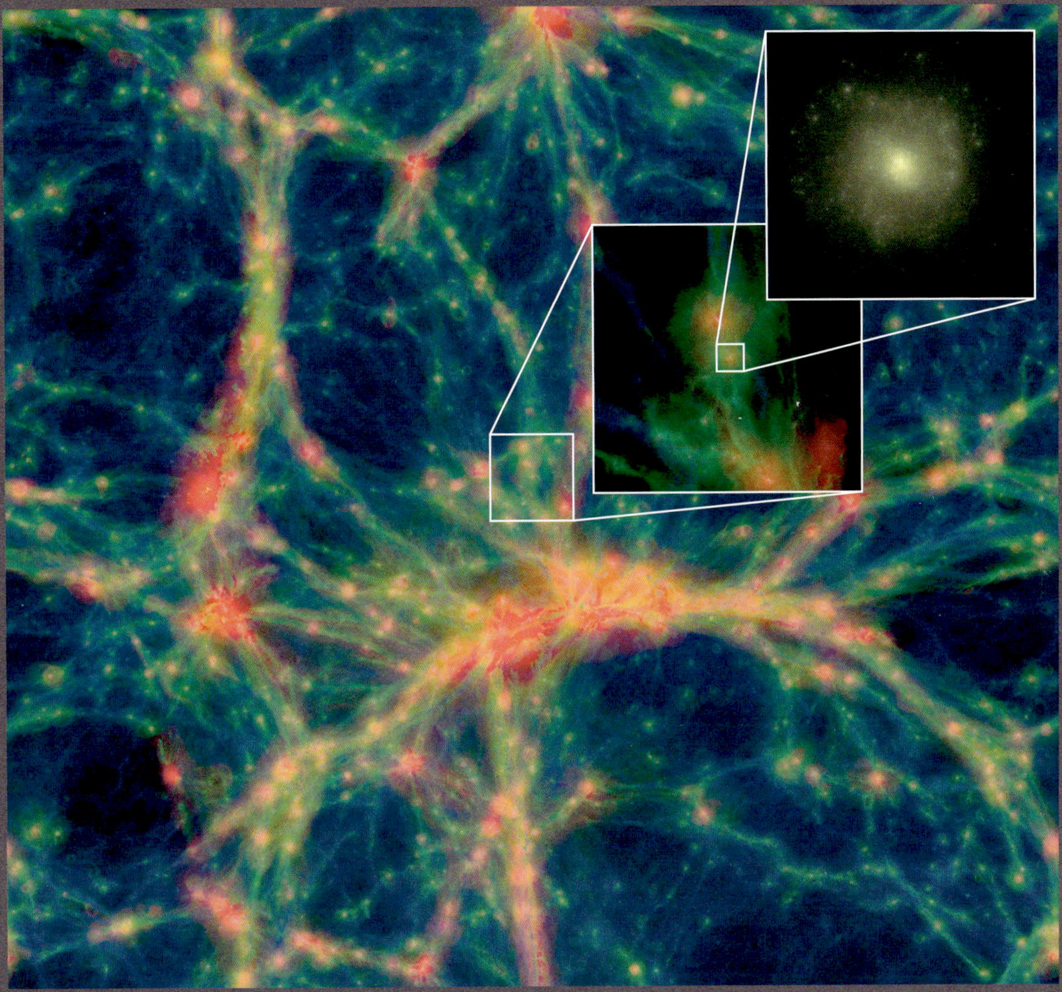

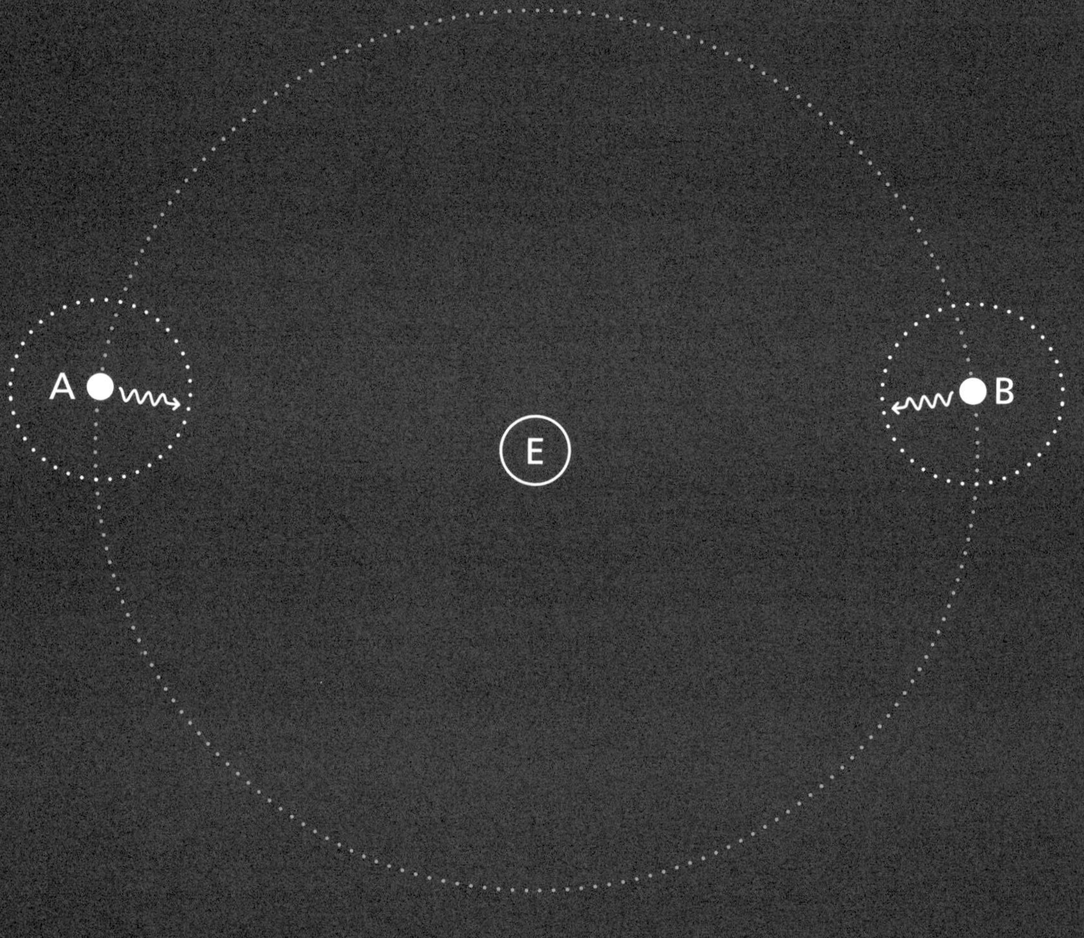

Abbildung 8.5
Veranschaulichung des Horizontproblems.

die aus entgegengesetzten Himmelsrichtungen bei der Erde ankommen. Diese beiden Photonen entkamen dem heißen Plasma an den Punkten A und B in der Abbildung. Laut den Planck-Daten besagen die Photonen, die von A und B kommen, dass diese Bereiche des Plasmas auf ein Hunderttausendstel genau die gleiche Temperatur hatten. Die Frage lautet: Wie schaffen es A und B fast die gleiche Temperatur zu haben, wenn sie so weit auseinander liegen, dass sie auf den ersten Blick niemals miteinander in Kontakt gestanden haben können? Das ist das Horizontproblem. Es etwas genauer zu beschreiben, lohnt sich.

Wenn die Expansion vor der Rekombination des Universums bereits von der gewöhnlichen Materie und der Dunklen Materie bestimmt wurde[50], dann tritt laut der Friedmann-Gleichung folgendes Problem auf: Denken Sie an den Punkt im ursprünglichen Plasma, der mit A bezeichnet wurde. In den 380.000 Jahren, in denen das Universum während der Zeit vor der Rekombination expandiert ist, kann dieser Teil des Plasmas immer nur andere Teile des Plasmas beeinflusst haben, die innerhalb einer Kugel lagen, deren Radius der Strecke entspricht, die das Licht in diesen 380.000 Jahren zurücklegen konnte. Der kleine Kreis um Punkt A verdeutlicht die Größe der Einflusssphäre von A zum Zeitpunkt der Rekombination. Dasselbe trifft auf Punkt B zu. Die Teilchen in jeder der beiden Kugeln hatten genügend Zeit, um ihre Nachbarn anzurempeln, ihre Energie auf alle zu verteilen und bis zu dem Zeitpunkt, ab dem die Photonen des kosmischen Mikrowellenhintergrunds sich ungestört ausbreiten konnten, eine einheitliche Temperatur zu erreichen. Aber die beiden Einflusssphären überlappten sich nicht im Entferntesten, was bedeutet, dass das Gas nahe A niemals mit dem Gas nahe B zusammengestoßen ist. Warum haben dann beide Gase dieselbe Temperatur?

Eine denkbare Erklärung: Wer oder was auch immer das Universum überhaupt erzeugt hat, tat es so, dass zum Zeitpunkt des Urknalls alles die fast perfekt gleiche Temperatur hatte. Soweit so gut, aber es wäre nett, eine Art von tiefergehender Erklärung zu bekommen. Die Inflation liefert sie, indem sie annimmt, dass das Universum in einer Zeit vor der Rekombination eine Phase abartig schneller Expansion durchlaufen

50 Die kosmologische Konstante spielte anfangs bei der Expansion des Universums eine sehr geringe Rolle.

hat, sodass die Einflusssphären von A und B viel größer waren als in der Abbildung gezeigt. Mit einer ausreichend schnellen Expansion wären die beiden Sphären groß genug, um sich zu überlappen. Das Horizontproblem ist ein bisschen so wie wenn sich zwei Fremde kennen, obwohl sie scheinbar zu weit voneinander entfernt waren, um sich zu treffen. Das Rätsel ist gelöst, wenn wir erkennen, dass sich der Raum zwischen den beiden Fremden irgendwann in der Vergangenheit sehr rasch ausgedehnt hat, sodass die Fremden einst Nachbarn waren.

Natürlich lässt sich leicht behaupten, dass es eine frühe rasche Expansionsphase[51] gab, aber es zählt nicht viel, wenn eine Idee nur gut zu sein scheint. Wir müssen überprüfen, ob die Inflation im Kleinen und im Großen eine brauchbare Theorie ist. Um das zu machen, brauchen wir einen Auslöser für die Inflation und einige Vorhersagen, um sie mit Messergebnissen zu vergleichen. Eine Möglichkeit, dass es in Einsteins Gleichungen zu einer raschen Expansion kommt, ist das Einfügen einer ausreichend großen kosmologischen Konstanten. Wir wissen bereits, dass durch eine kosmologische Konstante die Expansion des Universums beschleunigt wird. Je größer ihr Wert, desto höher ist die Beschleunigung (wenn Sie sich ein bisschen mit Mathe auskennen, können Sie das durch Lösen der Friedmann-Gleichung in Exkurs 10 (S. 137–138) am Skalenfaktor erkennen, indem sie außer der kosmologischen Konstanten alle Terme verwerfen). Wie wir im vergangenen Kapitel gesehen haben, gibt es sogar heute Hinweise auf eine kosmologische Konstante. Das Problem ist, dass die heutige kosmologische Konstante viel zu klein für eine so drastische Expansion ist, die das Horizont- und Flachheitsproblem lösen könnte. Zum Glück gibt es einen Ausweg: Die Allgemeine Relativität lässt sich mit einem etablierten Konzept der Teilchenphysik kombinieren, um etwas zu erzeugen, das genauso wie eine kosmologische Konstante wirkt. Das teilchenphysikalische Konzept wird als „Skalarfeld“ bezeichnet.

[51] Das Horizontproblem und das Problem der Flachheit wären beide „einfach gelöst“, wenn das Universum während der Inflationsphase mindestens so stark gewachsen wäre wie seit dem Ende der Inflation. Das ist offenbar nicht der Fall, was zu zeigen in diesem Buch zu weit führen würde. Dafür müsste sich das Universum *mindestens* um einen Faktor von etwa 500 Millionen aufgebläht haben; in dieser Größenordnung ist das Universum seit der Zeit der Nukleonsynthese bis heute expandiert. Praktisch erwarten die meisten Theoretiker, dass sich das Universum noch viel stärker aufgebläht hat – ein Faktor von 10^{26} gilt für gewöhnlich als die minimale Größenordnung für die Inflation.

Uns allen sind Felder geläufig. Sie können das Magnetfeld der Erde mit einem Kompass ausmessen und Mobiltelefone senden und empfangen Wellen des elektromagnetischen Felds. Das Skalarfeld, mit dem wir uns nun befassen werden, ähnelt stark dem elektromagnetischen Feld. Der wesentliche Unterschied ist, dass es den gesamten Raum als eine Art Hintergrund jeglichen Geschehens durchzieht. Stellen Sie sich das Skalarfeld wie einen ruhigen Ozean vor, der den Raum ausfüllt. Wenn ein ozeanähnliches Skalarfeld irgendwann im Lauf der Geschichte des Universums vorhanden war, dann konnte die in ihm gemäß der Allgemeinen Relativität gespeicherte Energie wie eine kosmologische Konstante wirken und das Universum sehr viel rascher expandieren lassen, als es sonst der Fall wäre. Bei dieser „teilchenphysikalischen Denkweise" ist eine Inflationsphase eine äußerst natürliche Sache, weil solche Dinge passieren, wenn Skalarfelder in der Natur existieren. In Exkurs 13 (S. 208–211) erkunden wir die Vorstellung eines alles durchdringenden Skalarfelds genauer; wir erklären, dass fundamentale Felder außerdem die Existenz von zugehörigen Teilchen nach sich ziehen. Zudem besprechen wir ein Skalarfeld, von dessen Existenz wir wissen, weil wir es mit dem Large Hadron Collider entdeckt haben: das Higgs-Feld.

Das mutmaßliche Skalarfeld, das das junge Universum so sagenhaft beschleunigt hat, wurde kurzerhand „Inflatonfeld" genannt. Soweit wir sagen können, spielt die Inflation in unserem Universum heute kaum noch eine Rolle. Es gibt zum Beispiel keine Hinweise auf die Erzeugung von Inflatonteilchen am Large Hadron Collider. Wenn Skalarfelder eine beschleunigte Expansion auslösen können, dann könnten wir berechtigterweise fragen, ob die heutige kosmologische Konstante auf ein Skalarfeld zurückgeht, das als „Quintessenzfeld" bezeichnet wird. Wir werden den Gedanken in diesem Buch nicht weiterverfolgen, aber er ist unter Kosmologen gängig. Wir werden uns auch nicht darüber den Kopf zerbrechen, ob es einen Zusammenhang zwischen diesen beiden postulierten Feldern und dem einen beobachteten Skalarfeld geben könnte – dem Inflatonfeld, dem Quintessenzfeld und dem Higgs-Feld.

Um den grundlegenden Gedanken zusammenzufassen: Wenn das Inflatonfeld einst im Universum vorhanden war, hätte der Raum sehr rasch expandieren können, weil die im Feld gespeicherte Energie wie eine große kosmologische Konstante gewirkt hätte. Dadurch wäre ein

Exkurs 13: Fundamentale Felder und das Higgs-Boson

Wenn Physiker an Felder denken, dann stellen sie sich etwas Quantifizierbares vor, das sich über den Raum erstreckt. Ein sehr einfaches Beispiel für ein Skalarfeld ist das Temperaturfeld in einem Zimmer. Jedem Punkt im Zimmer können wir eine Temperatur zuordnen und dadurch das Feld durch eine Reihe von Zahlen darstellen – eine für jeden Punkt im Zimmer. Wenn Sie irgendwo die Temperatur wissen möchten, brauchen Sie nur die korrekte Zahl aus der Liste herauszusuchen. Offensichtlich ist das langweilig. Der große Nutzen des Feldbegriffs wird deutlich, wenn wir kompliziertere Fragen stellen – wenn wir etwa verfolgen wollen, wie sich die Temperatur im Lauf der Zeit verändert. Gibt es eine Wärmequelle im Zimmer, dann würde sich die Lufttemperatur im Lauf der Zeit auf komplexe Weise verändern: Die Luft in der Nähe der Wärmequelle würde wärmer werden und aufgrund der Konvektion aufsteigen, sich im Zimmer verteilen und so weiter. Wenn wir die richtigen Gleichungen haben, so können wir versuchen zu berechnen, wie sich das Temperaturfeld im gesamten Zimmer durch die Wärmequelle verändert. In diesem Fall ist das Feld eine konkrete mathematische Darstellung etwas sehr Realem; mittels Mathematik lässt sich die Temperatur an einer beliebigen Stelle im Zimmer zu einem beliebigen Zeitpunkt berechnen. Das veranschaulicht gut, wie Physiker die Mathematik nutzen: Sie stellen reale physikalische Phänomene als abstrakte mathematische Objekte (wie Felder) dar und bearbeiten diese Objekte dann mit mathematischen Operationen, um gezielt Fragen über die reale Welt zu beantworten.

Das Temperaturfeld ist ein Skalarfeld, weil wir es mit einer einzigen Zahl an jedem Raumpunkt beschreiben können. Das elektromagnetische Feld ist kein Skalarfeld, sondern ein Vektorfeld. Vektorfelder werden an jedem Raumpunkt durch eine Zahl und eine Richtung beschrieben. Ein einfaches Beispiel ist die Luftströmung in einem Raum. An jedem Punkt können wir sagen, wie schnell die Luft strömt und in welche Richtung. Diese beiden Informationen zusammen (angegeben für jeden Raumpunkt) repräsentieren eine vollständige Darstellung des Luftströmungsfelds. Der Richtungsteil des elektromagnetischen Vektorfelds wird als Polarisation bezeichnet und wird zum Beispiel bei speziellen Sonnenbrillen ausgenutzt, die elektromagnetische Lichtwellen einer bestimmten Orientierung blockieren. Grob gesagt gibt die Polarisation einer Lichtwelle an, in welcher Richtung die Welle schwingt. Stellen Sie sich ein Seil vor, auf dem durch gleichmäßiges Bewegen der Hand Wellen entstehen: Die Richtung Ihrer Handbewegung legt die Polarisation der Welle fest. Natürlich gibt es einen Unterschied von Temperatur- und Luftströmungsfeldern gegenüber elektromagnetischen, Higgs- oder Inflatonfeldern: Bei den erstgenannten Feldern ist sofort einsichtig, dass sie etwas Grundlegenderes repräsentieren, sie beschreiben Eigenschaften der Luft im Raum. Dagegen wissen wir im Fall der elektromagnetischen, Higgs- oder Inflatonfelder nicht, ob sie etwas Grundlegenderes repräsentieren. Womöglich ergeben Experimente wie die am Large Hadron Collider irgendwann, dass das Higgs-Feld nicht fundamental ist, doch im Moment ist unser Verständnis von der Natur zu grob, um das zu klären. Soweit es diese Felder betrifft, sind wir in derselben Position wie die Menschen, die die Welt untersuchten, bevor man wusste, dass Atome existieren. Natürlich betrachten wir inzwischen nicht mehr Feuer, Erde und Wasser als elementar, aber wer weiß, ob wir der Erkenntnis über „die wahre Natur der Dinge“ wirklich so viel näher als unsere Vorfahren gekommen sind.

Inzwischen haben Physiker jedoch eine Reihe von Feldern identifiziert, die fundamental zu sein scheinen. Das Higgs- und das elektromagnetische Feld sind zwei davon, aber da gibt es auch noch sechs unterschiedliche Quarkfelder, sechs Leptonenfelder (darunter ein Elektronenfeld und drei Neutrinofelder), ein Gluonenfeld und die Felder der schwachen Wechselwirkung. All diese Felder können mit einer einzigen mathematischen Struktur beschrieben werden, die Standardmodell der Elementarteilchenphysik genannt wird. Entworfen haben das Standardmodell Sheldon Glashow, Abdus Salam und Steven Weinberg im Lauf der 1960er.[1] Werden die Gesetze der Quantenmechanik auf diese Felder angewandt, gibt es zu jedem Feld ein entsprechendes Teilchen. Beim elektromagnetischen Feld ist es das Photon und beim Higgs-Feld ist es das Higgs-Boson. Alle in der Natur bekannten Teilchenarten hängen mit dem Quantenverhalten eines zugehörigen Felds zusammen. Die Natur der elektromagnetischen Wellen lässt sich als das Verhalten von sehr vielen Photonen verstehen, die sich alle im Einklang mit den Gesetzen der Quantenphysik ausbreiten. Das Standardmodell ist erstaunlich erfolgreich, weil es das Verhalten und die gegenseitige Wechselwirkung aller Teilchen beschreiben kann, die wir in der Natur sehen – mit der bemerkenswerten Ausnahme der Dunklen Materie. Bewaffnet mit dem Standardmodell können wir die Funktionsweise von Atomen, die Entstehung der Radioaktivität und die Fusionsprozesse im Innern der Sterne erklären. Tatsächlich regt das Standardmodell dazu an, uns das gesamte Universum aufgebaut aus einer gewaltigen Zahl von Teilchen vorzustellen, die auf exakt berechenbare Weise herumsausen und miteinander wechselwirken. Nur die Gravitationswechselwirkung zwischen Teilchen ist in dieser Hinsicht nicht völlig verstanden. Wir verstehen diese Wechselwirkung im Groben zwar recht gut – haben wir doch in einem großen Teil des Buchs die Allgemeine Relativität behandelt –, aber wenn wir herauszufinden versuchen, was bei kürzesten Abständen passiert oder in der Nähe von gewaltigen Massen hoher Dichte wie etwa im Innern von Schwarzen Löchern, dann fehlt unser Verständnis. Die Natur der Dunklen Materie herauszufinden und zu verstehen, wie man Quantengravitationseffekte bei sehr kurzen Abständen berechnet, sind zwei der großen Fragen, mit denen Physiker gegenwärtig zu kämpfen haben.

Die Herangehensweise der Teilchenphysiker an diese Fragen ist äußerster Reduktionismus, denn alles läuft auf winzige Teilchen und deren Wechselwirkungen hinaus. Aber zu verstehen, was die Teilchen sind und wie sie wechselwirken, ist nicht das gleiche wie die Vielfalt des Universums zu verstehen. Vermutlich ist das komplexe Verhalten von Leben wirklich aus den Regeln entstanden, die im Standardmodell der Teilchenphysik hinterlegt sind – aber es wäre dumm zu glau-

[1] Eine sehr kurze Einführung in die Teilchen des Standardmodells steht am Ende des Buchs im Anhang.

ben, dass die Biologie dadurch herabgemindert würde. Die meisten unter uns können Schachregeln lernen, aber nur sehr wenige können das Spiel wie ein Großmeister spielen. Doch genug der Grübeleien… Lassen Sie uns zum Skalarfeld zurückkehren.

Im Haupttext sagten wir, dass das elektromagnetische Feld den Raum nicht auf dieselbe Weise durchzieht wie ein Skalarfeld. Grob gesagt bedeutet das, dass elektromagnetische Felder in der Nähe von Lampen oder anderen Quellen, die elektrisch geladene Teilchen beeinflussen, am stärksten sind – dagegen sind sie in großem Abstand von diesen Quellen praktisch nicht existent. Dagegen können Skalarfelder über gewaltige Bereiche des Universums stark sein. Bevor wir zum angenommenen, aber noch nicht nachgewiesenen Inflatonfeld kommen, lohnt sich eine genauere Betrachtung des Higgs-Felds.

Peter Higgs bekam 2013 gemeinsam mit François Englert den Nobelpreis für die Vorhersage der Existenz des Higgs-Bosons, das im Jahr zuvor am Large Hadron Collider entdeckt worden war. In den 1960ern begründeten Higgs und (unabhängig von ihm) Englert, der mit Robert Brout, einem anderen belgischen Physiker, zusammenarbeitete, warum ein alles durchdringendes Skalarfeld existieren muss, um das Rätsel der Teilchenmassen zu lösen. Bevor sie das Higgs-Feld (oder korrekter: das Brout-Englert-Higgs-Feld) vorgeschlagen hatten, ergab die Mathematik, die dem Verhalten der Elementarteilchen zugrunde lag, nur Sinn, falls die Teilchen masselos waren und sich mit Lichtgeschwindigkeit bewegten. Das war offensichtlich Quatsch. Statt den gesamten mathematischen Formalismus zu verwerfen, retteten Brout, Englert und Higgs die Sache durch die Annahme, dass es ein alles durchdringendes Skalarfeld gibt, das sich gleichmäßig über das gesamte Universum erstreckt. Es wechselwirkt auf verschiedene Weisen mit unterschiedlichen Teilchenarten und erweckt so bei uns den Eindruck, dass die Teilchen unterschiedliche, von null verschiedene Massen besitzen. Diese elegante Idee war einige Jahre später entscheidend für die Entwicklung des Standardmodells. Uns ist dieses alles durchdringende Skalarfeld nicht unmittelbar bewusst, weil wir bereits unser ganzes Leben mit ihm verbracht haben: Es bildet den Hintergrund unserer materiellen Existenz.

Falls das alles ein bisschen nach einem Mischmasch aus Ideen klingt – das ist es nicht. Skalarfelder können sehr einfach den gesamten Raum erfüllen, der Vorgang ähnelt der Kondensation von Wasser in der Luft, der Taubildung. Die Gleichungen zeigen, dass es der leere Raum bevorzugt, nicht leer zu sein. Vielmehr kommt es zur „Higgs-Feld-Kondensation", da durch die Kondensation die Energie niedriger wird als die des leeren Raums. Das mag merkwürdig klingen, weil es so wirkt, als ob etwas aus dem Nichts käme. Aber die Quantennatur der Welt besagt, dass der leere Raum niemals eine einfache Sache ist, vielmehr ist er eine brodelnde Suppe aus Teilchen, die auftauchen und wieder verschwinden.

Dagegen kann das elektromagnetische Feld nicht kondensieren, denn es wechselwirkt nicht mit sich selbst. Um diesen Punkt zu veranschaulichen, sollten Sie sich vergegenwärtigen, dass das Licht, das die Information von einer Seite des Buchs zu Ihren Augen trägt, offensichtlich nicht durch Licht beeinträchtigt wird, das seitlich weggeht. Oder anderes formuliert: Photonen wechselwirken kaum mit anderen Photonen. Dagegen wechselwirken Higgs-Teilchen sehr wohl mit anderen Higgs-Teilchen und diese Wechselwirkung schafft die Voraussetzungen, damit das Higgs-Feld aus dem Nichts kondensieren kann. Skalarfelder sind nicht die einzigen Felder, die im Vakuum kondensieren können, auch die Quark- und Gluonenfelder können kondensieren. Heutzutage ist das Verständnis des „Nichts“ eines der interessantesten Probleme der gesamten Physik.

Anders als alle anderen Felder, die wir soeben besprochen haben, ist das Inflatonfeld experimentell nicht gut belegt. Wie wir sehen werden sind die Hinweise auf die Inflation stark, aber nicht überwältigend. Zudem müssen wir in Betracht ziehen, dass es die Inflation zwar gab, aber nicht aufgrund der Existenz eines Skalarfelds. Jedenfalls kann die Existenz eines Inflatonfelds, wie wir sehen werden, auch die Ursache für die ursprünglichen Dichteschwankungen im Universum erklären. Das ist der wahre Grund, warum so viele Kosmologen das Inflatonfeld ernst nehmen.

Im Haupttext sagten wir, dass die Energie, die in einem Skalarfeld gespeichert ist, die Expansion des Universums ankurbeln kann. Sie könnten sehr wohl fragen, ob die im Higgs-Feld (und in den Quark- und Gluonkondensaten) gespeicherte Energie gegenwärtig genau das macht. Sie könnten auch fragen, ob sie als Quelle der kosmologischen Konstanten denkbar wäre, der wir im vergangenen Kapitel begegnet sind und wegen der die Expansion derzeit beschleunigt verläuft. Mit Verlaub ist die Situation ein theoretisches Notstandgebiet. Nimmt man es für bare Münze, dann sollte die im Higgs-Feld gespeicherte Energie das Universum zum Zerplatzen bringen können. Offensichtlich passiert das gerade nicht. Das bedeutet, dass wir nicht verstehen, wie wir die heutige Vakuumenergie berücksichtigen müssen. Unser mangelndes Verständnis, warum die beobachtete kosmologische Konstante so klein ist, ist vielleicht die größte ungelöste Frage der Physik.

kleiner Bereich des bereits existierenden Raums rasch auf kosmische Dimensionen angewachsen, was alle im Universum vor der Inflation vorhandenen Teilchen sehr weit auseinander getrieben hätte; sie wären also stark verdünnt worden. Im Verlauf der Zeit sank die Energie, die die inflationäre Expansion ausgelöst hatte, bis sie zu klein war, um die Inflation aufrechtzuerhalten. So kam die Inflation zum Erliegen.

Als sich diese Phase der raschen Expansion dem Ende zuneigte, verwandelte sich das Inflatonfeld von einer Art ruhigem Ozean, dessen Energie die beschleunigte Expansion ausgelöst hatte, in ein kaltes Gas aus Inflatonteilchen. Diese Inflatonteilchen zerfielen dann in einen Haufen leichterer Teilchen, darunter jene, die das Universum heute bevölkern. Ein Zerfall schwerer in leichte Teilchen unter Abgabe von Energie ist die Regel in der Natur: Alle bekannten Teilchen neigen zum Zerfallen in leichtere, wenn sie die Möglichkeit dazu haben. In Kapitel 6 sind wir bereits einem Beispiel begegnet: Freie Neutronen zerfallen nach einigen Minuten in Protonen. Top-Quarks zerfallen nach sehr kurzen 10^{-25} Sekunden in leichtere Quarks und das Higgs-Boson zerfällt nach rund 10^{-22} Sekunden. Angesichts dieser kurzen Existenzdauern ist es beeindruckend, dass es den Teilchenphysikern gelungen ist, das Top-Quark und das Higgs-Boson zu entdecken – und sogar deren Eigenschaften zu messen.

Nachdem die Inflatonteilchen zerfallen waren, blieb ein Universum zurück, das die Materie aus dem Urknall enthielt. Das ist sehr geschickt: Das Inflatonfeld gibt einem winzigen Bereich des Raums einen raschen Expansionsschub, dann – nach dem Ende der Inflation – zerfällt das Feld und füllt nun das viel größere Universum mit der Materie aus, aus der alles entstanden ist, was es heute im Universum gibt.

Jeder Gedanke in dieser Reihe folgt aus dem vorherigen auf ziemlich überzeugende Weise. Nichts ist gestellt: Jedes Stück baut auf bekannter oder zumindest schlüssiger Physik auf, so wie wir Teilchen, Felder und Allgemeine Relativität auffassen. Genauso wie wir das Horizont- und das Flachheitsproblem loswerden, beschreibt die Inflation auch anschaulich, wie es zum Urknall kam, weil sie erklärt, woher all die Teilchen im Universum kommen. Doch wäre das alles von der Inflation, dann gehörte sie noch immer zur Gruppe der originellen wissenschaftlichen Konzepte, deren Schicksal es ist, eine müßige Träumerei theoretischer Physiker zu bleiben. Wir brauchen konkrete Vorhersagen, die sich durch Messungen überprüfen lassen. Und hier liefert die Inflation. Sie sagt die Eigenschaften in den Schwankungen des kosmischen Mikrowellenhintergrunds und die Verteilung der Galaxien am Himmel korrekt voraus.

Als Idee nahm die Inflation durch eine Veröffentlichung des MIT-Kosmologen Alan Guth in den frühen 1980ern ihren Anfang. Er lenkte die Aufmerksamkeit auf die Vorteile, die die Annahme einer raschen Expansion in der frühen Geschichte des Universums böte. Obwohl Guth ein Skalarfeld einführte und ein sich aufblähendes Universum erhielt, hatte seine ursprüngliche Beschreibung der Ereignisse keine Inflation zur Folge, die mit einem Zerfall der Inflatonteilchen und einem daraus resultierenden Urknall endeten. Guth erkannte das Problem und endet mit dem Satz: „Ich veröffentliche diese Arbeit mit der Hoffnung, die Existenz dieses Problems hervorzuheben und andere bei der Suche nach einer Möglichkeit zu ermutigen, die diese unerwünschten Eigenschaften des Inflationsszenarios vermeidet." Mit seiner Anmerkung war die Herausforderung in der Welt. Ungefähr zur gleichen Zeit, und ziemlich unabhängig von Guth, begannen die in Moskau arbeitenden Physiker Alexei Starobinski am Landau-Institut für theoretische Physik und Andrei Linde am Lebedew-Institut ebenfalls die Vorstellung einer inflationären Phase im jungen Universum zu erforschen. 1982 richteten Gary Gibbons und Stephen Hawking eine inzwischen berühmte Konferenz sowjetischer und westlicher Physiker in Cambridge aus. Bis zum Ende jenes Jahres hatten die Kosmologen nicht nur ein funktionierendes Modell der Inflation eingeführt[52], sondern auch erkannt, dass Quantenfluktuationen im Inflatonfeld die ursprünglichen Dichteschwankungen erzeugt haben könnten, aus denen die Strukturen im Universum gewachsen sind.[53]

Gemäß den Gesetzen der Quantenphysik kann das Skalarfeld nicht überall im Raum völlig gleichmäßig sein – es kann kein idealer stiller

[52] Geleistet wurde die bahnbrechende Arbeit von Andrei Linde und – unabhängig – von Andreas Albrecht und Paul Steinhardt, damals an der University of Pennsylvania.

[53] In Wirklichkeit wurden die Berechnungen für die Strukturbildung vor der Cambridge-Konferenz gemacht: 1981 von Wjatscheslaw Muchanow und Gennadi Schibisow, ebenfalls am Lebedew-Institut.

Ozean sein. Laut Heisenbergs Unschärferelation, die eine Folge der grundlegenden quantenphysikalischen Gesetze ist, muss das Feld an verschiedenen Orten um unterschiedliche Beträge leicht fluktuieren.[54] Eine der Konsequenzen ist, dass der „leere" Raum aus einer brodelnden Suppe von Teilchen und Antiteilchen besteht, die in Paaren aus dem Nichts auftauchen, aufeinandertreffen und nach einem flüchtigen Augenblick wieder verschwinden. Im normalen Raum ohne Inflation führen diese Quanteneffekte, die zwingend in allen Feldern auftreten, zu Fluktuationen, die sich im Mittel komplett gegenseitig aufheben. Doch wir können einen Blick auf sie erhaschen: Die vergängliche Entstehung von Elektron-Positron-Paaren führt zu Schwankungen im Photonenfeld, die sich mit sehr genauen Messungen an Spektrallinien von Wasserstoffatomen nachweisen lassen. (1965 erhielten Richard Feynman, Julian Schwinger und Sin-Itiro Tomonaga den Physiknobelpreis für die Ausarbeitung, wie diese Berechnungen durchzuführen sind.)

Während sich die Folgen dieser Vakuumfluktuationen im Raum ohne Inflation gegenseitig aufheben, geschieht etwas sehr Interessantes, wenn der Raum schnell genug expandiert. Die Unschärferelation besagt, dass Paare aus Teilchen und Antiteilchen nur für eine begrenzte Zeit existieren können, bevor sie wieder im Nichts verschwinden.

Doch wenn sich der Raum inflationär aufbläht, können Teilchen und Antiteilchen so weit auseinandergerissen werden, dass sie nicht mehr zusammenkommen, um sich zu vernichten. Ihre Horizonte liegen schon zu weit auseinander, um ihre Energie ans Vakuum zurückzugeben. Wenn das geschieht, haben sie keine andere Wahl, als reale Materieteilchen zu werden. Es wirkt so, als ob der expandierende Raum die Mittel bereitgestellt hat, damit sich Teilchen, die aus dem Nichts ausgestrahlt wurden, dem eisernen Griff der Heisenbergschen Unschärferelation entziehen können. Der leere Raum in einem rasch expandieren Universum strahlt Teilchen aus.[55] Wenn die Teilchen real werden, erzeugen sie in dem bislang ruhigen Ozean des Skalarfelds kleine Wellen. In Exkurs 14 (S. 215) befassen wir uns etwas ausführlicher damit, wie

[54] Wir zeigen in unserem Buch *The Quantum Universe*, wie die Unschärferelation ausgehend von den Gesetzen der Quantenphysik zustande kommt.

[55] Dies ist das Gleiche wie die Entstehung der Hawking-Strahlung bei einem Schwarzen Loch.

Exkurs 14: Der De-Sitter-Raum
Expandiert das Universum unter dem Einfluss einer kosmologischen Konstante (und keiner weiteren nennenswerten Quelle an Energie), bezeichnen wir den entsprechenden Raum – eines von Robertsons denkbaren Universen – als „De-Sitter-Raum", benannt nach dem Mathematiker, Physiker und Astronomen Willem de Sitter aus den Niederlanden. Der De-Sitter-Raum hat einen Horizont, über den wir nicht hinausblicken können, so wie auch ein Punkt auf der Erdoberfläche einen Horizont hat. Auf der Erde ist der Horizont eine Folge der gekrümmten Oberfläche. Im De-Sitter-Raum ist der Horizont hingegen eine Folge der beschleunigten Expansion des Universums. Um das zu verstehen, stellen Sie sich Folgendes vor: Sie stehen im De-Sitter-Raum und beobachten, wie sich eine Lampe aufgrund des expandieren Raums von Ihnen entfernt. Irgendwann wird sich die Lampe so rasch entfernen, dass Sie ihr ausgestrahltes Licht niemals erreichen wird – ab diesem Punkt ist die Lampe hinter Ihrem Horizont verschwunden. Ist ein Paar aus Teilchen und Antiteilchen aus dem Nichts entstanden, dann werden sie zu realen Teilchen, indem sie nachfolgend aus dem Horizont des jeweils anderen Teilchens hinausgefegt worden sind, bevor sie die Möglichkeit hatten, sich wieder zu vereinen.

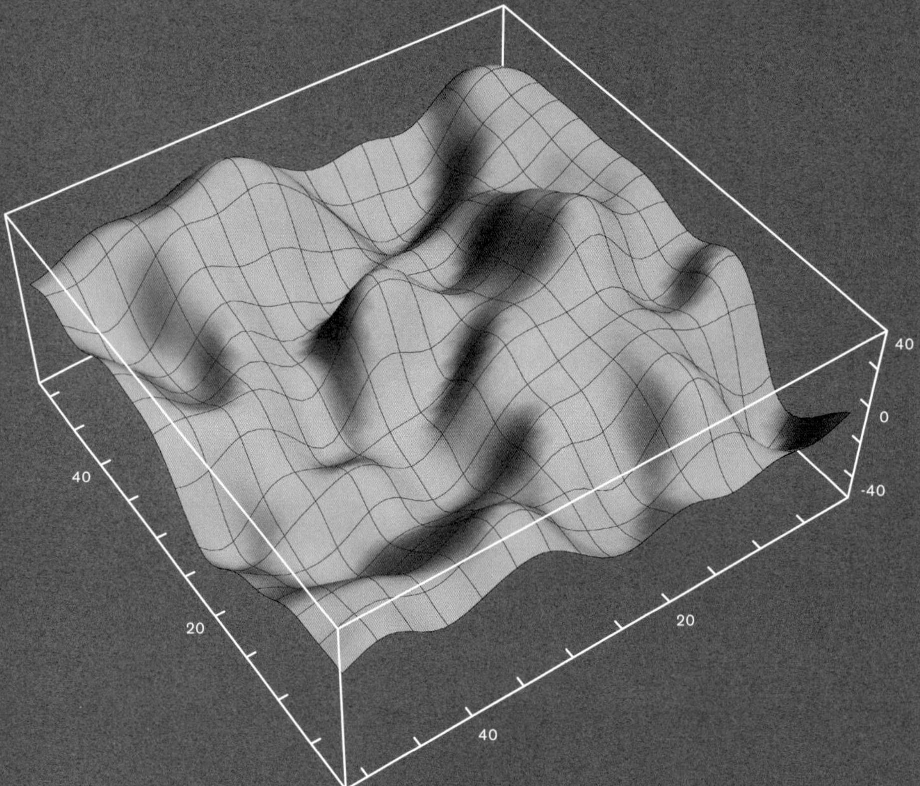

Abbildung 8.6
Darstellung einer Krümmungsstörung. Die gewellte Oberfläche entspricht einem zweidimensionalen Raum, der an verschiedenen Stellen unterschiedlich stark gedehnt worden ist. Der Raum unseres Universums ist zum Ende der Inflation wie eine dreidimensionale Version dieser Darstellung.

reale Teilchen in einem sich inflationär aufblähenden Universum aus dem Nichts entstehen können.

Lassen Sie uns nun darüber nachdenken, wie sich dieses Konzept auf unsere Vorstellung vom expandierenden Universum während der Inflationsphase auswirkt. Betrachten wir den Bereich des Universums, der zu unserem sichtbaren Universum heranwachsen wird. Wenn sich das Inflatonfeld in diesem Bereich von Ort zu Ort leicht verändert, dann schwankt die Energiemenge, die für die Inflation des Universums zur Verfügung steht, ebenfalls leicht. Denn die Energie, die für die Expansion verantwortlich ist, wird durch die Stärke des Felds bestimmt. Das bedeutet, dass die real gewordenen Quantenfluktuationen einige Regionen des Bereichs etwas länger inflationär aufblähen werden als andere Regionen – und das hat dramatische Folgen.

Wir haben erkannt, dass sich der Raum mit Teilchen füllt, wenn die Inflation endet. Da die Teilchen einen Raum füllen, der unterschiedlich stark gedehnt worden ist, wird die Teilchendichte von Ort zu Ort schwanken. In Regionen, die nicht so stark inflationär aufgebläht worden sind, wird die Dichte der Teilchen höher sein. Das ist entscheidend. Es bedeutet, dass es Schwankungen in der Teilchendichte gibt, die für alle Teilchensorten dieselbe ist. Wenn das Volumen einer Region um ein Prozent mehr gedehnt worden ist als eine benachbarte Region, dann ist die Dichte aller Photonen, Protonen, Neutrinos und der Teilchen der Dunklen Materie ebenfalls um ein Prozent niedriger. Kosmologen bezeichnen die Art von Abweichung von einer flachen, perfekt gleichförmigen Teilchenverteilung als „Krümmungsstörung“ oder „adiabatische Dichtestörung“. Abbildung 8.6 veranschaulicht eine Krümmungsstörung in zwei Dimensionen. Die Koordinaten zeigen uns, wie verschiedene Raumregionen unterschiedlich stark gedehnt worden sind. Bei den zugehörigen Schwankungen in der Teilchendichte, die gegen Ende der Inflation entstanden sind, handelt es sich um die Keime, aus denen die Zusammenballungen der Materie hervorgegangen sind, die wir heute im Universum sehen.

Um zu überprüfen, ob diese Art der Entstehung von kleinen Ungleichförmigkeiten in der Materie- und Energieverteilung zur Zeit des Urknalls stimmt, müssen wir die Details in den Störungen des Inflatonfelds verstehen, wie sie zu messbaren Eigenschaften im kosmischen

Abbildung 8.7
Die Entwicklung des Inflatonfelds in unserem Bereich des Universums. Oben links ist zu einem Zeitpunkt, zu dem das gesamte sichtbare Universum 10^{-26} Meter Durchmesser hat. Die Zeit schreitet von oben links nach unten rechts voran.

Mikrowellenhintergrund und der Galaxienverteilung geführt haben. Das kriegen wir gewiss hin. Wie sich das Inflatonfeld als Reaktion auf die Quantenfluktuationen mit der Zeit verändert, lässt sich am besten mit einem Video verdeutlichen. In Abbildung 8.7 zeigen wir Standbilder eines solchen Videos. Die winzigen Störungen im oberen linken Bild stellen das Inflatonfeld dar, als unser sichtbares Universum etwa die Größe des De-Sitter-Horizonts hatte (siehe Exkurs 14, S. 215). Zu diesem Zeitpunkt war das Feld ziemlich glatt im gesamten Bereich.[56] In typischen inflationären Szenarien hatte der De-Sitter-Horizont eine Größe von etwa 10^{-26} Metern, was unvorstellbar klein ist (100 Milliarden Mal kleiner als ein Proton). Das zweite Bild zeigt das Universum etwas später, als der ursprüngliche Bereich etwas gedehnt worden ist und einige neue Störungen entstanden sind. Im ersten Bild der zweiten Zeile sind die Störungen noch etwas mehr gedehnt worden und weitere neue Störungen sind aufgetaucht. Die Erzeugung neuer Störungen, während die alten gedehnt werden, setzt sich mit konstanter Geschwindigkeit immer weiter bis zum Ende der Inflation fort.

Mit diesen Einzelbildern lassen sich die Störungen im Inflatonfeld und ihr Wachstum im Lauf der Zeit veranschaulichen. Um die Sache zu vereinfachen sind Störungen auf einer flachen Oberfläche dargestellt, so wie sich die Wasseroberfläche eines Sees kräuselt. Dagegen handelt es sich in der realen Welt um Störungen des dreidimensionalen Raums, die schwieriger zu visualisieren sind. Wir haben uns auch eine künstlerische Freiheit genommen, um die Sache leichter nachvollziehbar zu machen: Wir stellen die Umgebung des anwachsenden Bereichs als völlig flach dar. Das stimmt nicht. Sie ist nicht wirklich flach, weil sie ebenfalls Störungen aufweisen wird, die vor dem Zeitpunkt entstanden sind, zu dem wir das Video gestartet haben. Wir haben es so gezeichnet, weil wir verfolgen wollten, wie sich die Störungen in einem Teil des Raums entwickeln. Dieser Raumbereich ist einfacher zu erkennen, wenn wir den ihn umgebenden Raum nicht berücksichtigen. In Wirklichkeit sieht das erste Bild der Sequenz also eher wie das letzte aus: Unser gesamtes sichtbares Universum könnte eine der kleinen Störungen sein, die oben auf den bereits entstandenen und gedehnten Störungen sitzen.

---

[56] Weil die quantenbedingten Störungen größer als der De-Sitter-Horizont waren.

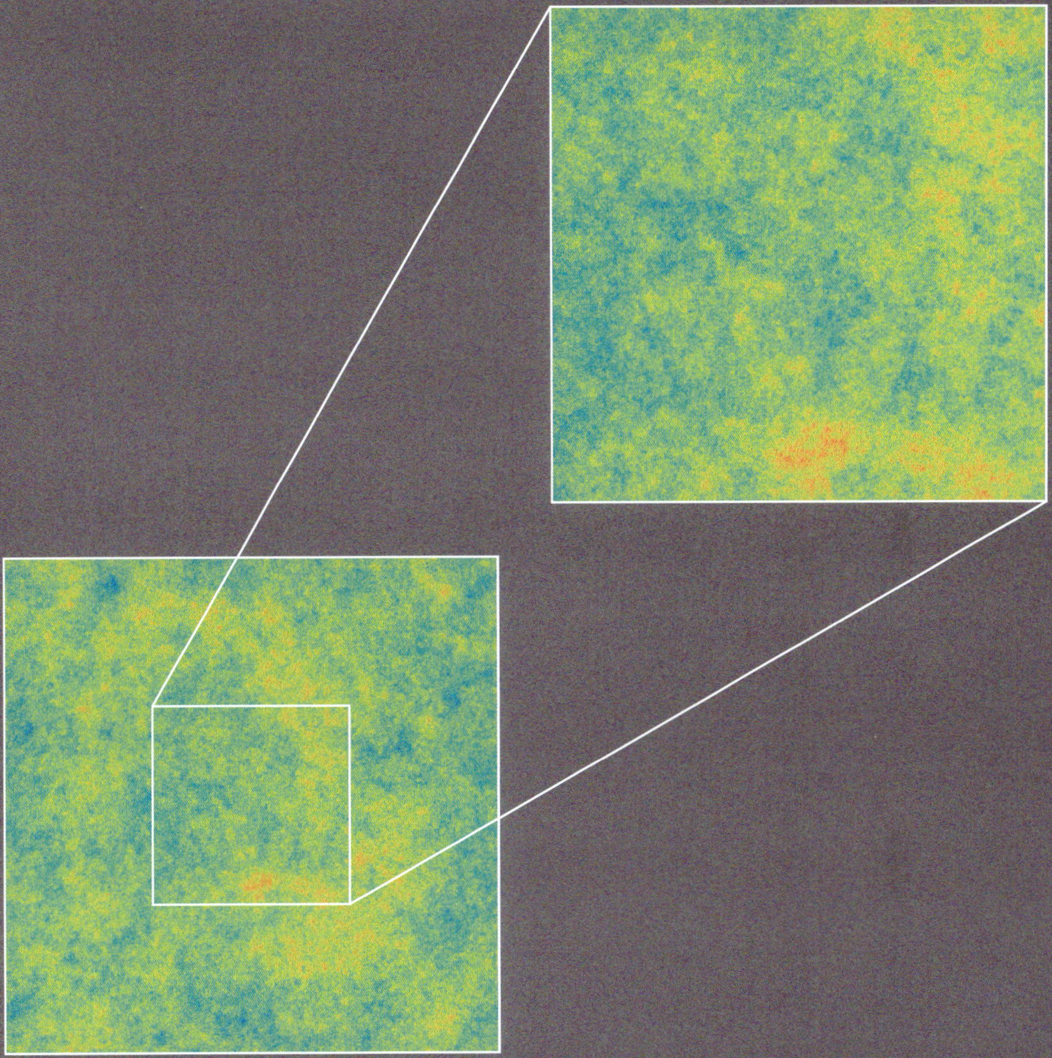

Abbildung 8.8
Eine Momentaufnahme unseres Universums während der Inflation. Die blauen Bereiche entsprechen Orten, an denen das Feld kleiner ist. Der vergrößerte Ausschnitt verdeutlicht, dass das Muster skaleninvariant ist.

Eine besonders bemerkenswerte Eigenschaft des so erzeugten Störungsmusters ist seine – wie Physiker sagen – Skaleninvarianz. Das bedeutet, dass wir das Bild vergrößern und verkleinern können, ohne dass es anders aussieht. Offensichtlich trifft das nicht auf das Bild zu, das wir gemalt haben, vor allem nicht anfangs. Aber die flache Umgebung ist ja nur da, damit die Bilder klarer werden. Die Skaleninvarianz wird in den letzten Bildern deutlicher. Das Endergebnis dieser stetig erzeugten und gedehnten Störungen sind Störungen, die auf Störungen sitzen. Es wirkt wie das geschäftige Treiben eines unveränderlichen Motivs.

Mithin liefert die Inflationstheorie eine Voraussage, wie das Universum aussehen sollte, wenn die Inflation zu Ende geht. Abbildung 8.8 zeigt eine andere Darstellungsweise für das Inflatonfeld aus Abbildung 8.7, die unser Augenmerk auf die sehr wichtige Vorhersage der Skaleninvarianz legt. In den blauen Regionen ist das Inflatonfeld am schwächsten, in den roten Regionen am stärksten. Skaleninvarianz bedeutet, dass wir durch Vergrößern oder Verkleinern eines bestimmten Bildausschnitts Muster sehen, die sich nicht voneinander unterscheiden. Da das Inflatonfeld den Raum prägt, können wir den Einfluss der Skaleninvarianz in den beobachteten Temperaturschwankungen des kosmischen Mikrowellenhintergrunds erwarten. Auf den ersten Blick erweckt die Planck-Aufnahme diesen Eindruck: Die Abbildungen 8.8 und 8.3 haben eine gewisse Ähnlichkeit. Aber das müssen wir besser machen als nur mit einer so vagen Beobachtung. Wir müssen verstehen, wie sich das anfangs skaleninvariante Plasma durch seine Entwicklung verändert hat. Gelingt uns das, dann werden wir in der Lage sein, das genaue Aussehen des kosmischen Mikrowellenhintergrunds bis ins Einzelne vorherzusagen.

Als Erstes müssen wir erwähnen, dass es eine subtile Vorhersage durch die Inflation gibt, die sich auf die Skaleninvarianz des Störungsmusters bezieht. Die Expansionsgeschwindigkeit des Raums muss sich im Verlauf der Inflation verlangsamt haben, nicht zuletzt, weil die Inflation schließlich endete. Während die Expansionsgeschwindigkeit sank, entstanden neue Störungen nicht mehr so schnell. Diese Verlangsamung führt zu einem leichten Defizit bei kleinteiligeren Störungen, verglichen mit den Erwartungen, die auf der Vorstellung einer perfekten Skaleninvarianz beruhen. Der Punkt ist wichtig, weil es eine ziemlich generische Vorhersage der Inflation ist. Die kleinen Abweichungen von der Skaleninvarianz hinterlassen messbare Spuren im kosmischen Mikrowellenstrahlungshintergrund.

Nun ist unser Ziel, beobachtbare Folgen für den kosmischen Mikrowellenhintergrund und die galaktische Struktur im heutigen Universum herauszuarbeiten. Die Theorie der Inflation steht oder fällt mit diesem Abgleich. Es mag überraschen, dass das nicht so schwierig ist, wie es klingt. Die ganze Aufgabe ähnelt dem Versuch, herauszufinden, was geschieht, wenn Sie mit dem Fuß gegen einen Eimer Wasser stoßen. Durch den Stoß wird das Wasser irgendwie gestört, und wenn wir diese Störung genau kennen, dann können wir die Gleichungen der Strömungsmechanik nehmen, mit ihnen den weiteren Verlauf der Störung ableiten und vorhersagen, wie es zu einem späteren Zeitpunkt um das Wasser im Eimer bestellt ist. Die Inflation legt – wie der Stoß – die anfänglichen Störungen fest, den Rest legen ähnlich wie in der Strömungsmechanik Gleichungen fest. Im Gegensatz zum Eimer Wasser war das Universum eine heiße Suppe aus Elementarteilchen, aber das Prinzip ist sehr ähnlich. Auch wenn das sonderbar klingt, sind die Gleichungen für das Universum sogar viel einfacher zu lösen als die Gleichungen für den Eimer. Der Grund ist die Schwäche der Gravitation und die geringe Größe der anfänglichen Störungen. Daher ist die Aussage nicht falsch, dass es schwieriger ist, die Entwicklung der Wellen im Eimer zu verfolgen, als die Entwicklung des Universums ausgehend von einer Zeit, zu der alles in ein Volumen viel winziger als ein Atomkern gepresst war.

Abbildung 8.9 ist das vielleicht erstaunlichste Diagramm in der Physik. Die Messpunkte sind direkt aus den Planck-Beobachtungen des kosmischen Mikrowellenhintergrunds abgeleitet. Sie sind eine mathematische Darstellung des Aussehens unseres Universums 380.000 Jahre nach dem Urknall. Die durchgezogene Kurve ist die theoretische Vorhersage – und Sie sollten von ihrer Genauigkeit beeindruckt sein: Die Kurve liegt exakt auf den Messwerten. Noch mehr beeindruckt sollten Sie sein, wenn wir Ihnen mitteilen, dass die theoretische Kurve durch eine Reihe anfänglicher Störungen in einem ansonsten gleichförmigen Plasma entstanden ist; diese Störungen gehen auf Krümmungsstörungen zurück, welche nahezu, aber nicht ganz skaleninvariant waren. Genauso wie es die Inflation vorhergesagt hat. Diese Störungen entwickelten sich bis zur Rekombinationsphase weiter, als der kosmische Mikrowellenhintergrund

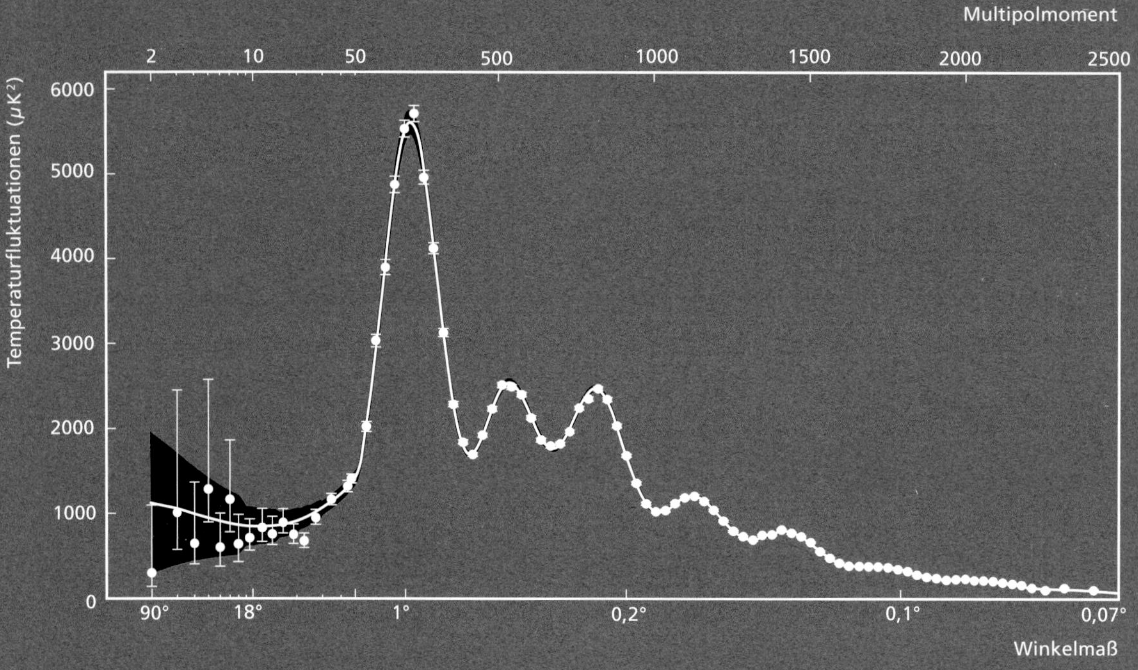

Abbildung 8.9
Die Temperaturfluktuationen im kosmischen Mikrowellenhintergrund, gemessen durch den Planck-Satelliten.

entstanden ist. Ferner gilt die theoretische Kurve für ein Universum, das heute 68 Prozent Dunkle Energie, 27 Prozent Dunkle Materie und fünf Prozent gewöhnliche Materie enthält. Das bedeutet, dass wir auch eine unabhängige Bestätigung für all die Ergebnisse haben, für die wir im vorherigen Kapitel mit verschiedenen anderen Methoden den Nachweis erbracht hatten! (F. Scott Fitzgerald sagte, dass der Gebrauch eines Ausrufezeichens so sei, als ob man über seinen eigenen Witz lache – aber an dieser Stelle ist ein Ausrufezeichen gewiss angebracht.) Das Diagramm stützt nicht nur die Vorstellung, dass die Dichtefluktuationen im kosmischen Mikrowellenhintergrund ihren Anfang in nahezu skaleninvarianten Störungen des Inflatonfelds hatten, sondern stützt auch unsere frühere Abschätzung der Mengen an Dunkler Materie, Dunkler Energie und gewöhnlicher Materie im Universum, die nichts mit den Beobachtungen der Störungen im kosmischen Mikrowellenhintergrund zu tun hatte. Wir werden nun beschreiben, wie sich diesem einen Diagramm all diese maßgeblichen Kennziffern für die Charakterisierung unseres Universums entnehmen lassen.[57]

Zunächst müssen wir verstehen, was die geschwungene Linie bzw. – etwas wissenschaftlicher – die Wellenberge und -täler im Diagramm darstellen. Kosmologen bezeichnen sie als „akustische Peaks", weil sie durch Schallwellen im ursprünglichen Plasma entstanden sind. Das Universum schwingt wie eine Glocke, wobei der anfängliche Schlag von der Krümmungsstörung am Ende der Inflation ausging: Abbildung 8.9 ist eine bildliche Darstellung dieser Schallschwingung.

Eine Analogie könnte hilfreich sein. Stellen Sie sich vor, eine Handvoll Kieselsteine so auf die Oberfläche eines Teichs zu werfen, dass alle gleichzeitig eintauchen. Das erzeugt mehrere Störungen im Wasser, aus denen mit der Zeit eine Reihe von sich überlappenden Kreisen werden. Wie das Wasser so war auch das ursprüngliche Plasma ein Medium, das die Ausbreitung von Wellen ermöglichte, sodass sich die Störungen aufgrund der Krümmungsstörung auf ziemlich dieselbe Weise entwickelt

[57] Aus dem kosmischen Mikrowellenhintergrund lassen sich, um genau zu sein, keine konkreten Werte für alle wesentlichen kosmologischen Parameter ableiten. Es gibt also weitere Parameterkombinationen, die ebenfalls mit den Messpunkten aus Abbildung 8.9 übereinstimmen. Bemerkenswert ist aber, dass sich die Übereinstimmung mit den Messungen unter Verwendung derselben Parameter erreichen lässt, die wir im vorherigen Kapitel ermittelt hatten.

haben. Auf der zweidimensionalen Oberfläche des Wassers beschreiben die durch die Kiesel entstandenen Wellen Kreise, dagegen sind die Wellen im dreidimensionalen Plasma kugelförmig. Jeder einzelne Punkt in Abbildung 8.8 war der Ursprung einer nach außen wandernden sphärischen Welle; sie können sich diese als Schallwellen im Plasma vorstellen. Schallwellen in der Luft sind sich bewegende Dichteschwankungen und genauso ist es mit den Wellen im ursprünglichen Plasma, allerdings variiert in diesem Fall beim Durchgang der Welle die Dichte der Photonen, Elektronen und Atomkerne. Stellen geringerer und höherer Dichte im ursprünglichen Plasma erzeugten Dichtewellen, während die Stellen durchschnittlicher Dichte überhaupt keine Wellen erzeugten.

Entscheidend ist, dass die kugelförmigen Wellen zum Zeitpunkt der Rekombination nach 380.000 Jahren alle denselben Radius hatten. Denn die anfänglichen Störungen im Plasma traten *gleichzeitig* am Ende der Inflation (d.h. beim Urknall) ein. Stellen Sie dem den Fall gegenüber, dass Sie die Kieselsteine nacheinander in den Teich werfen: Die zuerst geworfenen erzeugen Wellen, deren Radien bereits gewachsen sind, wenn die später geworfenen Kiesel das Wasser erreichen und das Endergebnis wäre eine Abfolge kreisförmiger Wellen mit unterschiedlichen Radien. Die Peaks in Abbildung 8.9 treten auf, *weil* die Wellen, die nach dem Ende der Inflation erzeugt wurden, alle gleichzeitig entstanden.

Der genaue Verlauf der Peaks reagiert empfindlich darauf, wie das Plasma ursprünglich gestört wurde. Wir haben die anfängliche Störung – den Stoß gegen den Eimer – so beschrieben, dass ein Plasma überall erzeugt, gequetscht und gedehnt wurde. Das ist eine Folge der Krümmungsstörung, die durch Quantenfluktuationen im Inflatonfeld entstanden ist. Diese Entstehungsweise der Dichtewellen im Plasma ähnelt dem Zupfen einer Saite bei einem Musikinstrument, indem man die Saite in eine Richtung zieht und dann loslässt. Die Wellen im Plasma sind anfänglich „aus der Ruhe“ entstanden. Die andere Möglichkeit, eine Saite zum Klingen zu bringen, ist sie zu schlagen, sodass sie einen Stoß versetzt bekommt und sich aus einer zuvor ungestörten Position wegbewegt. Es ist vorstellbar, dass dies beim Plasma passiert ist. In diesem Fall hätte es am Anfang keine Dichteschwankungen im Plasma gegeben. Stattdessen wären die Störungen ausgelöst worden, indem das Plasma in jeden Raumbereich geströmt wäre oder aus ihm heraus. Diese Art, eine Störung im Plasma zu erzeugen, wird als Isokrümmungsstörung bezeichnet. Krümmungs- und Isokrümmungsstörungen erzeugen unterschiedliche Schallwellen, so wie das Zupfen und Schlagen eines Saiteninstruments unterschiedliche Klänge hervorbringt. Im Allgemeinen lässt sich jede Art von Störung als eine Mischung aus Krümmungs- und Isokrümmungsstörungen beschreiben und verschiedene Theorien für den Ursprung der Wellen im Plasma sagen verschiedene Mischungen voraus. Im Modell der Inflation, das wir beschrieben haben, kommt es nur zu Krümmungsstörungen; es sagt also voraus, dass das Universum gezupft wurde.[58] Es ist möglich, ausgefeiltere Inflationsmodelle zu entwerfen, bei denen die Anfangsbedingungen eine Mischung aus Krümmungs- und Isokrümmungsstörungen sind. Doch die Positionen der Peaks in den Planck-Daten zeigen, dass die Krümmungsstörungen dominierten.

Hoffentlich beginnt sich nun ein Gefühl dafür zu entwickeln, was im Plasma geschah. Es ist wirklich erstaunlich einfache Physik, die nicht unsere Kenntnisse übersteigt – wenngleich es vor sehr langer Zeit passiert ist, als das Universum ganz anders aussah. In vielerlei Hinsicht ist die heutige Welt um uns komplizierter und schwieriger zu verstehen als das Universum zu seiner Geburtsstunde. Die Herausforderung für uns besteht darin, so viele Informationen wie möglich aus den ursprünglichen Schallwellen herauszukriegen, die in Abbildung 8.9 erfasst sind.

Um das zu erreichen, müssen wir mehr darüber wissen, wie Abbildung 8.9 wirklich entstanden ist. Bleiben wir für den Moment bei unserer Teichanalogie. Wenn Sie viele Kiesel in den Teich werfen und ihn dann etwas später fotografieren würden, so könnte es Ihnen ziemlich schwer fallen, im resultierenden Muster tatsächlich eine Überlagerung von mehreren Kreiswellen mit gleichen Radien zu erkennen. Deshalb können wir mit den Augen nichts Kreisähnliches in der Planck-Aufnahme sehen. Die Sache ist sogar noch komplexer, denn Planck hat mit einer dreidimensionalen Momentaufnahme von unzähligen Kugelwel-

[58] Die Analogie von den Steinen, die ins Wasser geworfen werden, hat ihre Grenzen, weil wir uns die durch die Inflation erzeugten Störungen wirklich eher als ein Niederdrücken oder Hochheben der Wasseroberfläche vorstellen sollten und es dabei dann bewenden lassen. Doch die Steinanalogie ist hilfreich, um zwischen den beiden Möglichkeiten zu unterscheiden – ob sich die Störungen „alle gleichzeitig und überall" oder im Lauf der Zeit entwickelt haben. Der erstere Fall entspricht den Steinen, die alle gleichzeitig ins Wasser eintauchen und führt zu Wellen mit gleichen Radien.

len im Plasma aus der Zeit der Rekombination ein zweidimensionales Kugelstück vermessen. Zum Glück haben die Astronomen ein Verfahren entwickelt, um den Karren aus dem Dreck zu ziehen. Das Ergebnis ist Abbildung 8.9.

Um Abbildung 8.9 umfassend zu würdigen, muss man als Erstes wissen, dass sie aus der sogenannten Zwei-Punkt-Korrelationsfunktion abgeleitet worden ist. Diese Funktion besagt, wie stark die heißen und kalten Regionen am Himmel miteinander in Beziehung standen. Wenn zum Beispiel nur die heißen Regionen allein einen Abstand von einem Grad zueinander hätten, wäre die Korrelationsfunktion bei diesem Winkel groß und positiv. Oder wenn die heißen und kalten Regionen alle ein Grad voneinander Abstand hätten, dann wäre die Korrelationsfunktion bei diesem Winkel groß und negativ. Wenn es keine Korrelation zwischen den Temperaturen an verschiedenen Stellen des Himmels gäbe, wäre die Korrelationsfunktion gleich null. Sie sehen daran, dass die Korrelationsfunktion eine gute Möglichkeit liefert, um zu erkennen, ob das Plasma durch eine ganze Gruppe von einander überlagerten sphärischen Schallwellen gestört wurde und dass sie uns deren Radien liefern kann. Dem ist tatsächlich so, denn die Positionen der Maxima in Abbildung 8.9 hängen mit den Kugelradien zusammen.[59] In Exkurs 15 (S. 231) liefern wir eine viel genauere Beschreibung der Physik, die für Abbildung 8.9 verantwortlich ist. Es ist besonders wichtig zu betonen, dass, wenn die Kugelhüllen nicht alle dieselben Ausmaße hätten, es keine Maxima gäbe. Die bloße Existenz der Peaks in Abbildung 8.9 zeigt uns, dass die Struktur im Universum durch die erstmalige Erzeugung der Schallwellen ein für alle Mal festgelegt worden ist. Die Inflation stellt die Mittel bereit, um diese grandiose Eröffnung des Universums zu steuern.

Es verbergen sich sogar noch mehr Informationen in Abbildung 8.9. Die Photonen, die Planck empfangen hat, traten ihre Reise von der Oberfläche der letzten Streuung vor fast 14 Milliarden Jahren an, wie es in Abbildung 8.5 veranschaulicht ist. Das bedeutet, dass wir aus gewaltigem Abstand auf ein Muster blicken, das durch viele Kugelwel-

[59] Für die mathematisch Interessierten: Abbildung 8.9 hängt eng mit der Fourier-Transformation der Korrelationsfunktion zusammen.

len entstand. Die Größe der Kugeln, die wir aus irdischer Perspektive im kosmischen Mikrowellenhintergrund sehen, hängt daher von zwei voneinander unabhängigen Dingen ab. Erstens hängt die beobachtete Größe offensichtlich von der tatsächlichen Größe der Kugeln ab, die sie zu dem Zeitpunkt hatten, zu dem die Photonen des kosmischen Mikrowellenhintergrunds dem Plasma entkommen sind, was durch die Geschwindigkeit festgelegt ist, mit der die Schallwellen durch das Plasma liefen. Und zweitens hängt ihre beobachtete Größe vom Abstand zur Oberfläche der letzten Streuung ab, der sich durch die Entwicklung der Expansion des Universums ergibt: Das heißt, je weiter die Oberfläche der letzten Streuung weg ist, desto kleiner werden die Kugeln erscheinen. Wie wir gesehen haben, hängt dieser Abstand davon ab, um wie viel das Universum während der Zeit expandiert ist, in der die Photonen zur Erde unterwegs waren – was wiederum mit dem Anteil an Materie, Dunkler Materie und Dunkler Energie im Universum in Zusammenhang steht. Dass die beobachtete Größe der kugelförmigen Schallwellen von der bisherigen Expansion des Universums abhängt, ist ein Grund, warum uns Abbildung 8.9 dabei helfen kann, den Anteil und die Art der Materie im Universum zu bestimmen. Wenn Sie es genauer wissen möchten, werfen Sie einen Blick auf Exkurs 15.

Wir können ein gutes Gespür dafür bekommen, wie empfindlich Abbildung 8.9 auf die Zusammensetzung des Universums reagiert, wenn wir einige Kurven betrachten, die veränderten Materieanteilen im Universum entsprechen. Das linke Diagramm in Abbildung 8.10 zeigt, wie sich die theoretischen Vorhersagen verändern, wenn die relativen Anteile der gewöhnlichen und Dunklen Materie variieren (die Summe der beiden aber unverändert bleibt). Wenn Sie den Exkurs durcharbeiten, dann verstehen Sie, warum die Kurven gerade so aussehen. Das rechte Diagramm unterstreicht, wie schwierig es ist, die Theorie mit den Messungen in Einklang zu bringen – und zeigt damit, wie eindrucksvoll es ist, dass die optimale Übereinstimmung fast bei denselben Zahlen eintritt, die wir im vergangenen Kapitel unter Verwendung anderer astrophysikalischer Beobachtungsdaten ermittelt hatten. Wäre etwas in unserem Verständnis dieses weiten Bereichs der Physik falsch, dann wäre nur sehr schwer zu verstehen, warum wir eine so schöne Übereinstimmung haben.

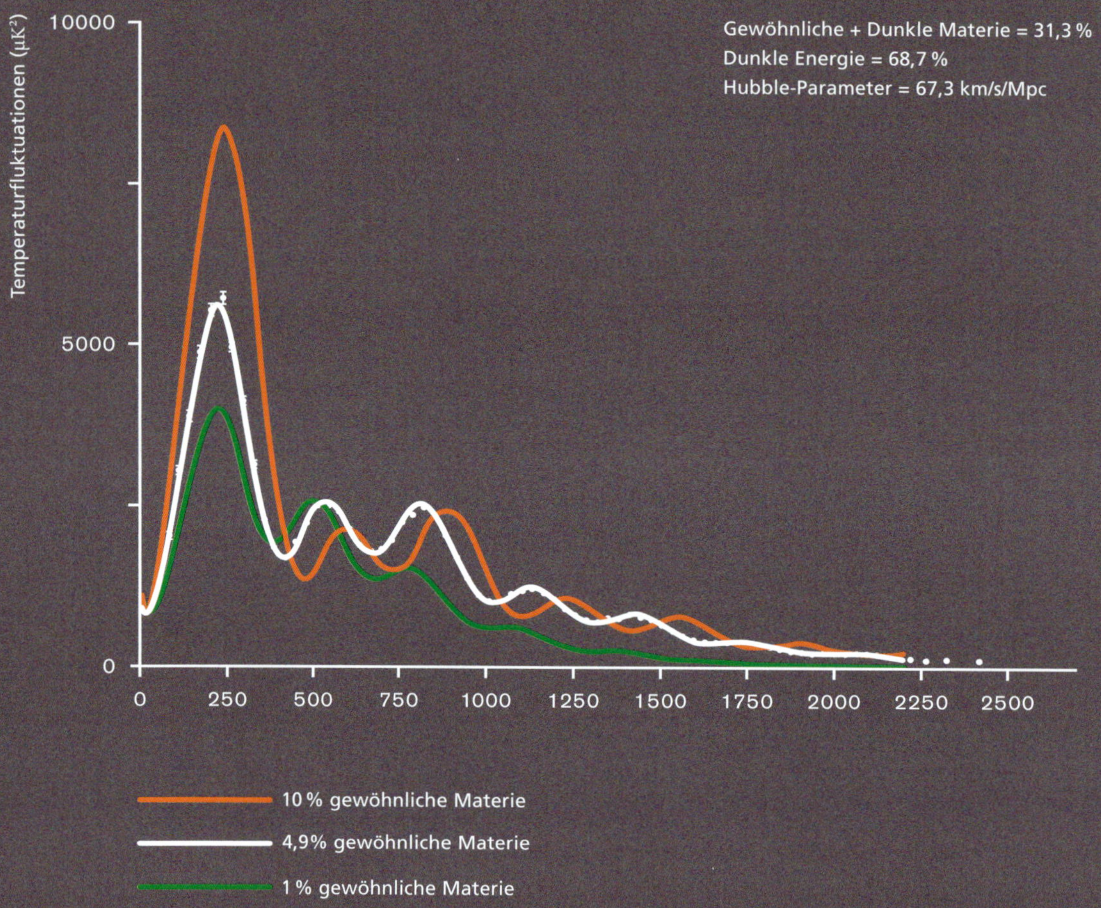

Abbildung 8.10
Die Temperaturfluktuationen im kosmischen Mikrowellenhintergrund hängen stark von den Kenngrößen ab, die die Zusammensetzung des Universums bestimmen. Beachten Sie, wie stark sich die Kurven verändern, wenn wir die Anteile von gewöhnlicher Materie, Dunkler Materie und Dunkler Energie variieren. Im Diagramm auf der rechten Seite haben die rote und die grüne Kurve weniger als 100 Prozent der kritischen Energiedichte, was bedeutet, dass die Geometrie dieses Universums nicht flach ist. In allen Fällen außer bei der grünen Kurve im rechten Diagramm ist die typische Größe der anfänglichen Störungen, die nach der Inflation aufgetaucht sind, identisch. Bei der grünen Kurve wurden die anfänglichen Störungen kleiner gewählt, da die Kurve sonst den rahmen sprengen würde.

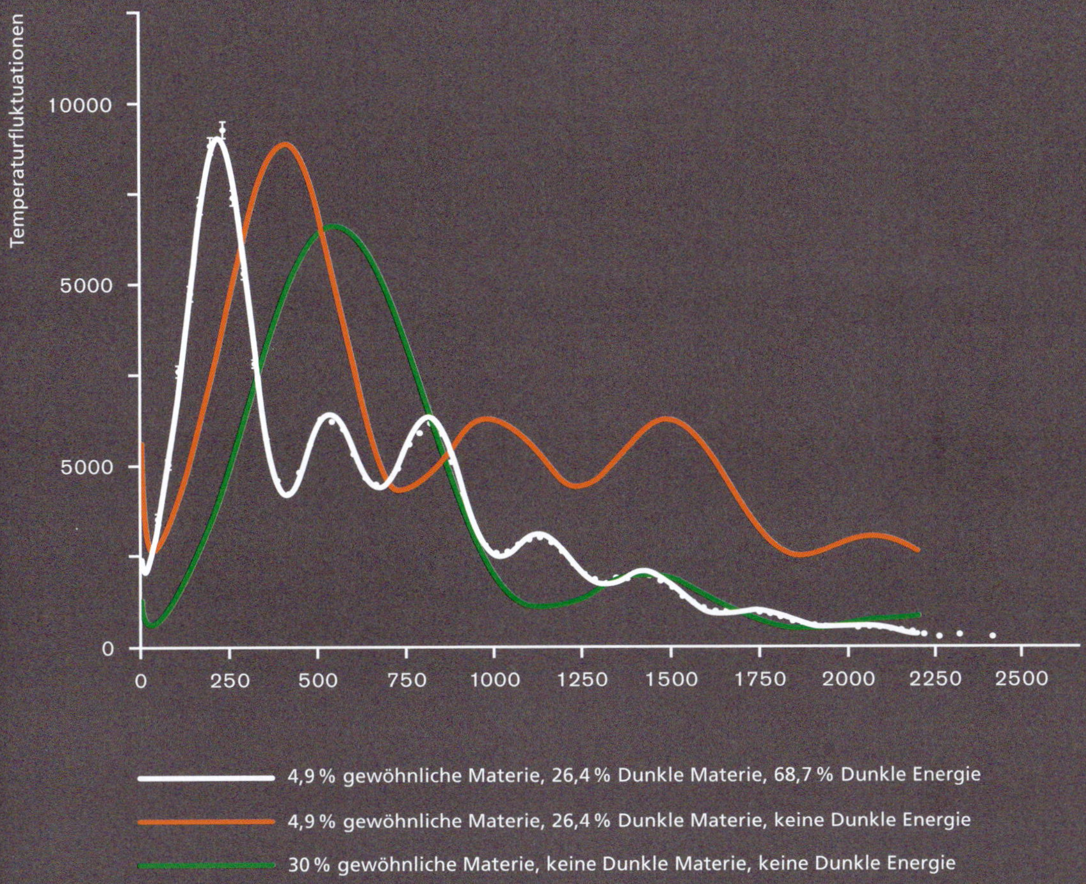

Temperaturfluktuationen
10000
5000
5000
0
0
250
500
750
1000
1250
1500
1750
2000
2250
2500
4,9 % gewöhnliche Materie, 26,4 % Dunkle Materie, 68,7 % Dunkle Energie
4,9 % gewöhnliche Materie, 26,4 % Dunkle Materie, keine Dunkle Energie
30 % gewöhnliche Materie, keine Dunkle Materie, keine Dunkle Energie

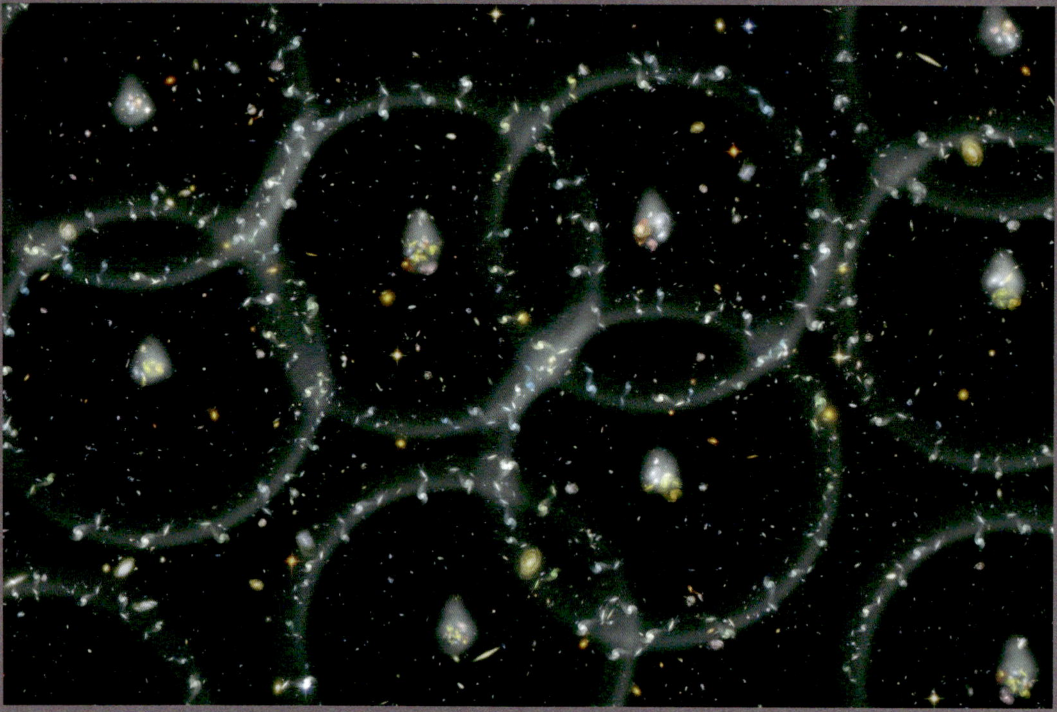

Abbildung 8.11
Baryonische akustische Oszillationen bedeuten, dass es eine überdurchschnittliche Wahrscheinlichkeit für die Entdeckung von Galaxienpaaren gibt, die etwa 150 Megaparsec auseinanderliegen.

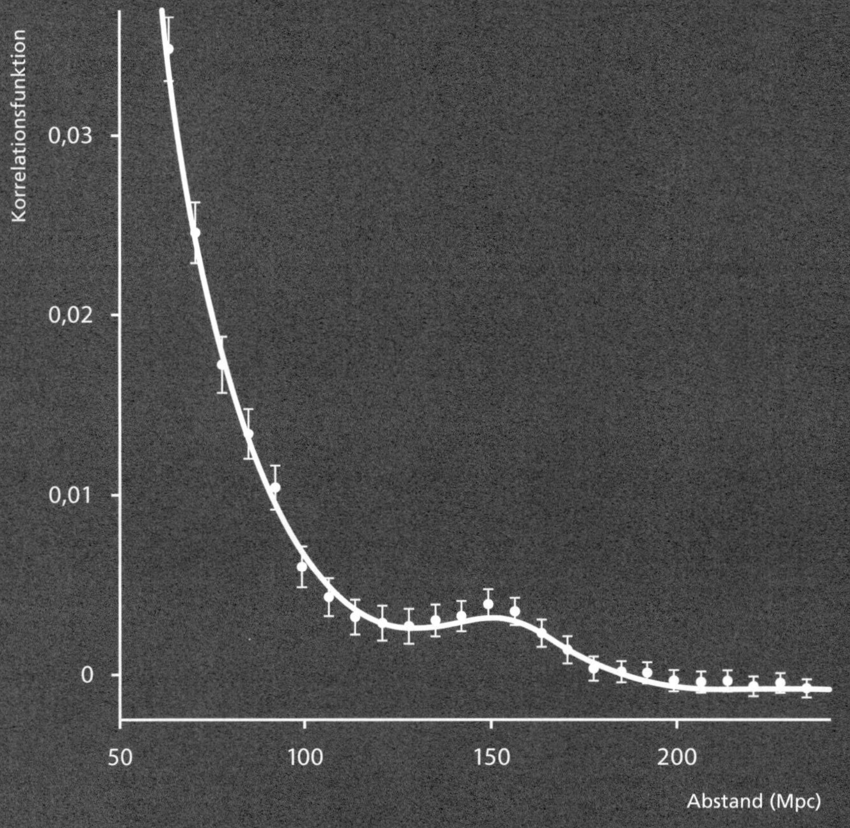

Abbildung 8.12
Die Zwei-Punkt-Korrelationsfunktion zeigt, dass Galaxien hauptsächlich dicht beisammen zu finden sind (deshalb der Anstieg bei niedrigen Abständen). Weitaus interessanter ist die kleine Beule bei 150 Megaparsec. Genau das würde man erwarten, wenn sich die Galaxien bevorzugt in überdichten Regionen gebildet haben, die den ausgedehnten Hüllen entsprechen – den Spuren der früheren Schallwellen im Plasma. Die durchgezogene Linie ist die Vorhersage unter Verwendung derselben Parameter, die für die Kurve in Abbildung 8.9 verwendet worden sind.

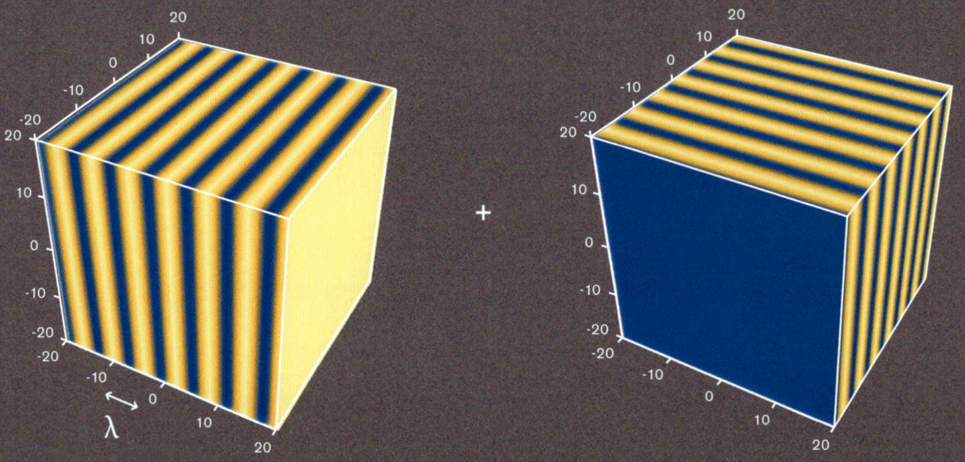

Abbildung 8.13
Die Addition dreier Störungen aus ebenen Wellen in einem Plasmawürfel erzeugt das Muster der Störungen des vierten Würfels. Absolut jedes Störungsmuster im Plasma kann durch die Addition von verschiedenen Störungen ebener Wellen dargestellt werden.

Exkurs 15: Schallwellen im ursprünglichen Plasma

Wir möchten verstehen, wie die Maxima im Planck-Diagramm mit dem Radius der Kugelhüllen zusammenhängen. Dazu führen wir eine völlig andere aber äquivalente Denkweise für die Wellen im Plasma (oder in einem Wassertank oder in der Luft) ein. Abbildung 8.13 zeigt, wie man sich ein Störungsmuster vorstellen kann, das aus einer Kombination ebener Wellen aufgebaut ist. Ebene Wellen sind spezielle Wellen, so wie die drei oben in Abbildung 8.13: Sie heißen ebene Wellen, weil sie wie übereinander gestapelte Ebenen aussehen. Die hellen und dunklen Bereiche entsprechen Stellen, an denen die Welle groß beziehungsweise klein ist. Die Wellen, die wir vor Augen haben, entsprechen den Dichteschwankungen des Plasmas im jungen Universum – aber auf einem einfacheren Level könnten sie auch Dichteschwankungen in der Luft eines Raums sein, wenn eine Schallwelle durch ihn hindurchläuft. Die drei ebenen Wellen in Abbildung 8.13 haben zufällig alle dieselbe Wellenlänge (der Abstand zwischen zwei aufeinanderfolgenden Ebenen, in der Abbildung als λ bezeichnet) und sind rechtwinklig zueinander angeordnet. Deshalb ist das resultierende Muster, das man durch ihre Addition erhält, so regelmäßig. Aber nichts hält uns davon ab, Muster durch die Addition ebener Wellen mit unterschiedlichen Wellenlängen und Anordnungen zu bilden. Es erfordert nicht zu viel Vorstellungskraft von uns, dass sich beliebige Störungen im Plasma durch die Addition einer großen Zahl ebener Wellen konstruieren lassen. Das Konzept der Störungen im Plasma, die durch die Addition von vielen ebenen Wellen entstehen, dient nur unserer Bequemlichkeit; es ist ein Mittel zum Zweck. Der Vorteil solcher Denkweisen wird deutlich, wenn wir betrachten, was mit einer bestimmten ebenen Welle passiert, wenn die Zeit fortschreitet.

Abbildung 8.14 stellt einen Schnitt durch eine ebene Welle dar, und die Sinuswelle darunter zeigt, wie sich die Dichte im Plasma entlang der Welle verändert. Wir stellen uns diese eine Welle als eine der vielen ebenen Wellen vor, die miteinander addiert werden müssen, um das Plasma zu beschreiben, wie es gegen Ende der Inflation vorlag. Zum Zeitpunkt null entsteht die Welle im Plasma. Damit meinen wir, dass dem Plasma zum Zeitpunkt null das Muster einer ebenen Welle aufgeprägt wurde. Kurze Zeit danach werden sich die Teilchen

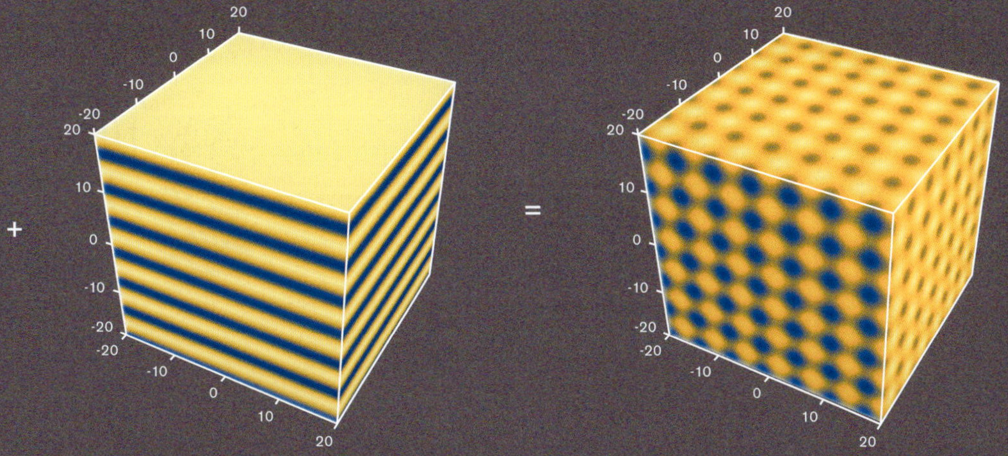

im Plasma in Bewegung setzen, weil sie aus den Regionen höherer Dichte herausgedrängt werden, da dort der Druck am höchsten ist. Das geschieht überall in der Welle, mit dem Endergebnis, dass wir uns das Geschehen als die Entstehung zweier Wellen vorstellen können, von denen jede die halbe Größe der ursprünglichen Welle hat. Eine dieser beiden Wellen bewegt sich mit Schallgeschwindigkeit nach links, die andere bewegt sich nach rechts. Wir müssen die beiden Wellen addieren, um das Endergebnis zu sehen. In der Abbildung ist das für zwei Augenblicke kurz nach dem Zeitpunkt null dargestellt. Beachten Sie, dass die resultierende Welle dieselbe Form hat wie die ursprüngliche; allein ihre Größe ändert sich. Anders gesagt: Bei der ursprünglichen Welle schwingt nur ihre Größe, sie wird zunächst kleiner und dann wieder größer. Zum Beispiel wird es einen Zeitpunkt geben, zu dem beide Halbwellen genau eine Viertel Wellenlänge zurückgelegt haben. Wenn das eintritt, fallen die Berge der einen Welle mit den Tälern der anderen Welle zusammen, sodass sich beide exakt auslöschen. In diesem Moment wird das Plasma völlig gleichförmig sein. Allerdings nur für einen flüchtigen Augenblick, denn die Teilchen im Plasma sind in Bewegung, schießen über das Ziel hinaus und beseitigen die völlige Gleichförmigkeit. Zu dem Zeitpunkt, zu dem die beiden Wellen genau eine halbe Wellenlänge zurückgelegt haben, wird sich die ursprüngliche ebene Welle umkehren; anfängliche Regionen hoher Dichte werden nun zu Regionen geringer Dichte und umgekehrt. Das Endergebnis von all dem lautet: Wenn Sie sich irgendwo im Plasma befinden, wird das Plasma in Ihrer Umgebung periodisch zwischen hoher und niedriger Dichte pendeln. Die Zeit zwischen zwei aufeinanderfolgenden Intensitätsmaxima ist die Zeit, die es dauert, bis die beiden Halbwellen eine ganze Wellenlänge zurückgelegt haben (dann sind sie genau einmal durcheinander hindurchgegangen), d. h. die Periode der Schwingung der stehenden Welle ist $T = \lambda/\upsilon$, wobei υ die Schallgeschwindigkeit im Plasma ist (die Geschwindigkeit, mit der sich Wellen in ihm bewegen).

Das Planck-Bild ist eine Momentaufnahme des Plasmas zum Zeitpunkt der Rekombination aus irdischer Perspektive. Um das Verhalten des Plasmas zu ermitteln, müssen wir die Einflüsse von vielen ebenen Wellen unterschiedlicher Wellenlänge zusammenfassen. Mit dem, was wir gerade gelernt haben, können wir ermitteln, welche

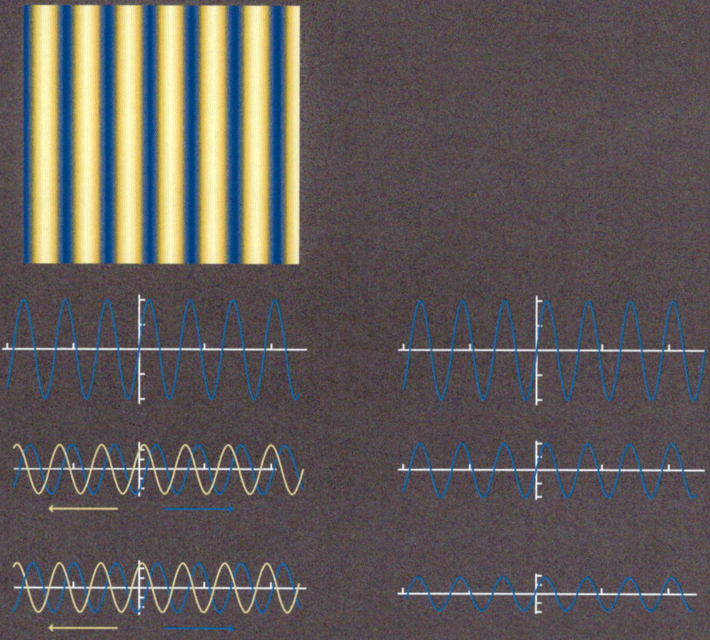

Abbildung 8.14
Wie stehende Wellen im ursprünglichen Plasma erzeugt werden. Das obere Bild stellt einen Schnitt durch eine ebene Welle dar. Das Diagramm direkt darunter zeigt, wie sich die Dichte entlang der Welle verändert. Das Diagramm darunter zeigt, was etwas später geschieht, wenn sich die anfängliche Störung im Plasma ausbreitet. Die eine Hälfte der Welle läuft nach links, die andere nach rechts. Das untere Diagramm zeigt die Situation noch später, wenn die beiden Halbwellen einander noch stärker durchdrungen haben. Die drei Diagramme rechts stellen jeweils die resultierende Welle dar, die durch die Addition der Halbwellen entsteht. Die resultierende Welle hat dieselbe Form wie die anfängliche Welle, aber ihre Größe sinkt kontinuierlich. Dies ist eine stehende Welle.

stehenden Wellen den größten Störungen im Plasma zum Zeitpunkt der Rekombination entsprechen. Obwohl alle stehenden Wellen ursprünglich so groß wie möglich waren (d.h. die Größe aller Wellen verringerte sich zunächst – das Universum wurde „gezupft", wie in Abbildung 8.14 dargestellt), schwang jede in einer anderen Zeitspanne hin und her, und nur Wellen mit bestimmten Wellenlängen werden zum Zeitpunkt der Rekombination erneut groß sein. Vor allem werden die größten Wellen jene sein, die bis zur Rekombination eine ganze oder halbe Zahl von Schwingungen durchlaufen haben. Stehende Wellen, die eine ganze Zahl von Schwingungen durchlaufen haben, sehen genauso aus wie die ursprüngliche Welle, während die, die eine halbe Zahl von Schwingungen durchlaufen haben, ziemlich ähnlich aussehen, außer dass die Regionen hoher und geringer Dichte miteinander vertauscht sind. Wellen, die eine viertel Zahl von Schwingungen durchlaufen haben, werden zum Zeitpunkt der Rekombination keine Störungen auslösen. Das bedeutet, dass die größten Wellen bei der Rekombination eine Wellenlänge von $2\upsilon T/n$ haben werden, wobei T der Zeitpunkt der Rekombination ist und n eine ganze Zahl (n = 1, 2, 3 …).[1]

[1] Weil das Universum ständig expandiert, müssen wir etwas vorsichtig bei der Definition von Zeiten und Abständen sein. Wenn wir Abstände (etwa Wellenlängen) mit Linealen messen, die sich durch die Expansion des Universums dehnen (das Koordinatennetz von Abbildung 8.6 könnte zur Messung von Abständen auf diese Weise verwendet werden), dann muss die Zeit T das sein, was Kosmologen als konforme Zeit bezeichnen. Sie ist die Strecke, die ein ungestörter Lichtstrahl innerhalb dieses Zeitintervalls zurücklegt, geteilt durch die Lichtgeschwindigkeit.

Nun können wir eine Verbindung zur Abbildung 8.9 herstellen, zum Diagramm der Störungen im Plasma zum Zeitpunkt der Rekombination. Die mathematische Verarbeitung der Rohdaten von Plancks Aufnahme, die zu diesem Diagramm führte, ist eigens so angelegt, dass wir erkennen können, welche ebenen Wellen zum Zeitpunkt der Rekombination groß waren. Um genau zu sein: Der auf der waagrechten Achse aufgetragene Winkel ist der Winkel zwischen aufeinanderfolgenden Maxima der ebenen Wellen, die zum Zeitpunkt der Rekombination quer zur Sehlinie ausgerichtet waren. Das bedeutet, dass Wellen mit kürzerer Wellenlänge bei kleineren Winkeln zu Abbildung 8.9 beitragen. Das erste Maximum tritt bei einem Winkel von rund einem Grad auf. Das sagt uns, dass $1/360 = \lambda/2\pi R$ ist, wobei R der Strecke entspricht, die die Photonen des kosmischen Mikrowellenhintergrunds bis zur Erde zurücklegen mussten. Angesichts dessen, was wir soeben im letzten Abschnitt getan haben, wissen wir, dass $\lambda = 2\upsilon T$ ist (das entspricht $n = 1$), was bedeutet, dass die Position des ersten Maximums besagt, dass die Schallgeschwindigkeit im Plasma gleich $\pi/360 \times (R/T)$ ist. Die Werte von R und T hängen von Anteil und Art des Materials ab, wegen dem das Universum expandiert, denn das Material bestimmt, wann die Rekombination stattfindet (was T festlegt) und wie weit die Photonen des kosmischen Mikrowellenhintergrunds reisen müssen, bevor sie unsere Teleskope erreichen (was R festlegt). Nun sollte Ihnen klar sein, warum sich das Diagramm des kosmischen Mikrowellenhintergrunds in Abbildung 8.9 dazu verwenden lässt, Informationen über die Geschwindigkeit der Plasmawellen zu gewinnen (die durch die Zusammensetzung des Mediums beeinflusst wird, in dem die Wellen auftreten) und zu erfahren, um wie viel das Universum expandiert ist, seitdem die Photonen des kosmischen Mikrowellenhintergrunds ihre Reise angetreten haben (weil eine höhere Expansionsrate die Strecke vergrößert, die die Photonen bis zur Erde zurücklegen müssen, was wiederum den Winkel einer jeden ebenen Welle verkleinert, die den Himmel schneidet).

Bislang lag unser Fokus auf der Position der Maxima, aber in ihrer Höhe stecken ebenfalls Informationen. Insgesamt werden die Maxima niedriger mit kleiner werdendem Winkel, was bedeutet, dass die stehenden Wellen kleinerer Wellenlänge bei der Rekombination weniger hervortreten als die mit längeren Wellenlängen. Das liegt an den Photonen, die im Plasma immer wieder gestreut werden, wodurch die stehenden Wellen verschwimmen – Berge und Täler werden über eine Strecke verschmiert, die ein typisches Photon zwischen zwei aufeinanderfolgenden Kollisionen mit den Elektronen und Protonen zurücklegen kann. Ist diese Strecke größer als die Wellenläge einer stehenden Welle, dann wird diese Welle verwaschen. Der Rückgang in der Größe der akustischen Maxima liegt an diesem allmählichen Zerfall der stehenden Wellen. Aus dieser Logik folgt auch, dass kürzere Wellenlängen weniger gedämpft werden, falls es mehr Elektronen und Protonen im Plasma gibt, weil sie die typische Distanz beeinflussen, die ein Photon zwischen zwei Kollisionen zurücklegt: Falls es nur sehr wenige geladene Teilchen gibt, werden sich die ursprünglichen Wellen auflösen, weil die Photonen einfach die Regionen höherer Dichte verlassen. Die Höhen der Maxima reagieren also empfindlich auf die Dichte der geladenen Teilchen im Plasma.

Nun kommt das Sahnehäubchen: Die genaue Analyse des Diagramms verrät, dass die ungeradzahligen Maxima höher als ihre benachbarten geradzahligen Maxima sind. Angesichts des im vergangenen Abschnitt Gesagten könnten wir erwarten, dass die Höhe der Maxima mit kleiner werdendem Winkel, entsprechend kürzeren Wellenlängen, kontinuierlich fällt. Doch das passiert nicht wirklich. Besonders deutlich wird es beim zweiten und dritten Maximum, die fast gleich groß sind. Die erhöhten ungeradzahligen Maxima sind eine unmittelbare Folge der Schwingung des Plasmas vor dem Hintergrund der Dunklen Materie, die die geladenen Teilchen gravitativ anzieht. Auf das Muster der stehenden Wellen wirkt sich das nach jeder vollen Schwingung nicht aus, weil jede stehende Welle wieder zum selben Startpunkt zurückkehrt. Aber es wirkt sich darauf aus, wie stark sich das Plasma komprimieren lässt, bevor es wieder zurückschwingt. Steigt die Dichte der geladenen Teilchen im Plasma, führt das zu größeren halbzahligen Schwingungen, sodass diese ungeradzahligen Maxima erhöht werden.

Wir haben die wichtigsten Konzepte hier nur angerissen, aber es ist sehr befriedigend, dass sich jede Eigenschaft im Diagramm des kosmischen Mikrowellenhintergrunds durch einfache Physik erklären lässt.

Wir konzentrierten uns bislang stark darauf, wie die anfänglichen Störungen im ursprünglichen Plasma zum Mikrowellenhintergrund geführt haben. Aber dieselben anfänglichen Störungen führten auch, wie erwähnt, zur Bildung der galaktischen Strukturen, die auf der SDSS-Karte (Abbildung 8.1) zu sehen sind. Dass Simulationen wie jene in Abbildung 8.4 mit den Beobachtungen übereinstimmen, ist ein starker Beleg für die Güte des Modells. Es gibt auch eine eindrucksvolle Möglichkeit, die Spuren dieser Schallwellen im ursprünglichen Plasma zu sehen.

Wir haben festgestellt, dass das Plasma zum Zeitpunkt der Rekombination dazu neigte, in Kugelhüllen überdicht zu werden, weil die Schallwellen in anfänglich überdichten Regionen ihren Anfang nahmen. Das bedeutet, dass Protonen zum Zeitpunkt der Rekombination eine tendenziell überdurchschnittliche Wahrscheinlichkeit hatten, in diesen Kugelhüllen zu sein. Es waren dieselben Protonen, aus denen viel später in der Geschichte des Universums Wasserstoffgas entstand, das sich verdichtete und Galaxien bildete.

Die ursprünglichen Kugelhüllen, die etwas mehr Protonen als die Umgebung enthielten, wuchsen mit der Expansion des Universums. Ihr Radius lag (unter erneuter Verwendung der Friedmann-Gleichung) bei etwa 150 Megaparsec, als die ersten Galaxien entstanden sind. Die Umstände sind schematisch in Abbildung 8.11 dargestellt. Nun also eine direkte Vorhersage: Wenn wir dasselbe Spiel wie beim kosmischen Mikrowellenhintergrund treiben und diesmal für Galaxien eine Korrelationsfunktion konstruieren, dann sollten wir eine leichte Tendenz für Galaxienpaare im Abstand von 150 Megaparsec erkennen. Abbildung 8.12 zeigt die Beobachtungsdaten und wir können sehen, dass die Vorhersage bemerkenswert gut stimmt; es gibt ein Maximum der Korrelationsfunktion bei 150 Megaparsec. Wir können also möglicherweise wirklich die Entwicklung des Universums von einer Zeit vor dem Urknall bis zum heutigen Tag verstehen.

UNSER PLATZ IM UNIVERSUM

Seit jenen müßigen Betrachtungen am Strand von Ogmore-by-Sea haben wir einen langen Weg zurückgelegt. Wir traten in die Fußstapfen vieler gewöhnlicher Menschen, die ihre Überlegungen ernst genug nahmen, um nach ihnen zu handeln, und ihr Leben mit dem Versuch zubrachten, zu verstehen. Am Strand bemerkte Mike Seymour etwas, das seine Neugier weckte. Dieser Wissensdurst, dieser Forschergeist, bringt uns dazu, Wissenschaftler zu werden und unsere Fragen über die Welt ernst zu nehmen. Im 18. Jahrhundert setzte Henry Cavendishs Drang, die Gravitation quantitativ zu bestimmen und die Masse der Erde zu messen, die Leistungsfähigkeit von Newtons Gesetzen frei. Cavendish traute sich nachzudenken, aber er traute sich auch ein Experiment durchzuführen, das Mühe, Kunstfertigkeit und Rechtschaffenheit erforderte. Er hinterfragte jeden Aspekt seiner Messungen und ließ sich niemals durch seine vorgefasste Meinung oder durch den Druck seiner Gegner beeinflussen. In moderneren Zeiten gelangen maßgebliche Fortschritte hingegen häufig durch große Forschungskollaborationen, doch die Motivation bleibt die gleiche. Am Planck-Satelliten und am Large Hadron Collider des CERN sind Tausende Wissenschaftler beteiligt, aber der einzige wahre Unterschied zur Arbeit eines Einzelnen ist, dass sich, aufgrund der Komplexität der erforderlichen Messungen, ein Haufen Enthusiasten zusammenschließen muss, um die Experimente aufzubauen und die Daten zu analysieren. Das mächtige Verlangen etwas zu verstehen, bringt Menschen aus aller Welt in diesen großen Kollaborationen zusammen. Nationale Grenzen verschwimmen und werden durch den befreienden Geist des Miteinanders ersetzt. Dieser Geist ist eine der größten Freuden der Wissenschaft. Durch ihn geschehen großartige Dinge.

Im gesamten Buch haben wir gezeigt, wie Menschen bei Messungen vorgehen. Indem wir das taten, haben wir dargelegt, wie sich verlässliches Wissen aufbauen lässt. Unsere Überlegungen haben uns von der Erde hinaus zu den Sternen geführt und noch weiter zu den Galaxien. Schließlich sind wir an einen Punkt gekommen, an dem wir ernsthaft über den Ursprung des Universums nachdenken konnten. Wenn unser Blick über das Engstirnige und Anthropozentrische hinausgeht, dann erwartet uns der Kosmos in einer Ehrfurcht gebietenden Pracht, die uns bescheiden werden lässt.

Dass das beobachtbare Universum aus einem subatomaren Stück Raum hervorgegangen ist, ist ein erstaunlicher Schluss. Aber die Inflationstheorie kann darlegen, wie sich so ein Stück Raum zu dem Universum entwickelt hat, in dem wir leben. Die Theorie führt zu einem Urknall und erzeugt anfängliche Störungsmuster, die durch genaue Messungen des kosmischen Mikrowellenhintergrunds und der Anordnung der Galaxien bestätigt worden sind. Hinzu kommt, dass die Inflation die Existenz ursprünglicher Störungen in der Raumzeit vorhersagt, die sich mit der inzwischen mehrmaligen direkten Messung von Gravitationswellen sogar beobachten ließen. Ihr Nachweis ist für viele Menschen das entscheidende Beweisstück dafür, dass die Inflation tatsächlich stattgefunden hat.

Die Inflation liefert eine klare Beschreibung für den Ursprung des beobachtbaren Universums. Sie ist eine gewagte Theorie mit großen Zielen. Doch was wir bislang vorgestellt haben, ist sehr nüchtern im Vergleich zu folgender Vorhersage der Inflationstheorie: Unser beobachtbares Universum könnte nur eines unter womöglich unendlich vielen Universen sein.

Im vergangenen Kapitel sahen wir einige Bilder aus Videos, die unseren Bereich des Universums zeigten, wie er sich während der Inflation entwickelt hat. Unser Bereich begann winzig und es gibt keinen Grund für die Annahme, dass er etwas anderes als ein kleiner Teil eines viel größeren Raums war, der unendlich ausgedehnt sein könnte. Wir hatten den Beginn der Videosequenz so gewählt, dass das beobachtbare Universum groß genug war, um Störungen auszubilden, aber vermutlich hatte im restlichen Raum die Inflation damals bereits vor einiger Zeit begonnen. Wir sind also mitten in der Geschichte eingestiegen. Während der folgenden wenigen Millionstel Millionstel Millionstel Millionstel Millionstel Millionstel Sekunde ließ das Inflatonfeld unseren Raumbereich auf die Größe einer Melone anwachsen, dann ging die exponentielle Expansion zu Ende, weil die sie antreibende Energie erschöpft war.

Schauen wir nun, was im restlichen inflationären Universum geschah. Wir haben gesagt, dass das Inflatonfeld nach und nach schwächer wurde, während es die Expansion unseres Raumbereichs vorantrieb und schließlich zerfiel es beim Urknall vollständig. Das bedeutet, dass das Inflatonfeld in der Vergangenheit stärker gewesen sein könnte und die Expansion des Raums schneller. Diese Aussage gilt im Mittel, weil die Stärke des Inflatonfelds ja von Ort zu Ort schwankte – denn in ihm gab es Quantenstörungen, sodass sich Stellen, an denen das Feld stärker als im Durchschnitt war, schneller aufblähten. In unserem Raumbereich waren die Störungen klein; ihre hauptsächliche Folge war, dass sie als Keime für die Störungen im kosmischen Mikrowellenhintergrund und die heutige großräumige Galaxienstruktur dienten.

Jetzt kommt eine entscheidende Information: Wo das Inflatonfeld stärker war, waren auch die Störungen größer. Wenn wir in der Zeit zurückgehen, sehen wir das Inflatonfeld zunehmend heftiger schwanken; den winzigen Störungen im ruhigen Ozean sind riesige Wellen in einem stürmischen Meer vorausgegangen. Wir können uns die Situation mit dem Konzept aus dem vergangenen Kapitel auch anders vorstellen. Während der Inflation leuchtet der Raum, von Teilchen erfüllt. Dieses Leuchten wird immer intensiver, je weiter wir in die Vergangenheit zurückblicken, als der Raum immer stärker beschleunigt wurde.

Wir haben gesagt, dass die Stärke des Inflatonfelds mit fortschreitender Inflation kontinuierlich sinkt und dass die Inflation endet, wenn das Feld unter ein bestimmtes Niveau gefallen ist. Zu einem ausreichend frühen Zeitpunkt war das nicht zwingend so, weil die Störungen im Inflatonfeld so dramatisch waren, dass die Fluktuationen in einigen Bereichen groß genug wurden, um die Stärke des Inflatonfelds sogar zu

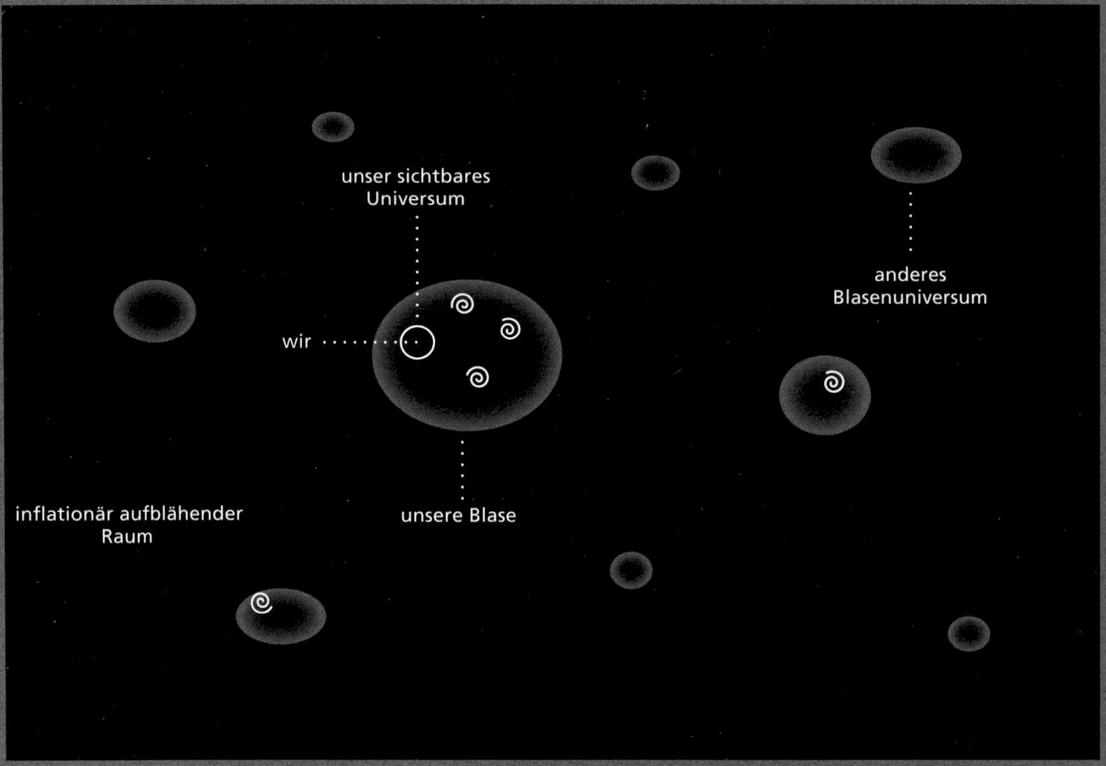

Abbildung 9.1
Das Multiversum. Beachten Sie, dass der Maßstab hier nicht stimmt: Der typische Abstand zwischen den Blasen ist sehr viel größer als ihre Durchmesser. Unsere Art von Universum könnte relativ selten sein: alt und groß genug, um die Entwicklung intelligenten Lebens zu ermöglichen.

vergrößern – trotz der Verdünnung durch die Expansion. In diesen Bereichen hätte sich die Inflation beschleunigt, nicht verlangsamt. Wenn solche Bereiche in ausreichender Zahl entstanden sind, gibt es immer einige Raumbereiche, die sich inflationär aufblähen, sodass die Inflation ewig weitergeht. Nach wie vor wird es Bereiche geben, in denen das Feld nicht so stark ist, die Inflation dort zu Ende geht und den Urknall zur Folge hat. Unser beobachtbares Universum ist aus so einem Bereich hervorgegangen. In diesem Szenario enthält die Gesamtheit des Raums somit Blasenuniversen, in denen die Inflation zum Erliegen gekommen ist. Diese Blasenuniversen sind voneinander durch Bereiche getrennt, in denen die Inflation noch andauert. Man bezeichnet das als das inflationäre Multiversum.

In der Theorie des Multiversums entstehen Universen aus dem Nichts – und das scheint falsch zu sein. Es verletzt den Energieerhaltungssatz, laut dem die Gesamtenergie eines abgeschlossenen Systems unveränderlich ist. In der Allgemeinen Relativität ist das kein Problem; die Vorstellung eines expandierenden Raums, in dem sich die Gesamtenergie des Inhalts verändert, ist nicht falsch. Die Vorstellung trifft auf unser Universum offensichtlich zu: Während der Raum expandiert, werden die Photonen in ihm rotverschoben. Das ist der Effekt, den wir in Kapitel 6 verwendet haben, um die Expansionsgeschwindigkeit des Raums zu messen. Laut der Quantentheorie ist die Energie eines Photons umgekehrt proportional zu seiner Wellenlänge, also sinkt die Energie des Photons, wenn seine Wellenlänge durch die Expansion des Raums gedehnt wird. Deshalb hat der kosmische Mikrowellenhintergrund heute nur drei Kelvin, obwohl er zum Zeitpunkt der Rekombination bei einer Temperatur von 3000 Kelvin emittiert worden ist. Offensichtlich sinkt die Gesamtenergie eines expandierenden Universums, das nur Photonen enthält. Das Gegenteil trifft auf ein Universum zu, das aufgrund einer kosmologischen Konstante expandiert. In diesem Fall bleibt die Energiedichte im Raum konstant, obwohl er expandiert, was bedeutet, dass die Gesamtenergie im Universum steigt.

Nun ist eine kurze Wiederholung angezeigt. Wir führten das Inflatonfeld ein, um das Horizont- und Flachheitsproblem in Übereinstimmung mit den Gesetzen der Teilchenphysik zu lösen, wie wir sie heute kennen. Alles, was wir anfangs tun wollten, war eine Theorie der raschen Expansion des jungen Universums zu entwerfen, um dann zu schauen, wohin uns das führt. Die Logik der Inflation hat uns zu einer Erklärung für den Auslöser des Urknalls und für die Verteilung der Galaxien in unserem Universum gebracht, ganz zu schweigen von der Erklärung für die genaue Struktur des kosmischen Mikrowellenhintergrunds. Nun stellen wir fest, dass dieselbe Theorie wohl vorhersagt, dass dieser ganze Vorgang wahrscheinlich immer wieder aufs Neue abläuft. So ist das Multiversum mit einer großen Zahl von Blasenuniversen übersät, von denen unseres nur eines ist. Es kann gut sein, dass wir niemals experimentell überprüfen können, ob es wirklich ein Multiversum gibt. Wir könnten aber auch Glück haben. Einige Kosmologen haben gemutmaßt, dass die Blasenuniversen in der Frühphase ihrer Entwicklung womöglich miteinander zusammengestoßen sind. Das könnte schwache Spuren im kosmischen Mikrowellenhintergrund hinterlassen haben. Vielleicht gibt es weitere, bislang noch ungeahnte theoretische Entwicklungen oder Messungen, aus denen wir die Existenz des Multiversums ableiten könnten.

Es gibt allerdings noch eine zweite weitverbreitete Idee in der theoretischen Physik, die auf den ersten Blick jedoch wenig zu unseren Betrachtungen über Multiversen beisteuern kann. Aber bei genauerem Hinsehen erweist sie sich als beachtliche metaphysische Wendung. Einen Großteil der Zeit unserer wissenschaftlichen Laufbahnen galt die String-Theorie, die Quantentheorie und Allgemeine Relativitätstheorie auf wunderbar stimmige Weise vereint, als der Heilige Gral auf der Suche nach einer Weltformel. Das Konzept besagt, dass alles im Universum aus winzigen Schleifen und Fäden vibrierender „Strings“ aufgebaut ist.[60] Die typische Größe eines Strings beträgt etwa 10^{-35} Meter, was 100 Millionstel Millionstel Mal kleiner als ein Proton ist. Diese Winzigkeit erklärt, warum wir bislang gedacht haben, dass alles aus Teilchen aufgebaut ist. Die String-Theorie gewann Mitter der 1980er an Bedeutung, vor allem durch Arbeiten von Mike Green, damals am Queen Mary College in London, und John Schwarz vom Caltech-Institut. Man begann die String-Theorie als Weltformel – sozusagen als Theorie für Alles – ernst

[60] Die Möglichkeit, dass es Strings gibt, ist eine natürliche Erweiterung des Teilchenkonzepts. Während Teilchen dimensionslose Objekte sind, d. h. Punkte im Raum, sind Strings eindimensionale Objekte, d. h. Linien im Raum.

zu nehmen. Die Theoretiker hatten erkannt, dass in der String-Theorie nicht nur die Allgemeine Relativität enthalten ist, sondern auch eine Physik möglich wird, die dem gut etablierten Standardmodell der Teilchenphysik ähnelt. String-Theoretiker begannen davon zu träumen, dass es nur eine einzige logisch mögliche Theorie geben könnte und dass diese Theorie alle physikalischen Gesetze vorhersagen würde, die wir wahrnehmen. Die Theorie würde alle Teilchenmassen erklären, die kosmologische Konstante und die Stärke der Kräfte. Die verlockende Idee lautete, dass das Universum, in dem wir leben, das einzige logisch mögliche Universum sei, dem eine perfekte, eindeutige Mathematik zugrunde liege. In der Folge gelangen eine ganze Menge Fortschritte, um zu zeigen, dass die physikalischen Gesetze, die wir heute beobachten, aus der String-Theorie hervorgegangen sein könnten. Aber niemandem gelang es, den Heiligen Gral – die eine alles beschreibende Theorie – zu finden.

Die String-Theorie ist kompliziert, weil für ihre mathematische Stimmigkeit Strings erforderlich sind, die in einer zehndimensionalen Raumzeit schwingen. Da wir nur vier Dimensionen erfassen können, müssen die anderen irgendwie versteckt sein. Eine Möglichkeit wäre, dass sich die zusätzlichen Dimensionen an jedem Punkt in unserem Raum zu winzigen geometrischen Formen eingerollt haben – so klein, dass wir sie einfach nicht sehen können. Eine vertraute Analogie ist ein langer Gartenschlauch. Ist man ausreichend weit weg, sieht er wie eine eindimensionale Linie aus, obwohl er tatsächlich eine zweidimensionale Oberfläche hat, die zu einem Zylinder zusammengerollt ist. In diesem Bild wäre unsere Wahrnehmung der Welt sehr grob und würde demnach nur aus der Ferne erfolgen. Die physikalischen Gesetze, denen wir heute ausgesetzt sind, müssten als sichtbare „niederenergetische" Näherung der wahren Theorie betrachtet werden. Logischerweise fühlten sich die Wissenschaftler stark durch den Umstand ermutigt, dass die Naturgesetze denen ähneln, die sich aus der String-Theorie ergeben.

Doch zu Beginn des 21. Jahrhunderts wurde der Optimismus durch die allmähliche Erkenntnis gedämpft, dass die String-Theorie keinen eindeutigen Satz niederenergetischer Gesetze vorhersagt. Vielmehr scheint sie eine große Vielfalt an möglichen Universen vorherzusagen, von denen jedes eine Reihe anderer Gesetze hat, die sich voneinander durch die verschiedenen Möglichkeiten unterscheiden, wie diese zusätzlichen Dimensionen im Raum eingerollt sind. Das veranlasste Leonard Susskind von der Stanford University dazu, das Konzept einer String-Landschaft einzuführen. Stellen Sie sich eine riesige Landschaft aus Hügeln und Tälern vor, die so weit reicht, wie das Auge sehen kann. Jedes Tal entspricht einem anderen möglichen Universum mit anderen niederenergetischen physikalischen Gesetzen. Das wäre ausgezeichnet gewesen, wenn es nur eine Handvoll Möglichkeiten gegeben hätte, aber es wurde klar, dass es bis zu 10^{500} niederenergetische Erscheinungsformen der String-Theorie geben kann und nur eine davon unser Universum beschreibt. Nun folgte eine bemerkenswerte Kehrtwendung: Viele String-Theoretiker gaben die Suche nach einer einzigartigen Theorie für Alles auf und schwenkten über auf die Erforschung einer Theorie, die das Potenzial hat, eine fast unendliche Vielfalt möglicher Welten zu spezifizieren.

Auf den ersten Blick wirkt das ziemlich enttäuschend – gibt es wirklich eine riesige Zahl möglicher Universen? Und wenn ja, wie können wir herausfinden, warum wir gerade in diesem einen leben? Solche Fragen hatte Gottfried Leibniz bereits 1710 in seiner Arbeit *Théodicée* formuliert. Leibniz dachte über die Vorstellung einer riesigen Zahl möglicher Welten nach und glaubte, dass wir „die beste aller möglichen Welten" bewohnen.[61]

Doch die Vieldeutigkeit der String-Landschaft eröffnet eine faszinierende Alternative: Könnten all die denkbaren Universen tatsächlich in einem riesigen Multiversum ewiger Inflation verwirklicht sein?

Der zentrale Gedanke der ewigen Inflation besagt, dass es immer Teile des Raums geben wird, die wegen der unvermeidlich ansteigenden Fluktuationen im Inflatonfeld gerade rasch expandieren. In diesen Bereichen führt der höhere Wert des Inflatonfelds zu einer steigenden Energiedichte, und – bei sehr hohen Energiedichten – brauchen wir etwas wie die String-Theorie, um das Geschehen berechnen zu können. Solche Energiedichten scheinen Entscheidendes möglich zu machen:

[61] In jüngerer Zeit ist die Vorstellung, dass „die Welt, zu der wir gehören, nur eine unter einer Mannigfaltigkeit von Welten" ist, von dem verstorbenen David Lewis in seinem 1986 erschienen Buch *On the Plurality of Worlds* verfochten worden. Max Tegmarks Buch *Our Mathematical Universe* (2014) bietet eine zum Nachdenken anregende Einführung, wie die moderne Physik zu dem führt, was Tegmark als die vier Ebenen des Multiversums bezeichnet.

Während ein Universum aus einem Tal der String-Landschaft in ein anderes übergeht, könnten die physikalischen Gesetze neu festgelegt werden. Grob gesagt entfalten sich dann die winzigen, eingerollten zusätzlichen Dimensionen und ordnen sich neu an; es ist, als ob der Raum schmilzt und in einer anderen Struktur wieder kristallisiert. Dieser Mechanismus zur Bewegung über die String-Landschaft ermöglicht, dass verschiedene Blasenuniversen im Multiversum unterschiedliche niederenergetische physikalische Gesetze haben.

So gesehen passen die String-Theorie und das inflationäre Multiversum sauber zusammen. Die String-Theorie eröffnet die Möglichkeit, dass es sehr viele verschiedene Arten gibt, die zehndimensionale Raumzeit anzuordnen und unterschiedliche physikalische Gesetze zu erzeugen. Und das Multiversum liefert den Mechanismus, dass sich alle verwirklichen lassen. Gemäß der Theorie, wie wir sie beschrieben haben, werden verschiedene Blasenuniversen zwar im Allgemeinen unterschiedliche niederenergetische Gesetze aufweisen, aber alle Blasenuniversen werden weiterhin von denselben allumfassenden Gesetzen der String-Theorie gesteuert. Niederenergetische Beobachter wie wir sind in einem bestimmten Tal der Landschaft gefangen; diese prägt unsere Sicht auf das Universum. Andere Punkte in der Landschaft würden aber einer völlig anderen Physik entsprechen: andere Elementarteilchen, andere Grundkräfte und selbst andere Dimensionalitäten des Raums. Bezogen auf das ganze Multiversum bedeutet dies, dass es Universen mit stärkerer und sehr viel stärkerer kosmologischer Konstante geben wird, Universen ohne Atome und Sterne, Universen voller Schwarzer Löcher sowie Universen, die fast, aber nicht völlig, identisch mit dem unsrigen sind. Höchstwahrscheinlich gibt es sehr viel mehr Universen als es Atome in unserem beobachtbaren Universum gibt.

Wenn das soeben Beschriebene wirklich zutrifft, dann sind die Konsequenzen für unsere Sicht auf unseren Platz im Kosmos wirklich tiefschürfend. Wir müssen allerdings die Warnung aussprechen, dass die Belege für die Inflation an sich noch nicht absolut zwingend sind und dass wir noch keine soliden Belege für die Gültigkeit der String-Theorie oder des Multiversums haben. Dennoch entsprang die Sache mit dem Multiversum nicht dem Kopf eines fantasievollen Träumers. Sie beruht auf einer Argumentationskette, die mehr oder weniger zwingend ist, abhängig davon, wen Sie fragen. Und natürlich liegen die Grenzen der Wissenschaft immer im Spekulativen – Belege zu sammeln kann eine langwierige und schwierige Aufgabe sein. Eine der größten Herausforderungen für die heutigen Wissenschaftler ist es daher, die erforderlichen Hinweise zu entdecken, damit wir den theoretischen Konzepten vertrauen können, die wir in diesem Kapitel vorgestellt haben.

Die Frage nach dem Ursprung unseres Universums ist zudem offensichtlich auch von hoher kultureller Bedeutung. Sind wir das Ergebnis eines intelligenten Schöpfers? Gibt es einen Grund für die Existenz des Universums? Auf den ersten Blick bietet die moderne Physik einige der stärksten Belege für die Vorstellung, dass das Universum für uns bestimmt sei. Die grundlegenden Naturgesetze sind erstaunlich kurzgefasst, leistungsfähig und schön. Das Standardmodell der Teilchenphysik, das die Wechselwirkung zwischen allen Teilchen im Universum beschreibt, weist einen hohen Grad an Symmetrie auf. Wenn Sie sich mit der Mathematik hinter der Physik beschäftigen, ist es unmöglich, nicht von dieser Eleganz berührt zu werden: Die Gleichungen erschaffen Muster so schön wie Schneeflocken, in denen die Naturgesetze verschlüsselt sind. Diese „unverschämte Wirksamkeit der Mathematik“[62] könnte uns an eine höhere Intelligenz glauben lassen, so wie den Geistlichen John Polkinghorne, als er erklärte[63], dass „die Welt, die die Wissenschaft beschreibt, mir mit ihrer Ordnung, ihrer Verständlichkeit, ihrem Potenzial und ihrem eng verzahnten Charakter als eine erscheint, die mit der Vorstellung in Einklang steht, dass sie Ausdruck des Willens eines Schöpfers ist“. Polkinghorne versteht die Mathematik gut; er war Teilchenphysiker und Professor für mathematische Physik an der Universität Cambridge, bevor er Priester geworden ist. Selbst wenn nur wenige theoretische Physiker so weit gehen und sich auf das Konzept eines Schöpfers berufen, sind sie trotzdem von der inneren Schönheit der fundamentalen physikalischen Gleichungen tief berührt.

---

[62] Dies ist der Titel eines 1960 erschienenen Essays des theoretischen Physikers Eugene Wigner, der wie folgt endet: „Das Wunder der Angemessenheit der Sprache der Mathematik bei der Formulierung physikalischer Gesetze ist ein wunderbares Geschenk, das wir weder verstehen noch verdient haben.“ Es findet sich in Einsteins Zitat wieder: „Das Unverständlichste am Universum ist, dass es verständlich ist.“

[63] Aus *One World: The Interaction of Science and Theology* (2007).

Das Argument für einen Schöpfer scheint zudem durch einen weiteren bemerkenswerten Aspekt der natürlichen Welt gestützt zu werden: Die physikalischen Gesetze zeigen sich uns so perfekt angepasst, dass das Universum lebensfreundlich ist. Um die grundlegenden physikalischen Gesetze anzuwenden, wie sie im Standardmodell und der Allgemeinen Relativitätstheorie enthalten sind, muss man zunächst die Werte für rund 30 Größen festlegen, unter anderem die Stärke der Kräfte, die Teilchenmassen und die Größe der kosmologischen Konstante. Erst wenn diese Werte stehen, können die Gleichungen dazu verwendet werden, den Ausgang von Experimenten und Beobachtungen vorherzusagen. Verändert man die Werte, oft genügen wenige Prozent, entstehen theoretische Universen, die kein Leben ermöglichen. Es ist sehr einfach, am Ende eine Theorie zu haben, gemäß der sich niemals Sterne bilden oder nur Sterne, die nach Millionen statt Milliarden Jahren erlöschen, sodass keine Zeit für eine biologische Evolution bleibt. Die Stärke der Kräfte scheint besonders fein austariert zu sein, damit solche Katastrophenszenarien ausbleiben. Ebenso ist es sehr leicht, am Ende eine Theorie zu haben, gemäß der die chemischen Elemente – die notwendigen Bausteine für alle komplexen Strukturen – nicht im Entferntesten in der uns vertrauten Form existieren; das Periodensystem ist extrem fein ausbalanciert. So erscheint es fast unverschämt fordernd, Werte für die Stärke der Kräfte und für die Teilchenmassen so auszuwählen, dass die schwereren Elemente inklusive Kohlenstoff und Sauerstoff in Sternen erzeugt werden, aber nicht radioaktiv zerfallen. Die Expansionsgeschwindigkeit des Universums ist ebenfalls „genau richtig“: Ein Universum, in dem sich die Materie nie zusammengeballt hat, wäre einfach zu erreichen – das passiert, wenn die kosmologische Konstante zu groß ist. Es gäbe auch keine Sterne oder Galaxien, wenn dort zu wenig Dunkle Materie oder zu viel Licht wäre. Selbst die Art und Weise, wie Supernovae explodieren und dabei schwere Elemente im interstellaren Raum verteilen, die für das Leben notwendig sind, wäre wesentlich beeinträchtigt, wenn die schwache Kernkraft nur etwas schwächer oder stärker wäre, als sie tatsächlich ist. Nehmen wir es für bare Münze: Unser Universum hat ein Gespür für Maßarbeit. Mit den Worten des großartigen theoretischen Physikers Freeman Dyson: „Wenn wir ins Universum hinausschauen und die vielen Zufälle in Physik und Astronomie erkennen, die zu unserem Nutzen zusammengewirkt haben, scheint es fast so, als ob das Universum in gewissem Sinne gewusst haben muss, dass wir kommen."

Offensichtlich müssen die Zahlen, die unser Universum charakterisieren – so wie die Teilchenmassen und die Stärken der Kräfte – ein Universum beschreiben, das für Leben geeignet ist, denn wir existieren. Das ist unstrittig. Strittig ist die Beschaffenheit des Mechanismus, mit dem diese Zahlen ausgewählt worden sind: Besitzt der Mechanismus eine schöpferähnliche Voraussicht oder nicht? Das Multiversum sagt „nein", denn es liefert eine fast unfassbar reichhaltige Vielfalt an Blasenuniversen, die alle möglichen physikalischen Gesetze aufweisen. Es tut das zufällig, ohne Voraussicht, und garantiert so die Existenz eines scheinbar einzigartigen Universums wie dem unsrigen. So betrachtet ist unsere Existenz unvermeidlich – genauso wie die Existenz eines jeden anderen vorstellbaren Universums.

Das Konzept des Multiversums untergräbt eindeutig das Argument für einen Schöpfer, der auf der Feinabstimmung der Naturgesetze beruht. Doch es untergräbt wohl nicht das Argument für etwas, was wir als Schöpfermathematiker bezeichnen könnten. Die String-Theorie liefert womöglich eine sehr schöne mathematische Konstruktion, die das Multiversum überspannt, aber ihre Ursprünge bleiben rätselhaft. Vielleicht ist irgendeine Intelligenz verantwortlich. Aber wenn Sie noch immer einen Schöpfer postulieren möchten, zeichnet das Konzept des Multiversums ein eindringliches Bild der Methoden dieses Schöpfers. Es sieht so aus, als ob der Architekt unseres Universums ein Universum nach dem anderen erschaffen hat. Bei jedem Universum hat er die physikalischen Gesetze zufällig ausgewählt – wie beim Würfeln. Diese Herangehensweise erinnert an die Arbeit von Wissenschaftlern, wenn sie Systeme simulieren wollen, die sie nicht verstehen, aber besser verstehen wollen. Sie stecken die Gleichungen, die das System beschreiben, in einen Computer und verfolgen die Entwicklung des Systems – häufig wählen sie die Größen, die das System maßgeblich beeinflussen, zufällig aus, um eine weite Spanne an Ergebnissen zu bekommen. So sind auch die Simulationen von einzelnen Teilen des Universums entstanden, wie wir sie in Kapitel 8 gezeigt haben.

Derzeit werden solche Simulationen durch unzureichende Rechenleistung erschwert, weshalb Kosmologen nur wenige Simulationen durchführen können, jede mit anderen Werten für einige wenige Schlüsselfaktoren, etwa der Anteil der Dunklen Materie oder die Natur der ursprünglichen Störungen am Ende der Inflation. Aber stellen Sie sich Super-Kosmologen vor, die die String-Theorie verstanden haben, mit der sich das inflationäre Multiversum beschreiben lässt. Stellen Sie sich vor, dass sie Simulationen mit ihren mächtigen Computern durchführen – Könnten die simulierten Wesen, die in einem der simulierten Blasenuniversen leben, erkennen, dass sie sich in einer Simulation kosmischen Ausmaßes befinden?

In den vergangenen 500 Jahren hat die Wissenschaft erstaunliche Fortschritte gemacht. Jede neue Forschergeneration hat enorm von den oft herkulischen Anstrengungen ihrer Vorgänger profitiert. Heutzutage befinden wir uns in der sehr privilegierten Position, über die Geschehnisse bei der Geburt unseres Universums nachdenken und sie sogar berechnen zu können. Neues zu lernen ist kein rätselhafter Vorgang; vielmehr steckt etwas Romantisches in diesem Bemühen. Scheinbar unwichtige Details zielstrebig zu verfolgen, ist etwas wirklich Wundervolles. Im Kern geht es in der Wissenschaft um eine Verbindung mit der Welt; Wissenschaft ist ein Freudenfest für das Universum. Bei ihr geht es um den Vorstoß ins Unbekannte, um die Erforschung einer neuen Begriffslandschaft. Wir sind ein Teil des größten aller Rätsel und – für uns – ist das genug.

ANHANG

Das Folgende ist eine Zusammenstellung einiger grundlegender mathematischer und physikalischer Zusammenhänge, die nützlich sein können.

ZEHNERPOTENZEN

In der Kosmologie und Teilchenphysik begegnen wir häufig Zahlen, die entweder sehr groß oder sehr klein sind. Um solche Zahlen leichter aufschreiben zu können, verwenden wir die Exponentialschreibweise. Zum Beispiel kann man eine Million, was gleich 1.000.000 ist, als 10^6 schreiben. Lesen sollte man das als „zehn hoch sechs", was bedeutet, dass es zehn sechsmal mit sich selbst multipliziert ist. Winzige Zahlen werden mit negativen Potenzen geschrieben, also wird ein Milliardstel, das gleich 1/1.000.000.000 = 0,000000001 ist, als 10^{-9} geschrieben.

EINHEITEN

Sehr häufig haben wir es mit Größen zu tun, die einheitenbehaftet sind. Das einfachste Beispiel dürfte eine Entfernung sein, so wie ein Kilometer. Wie im Fall der Kilometer haben wir immer die Wahlfreiheit, welche Einheit wir bei einer Messung auswählen. Obwohl Meter und Kilometer zweckmäßige Einheiten für die Angabe von Entfernungen im Alltag sind, eignen sie sich nicht sonderlich gut für die Kosmologie und Teilchenphysik. Gemeinhin wollen wir dann Lichtjahre, Megaparsec, Ångström und Nanometer verwenden. Sie alle lassen sich wie folgt in Meter umwandeln:

1 Lichtjahr = $9{,}46 \times 10^{15}$ Meter
1 Megaparsec = 1 Mpc = $3{,}26 \times 10^{6}$ Lichtjahre
1 Nanometer = 10 Ångström = 10^{-9} Meter
1 Femtometer = 10^{-15} Meter

Genauso ergibt es im Alltag Sinn, die Energie in Joule zu messen (d.h. eine ideale 20-Watt-Glühlampe strahlt eine Energie von 20 Joule pro Sekunde ab). Aber wenn man über Teilchen redet, die so groß wie ein Atom oder kleiner sind, ist es sinnvoller, als Einheit das Elektronenvolt (Bezeichnung eV) zu verwenden. Es lässt sich wie folgt in Joule umwandeln:

$1\ \text{eV} = 1{,}60 \times 10^{-19}$ Joule

Häufig kürzen wir Einheiten ab, d.h. 1 nm = 1 Nanometer oder 1 km = 1 Kilometer oder 1 Megaelektronenvolt = 1 MeV.

Zahlen mit Einheiten werden als dimensionsbehaftete Zahlen bezeichnet. Es ist gängig, dimensionsbehaftete Zahlen durch Multiplikation oder Division miteinander zu kombinieren Das einfachste Beispiel dafür ist, wenn wir die Entfernung nehmen und durch die Zeit dividieren, um etwas zu erhalten, das als Geschwindigkeit bezeichnet wird. Wenn sich zum Beispiel ein Auto in zwei Stunden (2 h) 100 Kilometer (100 km) weit bewegt, dann ist seine Geschwindigkeit 100 Kilometer geteilt durch zwei Stunden = 100 km/2 h = 100×1 km/2/(1 h) = 50×1 km/1 h = 50 km/h. Vermutlich hätten Sie sofort erkannt, dass sich das Auto mit 50 km pro Stunde direkt von Ihnen entfernt. Aber wir wollten die verschiedenen Zwischenschritte zeigen, wie sich das Verhältnis schreiben lässt, weil solche einfachen Umformungen manchmal im Text durchgeführt werden.

Wir begegnen im Buch zwei besonders komplexen dimensionsbehafteten Zahlen: der Gravitationskonstante $G = 6{,}67 \times 10^{-11}\ m^3/s^2/kg$ und der Hubble-Konstante H = 68 km/s/Mpc. Diese Einheiten mögen abstrakt wirken, aber eigentlich sind sie leicht zu verstehen. Wenn Sie zum Beispiel G durch das Quadrat einer Entfernung dividieren und dann mit einer Masse multiplizieren, erhalten Sie am Ende eine Zahl mit der Einheit einer Beschleunigung (m/s^2): Ist die Entfernung der Erdradius und die Masse die Erdmasse, dann ist die zugehörige Beschleunigung genau die Beschleunigung durch die Gravitation für ein Objekt, das nahe der Erdoberfläche fallen gelassen wird. Entsprechend besagt die

Einheit der Hubble-Konstante, dass sich eine Galaxie in 1 Mpc Abstand von der Erde mit einer Geschwindigkeit von 68 km/s entfernt.

Gelegentlich verwenden wir elementare Algebra. Zum Beispiel wurde die Berechnung der Geschwindigkeit des obigen Autos mit der Formel $v = d/t$ durchgeführt, wobei $d = 100$ km und $t = 2$ h ist. Es ergibt sich $v = 50$ km/h. Eine Formel lässt sich in eine gleichwertige überführen, indem man auf beiden Seiten des Gleichheitszeichens dieselben Operationen vornimmt, d. h. $v \times t = vt = (d/t) \times t = d$. In diesem Fall haben wir beide Seiten der Gleichung mit t multipliziert, um eine Gleichung zu erhalten, die uns sagt, dass die Entfernung d gleich dem Produkt aus der Geschwindigkeit v und der Zeit t ist. Beachten Sie, dass wir ein Produkt aus zwei Zahlen entweder mit dem expliziten Multiplikationssymbol $(v \times t)$ oder einfacher als vt schreiben können. Wir kennzeichnen eine Division immer mit einem Schrägstrich (d. h. $(d/t) \times t$ bedeutet „d geteilt durch t, multipliziert mit t", was einfach gleich d ist).

ELEMENTARTEILCHEN

Atome sind die Bausteine der gewöhnlichen Materie, wie wir sie hier auf der Erde antreffen. Sie sind ungefähr ein Ångström groß. Der Hauptteil ihrer Masse befindet sich in einem winzigen Kern in der Mitte, der aus Protonen und Neutronen aufgebaut ist. Protonen sind nur etwa einen Femtometer im Durchmesser und tragen eine positive elektrische Ladung. Um den Kern kreisen die Elektronen, die eine negative elektrische Ladung haben, sodass das gesamte Atom neutral ist. Das einfachste Atom wird als Wasserstoff bezeichnet. Es besteht aus einem einzigen Proton und einem einzigen Elektron – und ist die häufigste Atomsorte im Universum. Die Anordnung der Elektronen um den Kern bestimmt, wie ein Atom mit anderen Atomen wechselwirkt, d. h. Moleküle bildet. Alle Atomsorten sind im Periodensystem zusammengestellt (S. 42).

Wir wissen inzwischen, dass Protonen und Neutronen aus kleineren Teilchen aufgebaut sind, die als Quarks und Gluonen bezeichnet werden. Die Gluonen vermitteln die starke Kernkraft, durch die die Quarks aneinander gebunden sind. Insgesamt gibt es sechs Sorten von Quarks, wobei nur die beiden leichtesten zum Aufbau von Protonen und Neutronen dienen. Die Elektronen sind ebenfalls Teil einer größeren Teilchenfamilie, die Leptonen genannt werden. Myon und Tauon sind wie schwerere Versionen des Elektrons. Die restlichen Leptonen sind drei elektrisch neutrale Neutrinos.

Neben der elektromagnetischen Kraft, durch die sich Teilchen entgegengesetzter elektrischer Ladung anziehen, und der starken Kernkraft, gibt es auch die schwache Kernkraft. Diese Kraft ist deutlich schwächer als die anderen Kräfte, außer bei sehr hochenergetischen Wechselwirkungen. Durch die schwache Kernkraft können sich Neutronen in Protonen umwandeln und dabei ein Elektron und ein Neutrino aussenden. Diese Eigenschaft spielt eine entscheidende Rolle bei den nuklearen Kernfusionsprozessen, die im Zentrum der Sterne ablaufen und sie zum Leuchten bringen.

So wie Gluonen die starke Kraft vermitteln, vermitteln Photonen die elektromagnetische Kraft. Photonen kann man auch als Lichtteilchen auffassen. Die schwache Kernkraft wird durch W- und Z-Teilchen vermittelt.

Das Standardmodell der Teilchenphysik ist eine sehr genaue mathematische Struktur, die auf der Quantentheorie beruht. Das Modell beschreibt, wie all diese Elementarteilchen (d.h. die sechs Quarks, die sechs Leptonen und ihre Antimaterieteilchen) untereinander wechselwirken – durch den Austausch von Photonen, Gluonen, W- und Z-Teilchen. Das Standardmodell umfasst zudem ein weiteres Teilchen, das Higgs-Boson, dessen Wechselwirkungen mit den anderen Teilchen für deren Massen verantwortlich sind. Photonen und Gluonen wechselwirken nicht mit Higgs-Bosonen, weshalb sie masselos sind.

Das Standardmodell umfasst nicht die Gravitationskraft zwischen Teilchen und hat keine Dunkle Materie auf seiner Teilchenliste stehen. Dies sind zwei der Gründe dafür, warum das Standardmodell im Allgemeinen als unvollständig betrachtet wird.

BILDNACHWEISE

Besonderer Dank gilt den Folgenden für Ihre Genehmigung, Material als Abbildungen in diesem Buch wiederzugeben oder anzupassen:

2.1: Kosmos Archiv

2.2: Daten des MIT Haystack, siehe www.haystack.mit.edu/edu/pcr/downloads/

2.4: Elliot Lim und Jesse Varner, CIRES & NOAA/NCEI, siehe https://ngdc.noaa.gov/mgg/image/crustalimages.html. R. D. Muller, M. Sdrolias, C. Gaina und W. R. Roest (2008), *Geochemistry Geophysics Geosystems*, Vol. 9, Q04006

2.6: Daten aus G. Brent Dalrymple (1991), *The Age of the Earth*, Stanford University Press. Beruhend auf Originaldaten von (oben) J.-F. Minster und C. J. Allègre (1979), *Earth and Planetary Science Letters*, Vol. 42, 333; (unten) S. Moorbath et al. (1977), *Nature*, Vol. 270, 43

2.8: Meteorkrater, Nordarizona, USA, www.fossweb.com/delegate/ssi-foss-ucm/Contribution%20Folders/FOSS/multimedia/Planetary_Science/binders/earth/earth_craters/barringer_crater_1.html

2.9: Unter Verwendung der BP2000-Standardsonnenmodelldaten von J. N. Bahcall und M. H. Pinsonneault, siehe www.sns.ias.edu/~jnb/SNdata/sndata.html

2.12: Andrey V. Zotov und Alexander A. Saranin, siehe http://eng.thesaurus.rusnano.com/wiki/article939. Beruhend auf M. F. Crommie, C. P. Lutz und D. M. Eigler (1993), *Science*, Vol. 262, 218

3.3: Aufnahmen von Bob Seymour

3.7: Aus H. Cavendish (1798), *Philosophical Transactions of the Royal Society of London*, Vol. 88, 469

4.3: Aufnahmen von Kevin Kilburn

4.5: Michael Goh, http://apod.nasa.gov/apod/ap160217.html

4.6: Carnegie Observatories, www.aip.org/history/exhibits/cosmology/ideas/larger-image-pages/pic-island-m31.htm

4. 7: hubblesite.org/NASA, http://xdf.ucolick.org/xdf.html

4.8: Miodrag Sekulic, https://commons.wikimedia.org/wiki/File%3ABode's_Galaxy_Cigar_Galaxy_m81_m82.jpg

4.9: Beruhend auf http://dailysolar.weebly.com/uploads/3/4/8/5/3485153/9810884.jpg

4.10: European Southern Observatory, www.eso.org/public/images/potw1312a/

4.11: Beruhend auf dem Spektrum, das in der NASA Extragalactic Database verfügbar ist, siehe https://ned.ipac.caltech.edu/. Originalveröffentlichung L. C. Ho, A. V. Filippenko und W. L. Sargent (1995), *The Astrophysical Journal Supplement Series*, Vol. 98, 477

4.12: Beruhend auf dem Spektrum in R. Walker, *Quasar 3C273 Optical Spectrum and Determination of the Redshift*

4.15: N. A. Sharp, NOAO/NSO/Kitt Peak FTS/AURA/NSF, http://noao.edu/image_gallery/html/im0600.html; National Optical Astronomy Obervatory/Association of Universities for Research in Astronomy/National Science Foundation; Kalibrierung der Achsen durch Larry McNish

5.3: S. Ossokine und A. Buonanno (Max-Planck-Institut für Gravitationsphysik), Simulating eXtreme Spacetime Project; wissenschaftliche Visualisierung: D. Steinhauser (Airborne Hydro Mapping GmbH), www.nature.com/news/gravitational-waves-how-ligo-forged-the-pathto-victory-1.19382

5.4: Mit freundlicher Genehmigung des Caltech/MIT/LIGO Lab, www.ligo.caltech.edu/image/ligo20150731f und www.ligo.caltech.edu/image/ligo20150731c

5.5: Beruhend auf einer Abbildung in B. P. Abbott et al. (UGO Scientific Collaboration and Virgo Collaboration) (2016), *Physical Review Letters*, Vol. 116, 061102

5.6: IPAC/Caltech, durch Thomas Jarrett, https://commons.wikimedia.org/wiki/File:2MASS_LSS_chart-NEW_Nasa.jpg

5.7: Chris Mihos, Case Western Reserve University/European Southern Observatory, https://en.wikipedia.org/wiki/Virgo_Cluster#/media/File:ESO-M8 7 .jpg

6.1: Adam Evans, https://en.wikipedia.org/wiki/Andromeda_Galaxy#/media/File:Andromeda_Galaxy_(with_h-alpha).jpg

6.2: NGC 5055 (Sonnenblume), Gert Gottschalk; NGC 7171, The NGC/IC project; NGC 1073, Adam Block/Mount Lemmon SkyCenter/University of Arizona; NGC 3887, copyright © 2011 The Carnegie-Irvine Galaxy Survey; NGC 3684, NGC 7280, NGC 0150 und UGC 6533, Sloan Digital Sky Survey; NGC 0011, NGC 0251 und NGC 0337, Donald Pelletier; NGC 4535, Adam Block/Mount Lemmon SkyCenter/University of Arizona; NGC 4712, Robert Gendler (www.robgendlerastropics.com), Subaru Telescope (NAOJ), Hubble Legacy Archive, Farbdaten mit freundlicher Genehmigung von Adam Block (http://skycenter.arizona.edu/gallery), Bob Franke (http://bf-astro.com) und Maurice Toet (www.dutchdeepsky.com/index.html); NGC 3668, mit freundlicher Genehmigung von Courtney Seligman

6.4: Aus E. P. Hubble (1929), *Proceedings of the National Academy of Sciences of the USA*, Vol. 15, 168

6.6: Angepasst aus J. C. Mather et al. (1990), *The Astrophysical Journal*, Vol. 354, May 10, L37

7.1: Röntgen: NASA/CXC/CfA/M. Markevitch et al.; optisch: NASA/STScl; Magellan/U. Arizona/D. Clowe et al.; Gravitationslinsenkarte: NASA/STScl; ESO WFI; Magellan/U. Arizona/D. Clowe et al., http://chandra.harvard.edu/photo/2006/1e0657/index.html

7.2: NASA, http://hubblesite.org/image/1263/category/15-galaxy-clusters

7.3 (links) Aufnahme von Bill Chamberlain; (rechts) European Southern Observatory, https://en.wikipedia.org/wiki/Omega_Centauri#/media/File:Omega_Centauri_by_ESO.jpg

8.1: M. Blanton und Sloan Digital Sky Survey

8.2: NASA, http://imagine.gsfc.nasa.gov/science/toolbox/emspectrum_observatories1.html

8.3: Damien P. George, http://thecmb.org/

8.4: (links) Scott Kay und das Virgo Consortium for Cosmological Simulations; (rechts) aus J. Schaye et al. (2015), *Monthly Notices of the Royal Astronomical Society*, Vol. 446, 521. Eagle-Simulationen bekommt man bei http://eagle.strw.leidenuniv.nl/

8.9: Beruhend auf http://sci.esa.int/planck/51555-planckpower-spectrum-of-temperature-fluctuations-in-the-cosmic-microwave-background/. Die 2015er-Ergebnisse der Planck-Kollaboration sind zusammengefasst in R. Adam et al. (2015), arXiv:1502.01582

8.11: Aufnahme von Zosia Rostomian, Lawrence Berkeley National Laboratory

8.12: Ariel Sánchez. Beruhend auf Abbildungen in A. G. Sanchez et al. (2014), *Monthly Notices of the Royal Astronomical Society*, Vol. 440, 2692

REGISTER

Kursiv gesetzte Seitenzahlen beziehen sich auf Abbildungslegenden.

D

E

F

G

H

I